餐廳規劃與設計

Restaurant Development
and Design

蔡毓峯、陳柏蒼 / 著

序

　　餐飲業，這個古老卻隨時時代演進不停快速變化的產業，常常讓人覺得是個容易進入的產業。家庭主婦在孩子長大不再需要手把手帶著之後，要再踏入職場難免有些難度，很容易就想說來小本經營弄個咖啡廳、早餐店、滷味小攤。藝人在賺了第一桶金之後，更是容易覺得演藝事業是個年輕事業，要及早多角化經營，所以開起燒肉店、咖啡廳，甚至夜店，但慘賠收場的卻是不勝枚舉。每年在各大展覽會館舉辦的連鎖加盟展，餐飲業更是佔了起碼七成的攤位，咖啡店、手搖飲、燒肉、火鍋、各類休閒飲食，甚至快餐車都有，各大連鎖品牌總是標榜低門檻、技術全方位支援、後勤採購總部支撐、地段商圈點位評估，感覺好像投資人只要給了錢，下個月開好店就是老闆，而且是賺錢的老闆。

　　多年來，各大媒體報導餐飲動態，不外乎是繞著名廚的議題、季節新菜的上市、新奇創新的新產品在報導，畢竟餐飲業和廚師或菜色總有著強連結。但是，這不等於餐飲業不需要細部的管理，舉凡人資、訓練、籌備開發、財務試算、採購規範、服務細節、顧客公關都是不可或缺的一環，也是專業餐飲經理人存在的原因，但卻常被社會大眾和媒體忽略，殊不知專業的餐飲業管理也決定著永續經營的成敗。

　　2019年底始於中國武漢的新冠肺炎經歷了二年半，依然在全球肆虐。雖然各國開始認清並決定共存的事實後，透過疫苗普及施打和群體免疫，想要讓人們的生活回到常軌，這當中當然包含在生活中不可或缺的餐廳內用。2020年，台灣經歷了痛苦的抗疫過程，付出的代價是數千間中小餐飲業倒閉，數十萬人減薪停班甚至失業。甚至到了2022年5月的今天，本土新增個案仍毫無停漲的趨勢不斷攀升，從4月1日新增本土案例的235件，逐日暴增到5月19日的新增案例90,331例。餐飲業在短暫度過2021年第四季以及2022年第一季的美好復甦後，又再次陷入無法預知的危機裡。我相信餐飲業的朋友們都不得不承認在經歷痛苦疫情肆虐的同時，餐

飲業也被迫在短時間內升級長大，以前從不考慮推展外帶外送業務的高級餐廳也不得不妥協，以前不懂網路科技應用的餐飲微型企業老闆們，也不得不付出高達三成的抽佣決定加入外送平台來維持業績。

2020-2021這二年間，餐飲業從傳統的線下經營，改成了線上線下並存的型態。餐飲業百年不變的定律【業績＝來客量×客單價】，改寫成【業績＝線下實體經營內用業績＋線上訂單整併外帶外送業績】。各類線上訂餐軟體如雨後春筍般冒出，有些甚至整合POS讓接單串接營收、廚房出菜單、電子發票、載具……。而物流業者也不惶多讓，除了大家熟知的Uber Eats和foodpanda之外，Lalamove快遞業者更是成了餐飲業的策略夥伴，各大計程車隊也發展出美食外送專車或專案來和餐飲業者合作。

筆者早在2010年出版《餐廳開發與規劃》一書，並持續在這些年裡更新至第二、第三版，無非就是因應時代潮流做修正更新。今有感疫情對餐飲業者肆虐未減，也考量到去蕪存菁精簡版面頁數，再次以小幅修正的書名《餐廳規劃與設計》搭配精簡卻更新的內容，來帶給學生讀者們更有效率的閱讀和經驗吸收。作者並且深切祝福所有現在與未來在餐飲業界的夥伴們，正向思考，靈活思考，突破思考來面對每日不停變化的挑戰。讓餐飲業再次脫胎換骨，並且讓餐飲業專業經理人更獲得各界人士的肯定與支持。

筆者縱然在餐飲業近30年，仍難免有所學不足，撰寫過程中疏漏在所難免，尚祈各方前輩賢達不吝指教，是盼！

蔡毓峯、陳柏蒼　謹誌

2022/05/20

銘謝誌

　　謹以本篇〈銘謝誌〉對於以下所條列之業界先進前輩，以及企業廠商表示由衷的感謝！

　　由於各位對於我們在撰稿過程中的熱誠協助，提供了專業諮詢指導、資料畫面供應、商品拍攝提供、畫面後製及內文編校，讓本書能夠如期完成，謹此表達十二萬分的謝意！

方國欽	前行政主廚	勞瑞斯牛肋排餐廳
王偉岐	前業務代表	俊欣行股份有限公司
李俊德	總經理	俊欣行股份有限公司
洪國欽	化工部銷售工程師	誠品股份有限公司
陳斯重	副總經理	雄獅集團食旅生活事業部
陳惠珊	副總經理	俊欣行股份有限公司
陳韻竹	業務代表	富必達科技股份有限公司
游志雄	業主	仲裕印刷有限公司
項崇仁	總經理	富必達科技股份有限公司
黃任羚	業務	泓陞藝術設計股份有限公司
黃惠民	顧問	俊欣行股份有限公司
葉忠賢	發行人	揚智文化事業股份有限公司
廖美珍	業主	Sabrina House 紗汀娜好食，貳樓餐廳
謝楷強	業主	A-Plus花酒藏
勵載鳴	總工程師	詮揚股份有限公司
衛騰霖	業主	泰洋環保科技有限公司

（以上依姓氏筆劃順序排列）

本書所刊載之照片除作者本人所有之外，另有照片來自以下廠商及其品牌之型錄，謹此申謝！

品牌企業	網址／地址
104人力銀行	www.104.com.tw
A-plus花酒藏日式料理	www.aplusdiningbar.com.tw/
Betty's Café Tea Rooms	www.bettys.co.uk
Cambro	www.cambro.com
《HERE雜誌》，臺灣東販股份有限公司	www.tohan.com.tw/
Libbey	www.libbey.com
Momo Paradise	www.humaxasia.com.tw/momo/
Paul	www.paul-international.com/tw/magasins~diaporama
Rubbermaid	www.rubbermaidcommercial.com
Sabrina House	
SKYLARK加州風洋食館	www.sky-lark.com.tw/index.asp
SUBWAY	www.twsubway.com/
T.G.I. Fridays	www.tgifridays.com.tw/main.php?Page=A4B2
Toros鮮切牛排	www.toros.com.tw/
Williams Refrigeration	www.williams-hongkong.com
ZANUSSI	www.zanussiprofessional.com
九太科技股份有限公司	www.jeoutai.com.tw/
九斤二日式無煙碳燒	www.coupon.com.tw/go27534591.htm
十二籃	www.12basket.tw/
大同磁器	www.tatungchinaware.com.tw
天香回味鍋	www.tansian.com.tw/
太安冷凍設備有限公司	www.tatacoltd.com.tw
兄弟大飯店桂花廳	www.brotherhotel.com.tw/index04_07.htm
臺灣吉野家股份有限公司	www.yoshinoya.com.tw/
臺灣國際角川書店股份有限公司	www.kadokawa.com.tw/index_twalker.asp

臺灣麥當勞餐廳股份有限公司	www.mcdonalds.com.tw/
伊是咖啡	www.iscoffee.com.tw
全野冷凍調理設備股份有限公司	www.chuanyua.com.tw
佳敏企業有限公司	www.carbing.com.tw
欣和客運	www.csgroup-bus.com.tw/
故宮晶華	
俊欣行股份有限公司	www.justshine.com.tw
冠今不鏽鋼工業股份有限公司	www.kjco.com.tw
美而堅實業有限公司	www.nursemate.com.tw
香格里拉臺北遠東國際大飯店	www.feph.com.tw/pages/frontend/jsp/popup.jsp?data=906
拿坡里披薩炸雞	www.0800076666.com.tw/
桃屋日式料理	www.momoya.com.tw
統一星巴克股份有限公司	www.starbucks.com.tw/home/index.jspx
圍爐酸菜白肉火鍋餐廳	臺北市大安區仁愛路4段345巷4弄36號
富必達科技股份有限公司	www.fnb-tech.com.tw
朝桂餐廳	www.parentsrestaurant.com.tw/
勝博殿	www.saboten.com.tw
棉花田生機園地	www.sun-organism.com.tw/
匯格實業	www.feco-corp.com.tw
意式屋古拉爵	www.grazie.com.tw/html/page03.htm
詮揚股份有限公司	www.kbl.com.tw
鼎泰豐	www.dintaifung.com.tw/ch/product_a_list.asp
寬友股份有限公司	www.ExpanService.com.tw
寬心園精緻蔬食料理	www.easyhouse.tw/
橘子工坊	www.orangetea.com.tw/
鮮芋仙	www.meetfresh.com.tw

覺旅Kaffe	journeykaffe.wix.com/journeykaffe#!menu/c12gp
麗諾實業有限公司	www.lee-no.com.tw
《蘋果日報》	tw.nextmedia.com/
饌巴黎國際百匯餐廳	www.pariss.com.tw/fengxi/front/bin/home.phtml

（以上圖片出處以筆畫順序排列，謹此申謝！）

蔡毓峯
陳柏蒼 申謝 2022/05/20

目　錄

Chapter **1**

餐飲業市場發展與籌備規劃

本章綱要

1.前言：本書介紹
2.餐飲業的分類與概況
3.餐飲業的挑戰
4.餐飲服務業的特性及消費者行為
5.餐廳籌備與開發管理

本章重點

1.介紹本書的概念發想與規劃
2.瞭解餐飲業的分類與概況
3.瞭解餐飲業的經營困境
4.認識經營管理者所需瞭解的餐飲服務業特性及消費者行為
5.介紹餐廳經營管理者在籌備開發、管理知識及經驗等方面所需
　掌握的主軸

🍜 第一節　前言：本書介紹

社會變遷帶動餐飲業瞬息萬變，餐廳扮演著人們在生活型態上一個很重要的角色。人們對於外出用餐的需求已從吃得飽吃得好，到吃得巧。換句話說，外出用餐不只是一個簡單的飲食活動，而是一個社交活動。因此，經營一家成功的餐廳，業者不僅要瞭解餐飲的概況和趨勢，更需要具備專業的餐館管理知識。「創業市場瞬息萬變，每天都有店在開，相對的每天也都有店在關。」所以經營者一定要懂得求新求變，才有可能在瞬息萬變的競爭市場中永續經營。

要成為一個成功的經營管理者須有足夠的經驗、規劃能力、金錢和精力。雖然運氣好壞也扮演著一個很重要的因素，但是一個運氣好的經營者或創業者如果沒有專業能力的話，也無法成功的籌劃和經營好一家餐廳。因為，經營一家符合業主賺錢、員工有發展、消費者喜歡，並且能永續經營的餐廳是最終的目標。

市場上經營成功的餐廳一定透過良好的市場評估機制與餐廳內外場的整合規劃，而其整體規劃之細節繁瑣複雜且互相影響。市面上充斥著很多有關餐館管理方面的書籍，其中以教科書居多，惜各章節內容多沒有相互連貫，讓讀者無法將經營餐廳的各個管理環節加以整合。本書為一本架構鮮明且具系統的「餐廳開發籌備」專書，試圖提供給學生或將來想從事餐館經營的人士參考之用。

接下來本章將討論進入餐飲業所須瞭解和認識國內餐飲業的分類、餐飲業的挑戰與特性、經營一家餐廳成功與失敗的因素、市場區隔與定位，以及餐廳經營管理之重要主軸。

第二節　餐飲業的分類與概況

根據行政院主計處中華民國行業標準分類❶，餐飲業規範為第I大類——住宿及餐飲業，將餐飲業定義為：從事調理餐食或飲料供立即食用或飲用之行業；餐飲外帶外送、餐飲承包等亦歸入本類。不包括：製造非供立即食用或飲用之食品及飲料歸入C大類「製造業」之適當類別。零售包裝食品或包裝飲料應歸入47-48中類「零售業」之適當類別。

餐飲業可分成三類（如表1-1）：

1. 餐食業（561）：從事調理餐食供立即食用之商店及攤販。此類別下又分為：

   (1) 餐館（5611）：從事調理餐食供立即食用之商店；便當、披薩、漢堡等餐食外帶外送店亦歸入本類。不包括：固定或流動之餐食攤販歸入5612細類「餐食攤販」。專為學校、醫院、工廠、公司企業等團體提供餐飲服務歸入5620細類「外燴及團膳承包業」。

   (2) 餐食攤販（5612）：從事調理餐食供立即食用之固定或流動攤販。不包括：調理餐食供立即食用之商店歸入5611細類「餐館」。

2. 外燴及團膳承包業（562）：從事承包客戶於指定地點辦理運動會、會議及婚宴等類似活動之外燴餐飲服務；或專為學校、醫院、工廠、公司企業等團體提供餐飲服務之行業；承包飛機或火車等運輸工具上之餐飲服務亦歸入本類。

3. 飲料業（563）：從事調理飲料供立即飲用之商店及攤販。此類別下又分為：

   (1) 飲料店（5631）：從事調理飲料供立即飲用之商店；冰果店亦歸入本類。不包括：固定或流動之飲料攤販歸入5632細類「飲料攤販」。有侍者陪伴之飲酒店歸入9323細類「特殊娛樂業」。

表1-1　中華民國行業標準分類：住宿及餐飲業

分類編號				行業名稱及定義
大類	中類	小類	細類	
I				**住宿及餐飲業** 從事短期或臨時性住宿服務及餐飲服務之行業。
	56			**餐飲業** 從事調理餐食或飲料供立即食用或飲用之行業；餐飲外帶外送、餐飲承包等亦歸入本類。 不包括： 製造非供立即食用或飲用之食品及飲料歸入C大類「製造業」之適當類別。 零售包裝食品或包裝飲料歸入47-48中類「零售業」之適當類別。
		561		**餐食業** 從事調理餐食供立即食用之商店及攤販。
			5611	**餐館** 從事調理餐食供立即食用之商店；便當、披薩、漢堡等餐食外帶外送店亦歸入本類。 不包括： 固定或流動之餐食攤販歸入5612細類「餐食攤販」。 專為學校、醫院、工廠、公司企業等團體提供餐飲服務歸入5620細類「外燴及團膳承包業」。
			5612	**餐食攤販** 從事調理餐食供立即食用之固定或流動攤販。 不包括： 調理餐食供立即食用之商店歸入5611細類「餐館」。
		562	5620	**外燴及團膳承包業** 從事承包客戶於指定地點辦理運動會、會議及婚宴等類似活動之外燴餐飲服務；或專為學校、醫院、工廠、公司企業等團體提供餐飲服務之行業；承包飛機或火車等運輸工具上之餐飲服務亦歸入本類。
		563		**飲料業** 從事調理飲料供立即飲用之商店及攤販。
			5631	**飲料店** 從事調理飲料供立即飲用之商店；冰果店亦歸入本類。 不包括： 固定或流動之飲料攤販歸入5632細類「飲料攤販」。 有侍者陪伴之飲酒店歸入9323細類「特殊娛樂業」。
			5632	**飲料攤販** 從事調理飲料供立即飲用之固定或流動攤販。 不包括： 調理飲料供立即飲用之商店歸入5631細類「飲料店」。

資料來源：行政院主計總處（2015）。中華民國行業標準分類「住宿及餐飲業分類規範」。網址：https://www.dgbas.gov.tw/ct.asp?xItem=38933&ctNode=3111&mp=1。

(2)飲料攤販（5632）：從事調理飲料供立即飲用之固定或流動攤販。不包括：調理飲料供立即飲用之商店歸入5631細類「飲料店」。

　　經濟環境與社會型態的變化、消費支出的外食花費增加、休閒生活的提升、享受美食與講求便利等不同因素牽動著餐飲業市場的發展。根據經濟部統計處的統計資料，餐飲業市場營業額從民國100年的4,839成長至107年的7,775（單位：億元），可以明顯看出餐飲業的營業額逐年攀升，這代表餐飲業的發展趨勢，反應出餐飲業的潛在市場漸漸擴大❷。

　　根據經濟部統計處調查資料顯示❸：

1.餐飲業營業額逐年成長：隨著外食人口的增加與社群網路的資訊擴散效應，帶動餐飲消費需求擴增，餐飲業營業額自民國91年逐年攀升，102年突破4,000億元，106年續升至4,523億元，其中餐館業占84.6%居大宗，飲料店業占11.3%，其他餐飲業占4.1%。107年上半年營收2,355億元，創歷年同期新高，年增4.7%，為近七年最大增幅，隨著景氣續升，餐飲服務需求持續增加，在展店與新品牌的推升下，107年營業額可望再創新高（如圖1-1）。

2.多品牌連鎖化為發展趨勢：為因應消費者多元需求，提升企業競爭力，連鎖業者採多品牌經營與加速展店策略，以擴大經營規模提升市占率。根據臺灣連鎖暨加盟協會統計（如表1-2），民國101至106年餐飲連鎖品牌數由624個增加至970個，增加了346個品牌，其中尤以餐廳品牌數增加201個為最多；連鎖總店數由28,880家增加至32,810家，增加了3,930家，其中餐廳增加1,737家、速食店增加886家、休閒飲品增加763家、咖啡簡餐增加544家。

　　飲料店家數及營業額也逐年成長，根據經濟部統計處（108年6月17日）的調查資料指出❹：

1.飲料店營業額逐年成長：隨著手搖飲及咖啡店營業據點的擴增，飲

圖1-1　餐飲業營業額及年增率

資料來源：經濟部統計處（2018/08/15）。經濟部統計簡訊，https://www.moea.gov.tw/Mns/dos/bulletin/Bulletin.aspx?kind=9&html=1&menu_id=18808。

表1-2　連鎖餐館之店數統計表（2012至2017年）

	家　數（家）	餐廳	速食店	咖啡簡餐	休閒食品	與上年度增減數（家）
101年	28,800	2663	18,522	1,721	5,974	-
102年	29,974	2,951	18,777	1,806	6,440	1,094
103年	30,686	3,360	18,670	1,831	6,825	712
104年	31,038	4,144	18,294	2,000	6,600	352
105年	30,820	4,211	17,595	2,135	6,879	-218
106年	32,810	4,400	19,408	2,265	6,737	1,990

	品牌數（個）	餐廳	速食店	咖啡簡餐	休閒食品	與上年度增減數（家）
101年	624	259	203	61	101	-
102年	706	300	224	70	112	82
103年	790	330	248	81	131	84
104年	905	413	251	90	151	115
105年	973	449	272	99	153	68
106年	970	460	276	92	142	-3

資料來源：臺灣連鎖暨加盟協會（2018）。《臺灣連鎖店年鑑》。

品口味推陳出新，加上近年來行動裝置的普及，提升訂購及付款的便利性；再加上外送電子商務業者進入市場，帶動飲料店蓬勃發展。營業額自民國94年以來逐年攀升，至107年已達962億元，平均每年成長8.9%，108年1至4月的營業額續增4.8%，預期全年可望突破1,000億元（如**圖1-2**）。

2. 飲料店展店快速：我國飲料店展店快速，根據財政部營利事業家數統計，民國108年3月底飲料店數達22,482家，較97年底增加9,076家，其中冰果店及冷（熱）飲店占8成，共18,148家，較97年底增加7,639家（或增0.73倍）；其次為咖啡館3,403家，占15.1%，較97年底增加1,906家（或增1.27倍），而茶藝館304家，較97年底減201家，飲酒店627家，較97年底減268家。若以分布區域觀察，飲料店七成集中於六都，其中冰果店及冷（熱）飲店以高雄市、臺南市及臺中市之占比較多，可能與南部天氣較熱有關；咖啡館、茶藝館及飲酒店則以臺北市占比最高，各占25.5%、34.5%、33.7%（如**圖1-2**）。

3. 清心福全店數最多、路易莎咖啡快速展店：根據流通快訊店數統計，觀察前十大飲料店展店情形，民國108年4月底前十大飲料店共3,908家，其中以清心福全930家最多、五十嵐533家居次、星巴克460家居第三。若與106年底相比較，路易莎咖啡較106年底增加120

圖1-2　飲料店營業額逐年攀升

家（或增37.6%）、一芳水果茶增加66家（或增56.9%），展店較為快速。

綜觀統計資料可以看出臺灣餐飲業產業生態的變化。從餐飲市場面來說，代表市場水準提升，以消費者面而言，則表示消費者期待更具有特色、新奇、多元之餐飲。隨著人民生活型態的改變，民眾對於餐飲業之觀感也逐漸不同，國民所得的提高，亦使民眾對於飲食更為講究。顯示出國人愈來愈重視美食與品質，相對地餐飲業者也需更重視經營管理。

第三節　餐飲業的挑戰

進入餐飲業的管道有很多方式，有餐飲背景的經驗者可以：(1)從事專業經理人經營管理一家或多家的餐廳；(2)頂下一家餐廳當老板；(3)自己開發籌備和經營一家新的餐廳。無經驗者可以加盟成為連鎖體系經營者。然而開發或經營餐廳就能夠賺錢嗎？其實創業開店會面臨到的問題是非常瑣碎惱人的，並不是我們平常所看到的表象而已。一般人只注意到生意好的狀況，只看到每天收現金的快樂，只想到客人對於餐點或服務上滿意的成就感，只想到自己就是老闆，從此不用在別人底下受氣的自由自在，而沒有想到或看到背後所付出的辛勞。

在目前競爭的餐飲市場，必須要自己事必躬親、全心投入才有勝算。全心投入就是要自己親自去學習店裡的每一件事務。在這個競爭激烈的年代，千萬不要抱著自己是老板或是投資者，只要把店交給員工就行的心態。當生意好的時候，可能沒有太多問題需要煩惱，然而當生意不好時，所面對的問題是會令人心力交瘁的。因為生意不佳，每個月入不敷出的生存壓力；因為生意不佳，食材丟棄的比銷售的還多時的心痛；因為生意不佳，所以對物料成本及人事費用的斤斤計較，造成服務和品質不良的惡性循環；因為生意不佳，要繼續經營就必須增資，若要結束營業除了沒

面子還得負債累累，所投資的生財器具都成了廉價的二手貨，更不用說那些帶不走的裝潢瞬間成了垃圾時的感受了……。

從事餐飲業並非總是那麼危機重重，也不用抱持著悲觀的態度。只是即將投入這個市場的創業家應冷靜想想創業會遇到的難關和問題，做好心理建設後，再以最務實的做法來執行，才會有獲利的機會。獲利只是一個過程，最重要的是要如何回收。想想為何有一些店看起來生意頗佳，卻有虧損的狀況？為何每天都有店在開，也每天都有店在關？為何每年總是會有很多新的流行店如雨後春筍般的成立，卻又有如曇花一現般的在短時間內消失無蹤、快速淘汰（如湯包、蛋塔、芒果冰、199卡啦炸雞、低價個人PIZZA等）？失敗的例子有很多的因素，例如產品沒特色、定價錯誤、開店地點差和缺乏管理的知識；另外也有可能是因為產品的門檻低，再加上快速展店造成市場的供過於求，相對也使得新鮮感的蜜月期縮短，過多的追隨者總是未考慮產品的永續性和市場的飽和度而逕自盲目投入。以上所提到的諸多因素都是目前餐飲市場上的通病。

此外根據經濟部統計處「108年批發、零售及餐飲業經營實況調查」結果顯示，餐飲業者目前經營面臨的困難，前三項依序為：人事成本過高（占55.1%）、人員流動率高（占53.4%）及食材成本波動大（占50.4%）；另外，營業成本上升、同業間競爭激烈與租金成本高三項均占逾四成。而按業別觀察，餐館業者目前經營上所遭遇的困難，以人員流動率高逾五成六最高、人事成本過高占52.9%次之，飲料店業者以人事成本過高占六成七最高、人員流動率占54.6%次之，外燴及團膳承包業者以食材成本波動大，占80.0%最高。這些都是有心進入餐飲業所需面對的經營管理方面的挑戰（如**表**1-3）。

針對以上的經營管理課題，第四節將為讀者提出幾點關於餐飲業失敗和成功的因素，讓想要進入此行業的創業家能夠減少摸索期、少走冤枉路、少花冤枉錢，而且能快速回收的踏出成功的創業之路。

表1-3　餐飲業在經營上面臨的困境（複選）　　　　　　　單位（%）

	餐飲業	餐館業	外燴及團膳承包業	飲料店業
人事成本過高	55.1	52.9	50.9	66.7
人員流動率高	53.4	56.6	38.2	54.6
食材成本波動大	50.4	50.0	80.0	27.3
營業成本上升	49.3	51.6	49.1	40.9
同業間競爭激烈	48.0	52.1	32.7	45.5
租金成本高	45.2	51.6	10.9	50.0
人力短缺	38.1	38.9	32.7	39.4
消費者喜好變化快速	30.1	35.7	18.2	19.7
平價化，毛利降低	24.1	26.6	27.3	12.1
食材品質不易控制	14.5	13.5	21.8	12.1
找不到合適地點	14.0	17.6	1.8	10.6
受其他業者（無店鋪等）競爭	7.1	7.0	5.5	9.1
海外業務控管困難	0.6	0.8	0.0	0.0
其他	5.2	5.3	5.5	4.6

註：外燴及團膳承包業包含餐飲承包服務（如宴席承辦、團膳供應等）及基於合
　　約僅對特定對象供應餐食之學生或員工餐廳。
資料來源：經濟部統計處（2019）。108批發、零售及餐飲業經營實況調查。

🍜 第四節　餐飲服務業的特性及消費者行為

　　臺灣多年來推動國家觀光，並透過美食與特色文化帶動餐飲市場。
國內知名餐飲業者如王品餐飲、統一星巴克、爭鮮、安心食品、美食達
人、三商行、瓦城泰統、新天地國際實業、臺灣吉野家、達美樂、乾
杯、天仁、海霸王、點水樓、饗食天堂、展圓國際等餐飲集團，還有旅館
業提供的高級餐飲品牌服務，更帶動市場經濟，進而也帶動國內餐飲市場
激烈競爭。現在國內餐飲版圖漸由本土業者在主導，整體而言，臺灣的餐
飲業已相當成熟，不論是食物或人員服務的水平普遍都已相當高。如今取
而代之的是嚴酷的淘汰賽，欠缺「新意」的餐廳不論新舊，均將難逃被

消費者遺忘的命運。未來經營管理者需要更瞭解服務業的特性及消費者行為，進而掌握餐飲業的發展趨勢。

一、餐飲服務業特性

餐飲業愈來愈競爭也愈來愈專業，相對的也提升此產業的動能及發展性。因此作者也期望目前或未來想投入餐飲業的業者除了重視經營管理實務面，也更須瞭解學理上的知識（如產業研究面、消費者心理學），對於經營管理及決策上具有其綜效性。經營管理者愈能瞭解服務業之特性，根據其影響層面思考解決方案及措施，則愈有機會成功。**表1-4**列出餐飲服務業的特性、影響及其營運行銷的因應措施。

二、消費者行為與餐飲業發展趨勢

業者需要隨時掌握消費者及市場動態，以利因應調整經營策略與永續發展。以下提出相關消費變化與趨勢：

1.國人重視食安問題，食品安全控管的加強為首要營運重點。

2.由於二十歲以上年輕人的消費能力增強，會成為最大的消費群。

3.現代人對吃已不只是吃飽而已，還要講求吃出健康，店家需特別開發新的養生餐點，吸引愛好養生的族群。食安事件頻傳更是讓消費者注意到餐廳物料取得來源，對於選擇餐點也就更加謹慎。現今國內外餐飲市場紛紛開設新鮮、自然與健康食材取向的餐廳，落實綠色行銷概念，例如雄獅的新餐飲品牌Gonna Eat。

4.高齡化：餐館須主動調整餐飲質量以迎合高齡人口的需求。

5.網路興起促成家中經濟學新概念：國內單身族群增多，工作時數也長，在吃飽、方便與省時的需求下，消費者外購熟食（如家庭代餐，Home Meal Replacement）或外送訂餐在家食用的頻率將大幅提高（如Foodpanda等的興起）。此外便利商店切入消費者早中晚、

表1-4　餐飲服務業的特性、影響與營運行銷因應措施

特性	影響	營運行銷措施
無法儲存性	1.顧客需求波動大，較難掌控。 2.一旦時間及空間沒有即時利用就會消失，營收也會因此受到影響。 3.生意好時，顧客可能必須擇日再來或需要排隊等候。生意不好時，設施、設備、物料及人力的生產力就會產生問題。	1.營運可透過資訊系統，如POS系統紀錄、統計及分析消費資訊。 2.根據資訊及報表規劃促銷、預約或制定彈性價格（如Happy Hour, Early Bird）調節需求。 3.製作符合實際營運需求之餐點及規劃服務人力。 4.因應無法儲存性的服務特質，業者可透過外送服務調節內部產能，如結合Foodpanda、Uber Eats等。 5.有效的桌況管理也可解決無法儲存性之狀況，業者要根據需求，規劃妥善的桌邊服務。
無形性	1.主要價值來自無形元素，且顧客無法品嚐、聞、碰，且看不見與聽不到。因此消費者難以判斷產品與服務之好壞。 2.服務難以視覺化與瞭解，因此顧客會感受風險與不確定性。	消費者對於無形性的狀況，會有相關認知的風險，如功能性（餐點是否好吃）、財務風險（價格是否適當）、時間風險（等候或服務速度問題）、實體風險（食品安全衛生問題）、心理風險（產品及服務品質、滿意度）、社會風險（品牌知名度）及感官風險（整體氛圍）。因此業者須強調有形線索，建立制度化的經營管理模式，讓服務更具體。例如業者可以讓顧客感受到正確的出菜時間、標準化的服務流程、優秀員工遴選、廁所清潔表、網路口碑、食品安全檢驗及獲獎（內部或外部）等表現來降低或消除消費者的認知風險。
同時性	1.顧客參與生產過程，服務時間掌控尚需配合顧客及內部營運流程。 2.服務的生產和顧客消費同時發生，因此品質無法像實體商品可以事先檢查控管。 3.因顧客不喜歡等待，會要求服務配合自己的時間，因此會降低業者的生產力。	1.菜單餐點服務設計流程要標準化，使消費者能正確選擇喜愛的餐點及餐點的服務模式。對員工來說，也可正確快速地提供服務給顧客。 2.業者可自行開發網路訂位系統（或與EZTable合作），讓消費者可以根據自身的需要，不受地點及時間的限制隨時訂位。業者也可利用訂位資訊提前準備相關服務，提升主動生產力。 3.業者可開發App預訂餐點或自行點餐服務及行動支付。換言之，業者要將同時性產生之被動狀況改善為主動性，以提升生產力。
異質性	1.服務因顧客的不同或服務人員的不同而有所變動，造成難以達成一致性及可靠性的服務品質，也難以透過高生產力降低成本。 2.服務人員與其他顧客的態度及行為亦會影響整體服務，因此難以避免服務失敗。顧客感受之服務品質也會因當日營運狀況不同，而有差異。	1.上述提出之相關因應措施也可解決其服務業之異質性。業者未來須利用資訊科技來提升生產力及降低勞務成本。科技可簡化服務流程，避免失敗，取代人為服務之各種限制。業者透過資訊科技，蒐集瞭解顧客期望及實際消費行為，訂定品質標準，提供創新服務流程，提升可靠及一致的服務品質。 2.業者要能執行其SOP，更須注重其人力資源管理，要有一套招募、訓練及獎勵員工之措施，以強化員工服務導向之概念。 3.業者宜制訂抱怨處理及服務補救程序，瞭解消費者心理學，消費者抱怨行為不外下列四個目的：(1)獲得補償；(2)發洩不滿；(3)同理心之故；(4)協助改善服務。此外，業者亦需瞭解消費者對於服務補救在心理上期望在處理的程序上有程序公平、互動公平及結果公平。

宵夜等餐食，便利商店熟食區的新業態必將日趨繁榮，也就相對地影響到餐飲業。

6. 薪資低與物價上揚：消費者重視機能與時間性，餐飲業者需開發新經營型態餐飲，例如快速休閒餐飲（Fast Casual Restaurant），此類型餐廳是介於速食店（Fast Food）與休閒餐廳（Casual Dining）；以及美國知名墨西哥料理（Chipotle）與比薩（Blaze Pizza）等品牌漸漸受到消費者喜愛。

7. 國內外餐飲市場活絡：消費者除了出國觀光體驗到不同的餐飲業態，也可透過網路查詢更多的多元型態的餐館，因此未來業者需致力於開發更多創意式的料理。

8. 雖因為國內房租與油電價格等上揚造成業者利潤壓縮，餐飲業者應以價值定價而非價格訂價。

9. M型化社會，餐飲業可藉由差異化的產品競爭力搶占市場。在多元品牌與多型態餐飲業態充斥下，消費者要得更多，市場也更細分。因此餐飲業者要開始思考更多元的經營模式以滿足不同的消費者。業者除了提供平價奢華餐飲外，也可提供奢華時尚的餐飲。傳統餐飲的「大而全」將逐漸向「小而精」發展，精細分類的餐飲品牌將愈來愈受歡迎。品牌的最大特點就是可以傳承價值，因為品牌的附加價值可以讓人忽略價格和渠道，餐飲業的利潤也隨之愈來愈高。

10. 消費網路時代的來臨：隨著智慧型手機普及，業者需經營網路社群或 Line等，與消費者作即時訊息推播，俾利網路行銷，凝聚品牌向心力。

11. 網路時代改變消費者行為：消費者會從網路查詢與比較消費資訊。智慧型手機與社群媒體的普及，餐飲業者需開發各式的App及運用更多資訊科技，提供線上訂位服務及線上訂餐，創造更多商機及服務。

12. 手機行動支付日趨普及：消費者重視時間，業者應提供更多快速結帳的方式，且可以結合消費集點等行銷模式。

第五節　餐廳籌備與開發管理

　　餐飲業在經營上面臨很多困境，如市場競爭激烈、進貨成本增加、景氣不佳、勞動成本提高、營業用地價格或房屋租金過高、消費者偏好變動大、缺乏專業人才、商業創新活動難以提升、商品壽命週期縮短與科技應用能力欠缺等。餐飲行業的經營模式正在發生改變，尤其是網際網路及科技創新服務對餐飲業的改變尤其明顯。因應以上市場挑戰，餐廳經營業者的管理知識及經驗，必須要能掌握以下幾點主軸：

一、建立特色和競爭力

　　飲食是生活不可或缺的一部分，從顧客吃得飽，吃得好，到吃得巧，民眾對於高品質食物、環境以及健康等訴求愈趨重視。而近年來隨著全球化外來食物不斷的引進，使得各類型態小吃、咖啡廳、茶餐廳、義式、日式料理、鐵板燒、泰式、拉麵、法式等各類餐廳不斷增加，導致餐飲業愈趨競爭。餐飲業者為了持續經營，須要不斷改變經營模式，提供多元產品與服務，及發展多品牌創造競爭力。

　　目前市場上餐廳的型態千變萬化，消費者的選擇愈來愈多。沒有一家餐廳可以滿足所有市場與消費者的需求，因此餐館定位要清楚，才能滿足目標顧客群。首要工作就是要先調查市場的概況才能確認要開發什麼料理型態的餐廳。餐飲市場根據**市場區隔**（如**圖**1-3）可以從產品、價位（高或低），或裝潢（豪華與舒適）等來做**市場定位**（如**圖**1-4、**圖**1-5）。另外一方面，業者要對產品的流程、技術有一定的掌握，且能保持產品品質的穩定度。再加上優質的顧客服務導向的企業文化及完整的人資培訓制度，進而提供創造感動顧客的服務。經營管理者也需透過行銷將其產品特色、創新服務、裝潢特色、市場定位、價值與經營理念等傳遞給目標客群。各式餐飲類型的經營管理者都須找出其核心競爭力，方能在市場上獲得消費者的喜愛與認同。

圖1-3　餐飲市場（根據市場區隔）

資料來源：作者整理繪製。

圖1-4　咖啡飲品市場定位圖

資料來源：作者整理繪製。

圖1-5　義式麵食市場定位圖

資料來源：作者整理繪製。

二、慎選開店地點

　　有價值的店面一定位在人氣匯集的商圈，不過近年臺灣因為交通動線改變，許多主要商圈都出現變化，想投資店面一定要選對開店地點。近年來新型交通工具（如捷運）的誕生已讓人潮出沒的傳統區域產生大幅度變化，要選擇與產品定位相同的商圈來設點開店，才能吸引預定的顧客群。各式餐飲要根據產品價格定位慎選開店地點，強化品牌形象。

三、產品價格定位要正確

　　除了有好產品、好地點之外，使目標市場客群接受的對的產品價格策略也相形重要。這樣才能為餐廳創造出最具經濟規模與效益的產品組合模式。現今的臺灣餐飲業者已能根據生活型態與M型化社會結構，思考提供更高品質的產品與服務，來滿足現代消費者對美食的需求。

四、嚴控成本

　　開店只要具備上述三者，基本上人氣、營收已經沒問題，接下來要考慮的是成本控管的問題。有效降低租金、人事與食材成本的比率，是賺錢多寡的關鍵。減少用人，考慮將部分人力改用機器代勞，或改用現成的半成品，或改採外包作業，並改以租賃方式取得設備亦可節省成本的開支。直接食材及人事費用必須低於營業額的六成。

　　有效的成本控制需要制度化的採購與食物製備流程規劃、廚房流程規劃與服務流程來控管。

五、建立標準化作業流程

　　餐飲服務的主要價值來自無形元素，這些元素沒辦法嚐、聞、碰，

也難以視覺化與瞭解，造成顧客感受到不確定性而難以判斷業者與其提供的服務品質好壞。因此餐飲業者要強調有形線索，建立標準化作業流程使服務更具體與提供保證。例如服務流程標準化，鼎泰豐擦桌子的抹布，都必須摺成像軍中棉被般的方正豆腐乾；食材製備標準化，例如裝薑絲的小碟子，薑絲要放正中間、長度不能超過碟外、不能參差不齊、水分要飽足、顏色也得漂亮。餐飲服務的投入與產出具有高變異性，藉由標準化作業流程可使服務具一致性及可靠性，也可維護及保障服務品質。這些服物細節讓客人看到專業化，感受到貼心服務。大型餐飲集團為了維持產品品質，需要建置中央廚房提供完整物流供應鏈。此外食品衛生安全亦是經營管理者要重視的企業社會責任與道德標準。

六、建置餐飲資訊系統

餐飲業在服務上具有不可儲存性、無形性、同時性及異質性等特性，在生產方面具有個別化生產、生產過程時間短、銷售量預估不易、產品不易儲存，且在銷售方面，銷售量跟餐廳規模、時間限制、餐廳設備與服務流程有關。這些餐飲服務特性需要資訊管理系統來進行各項營運資訊的蒐集、整理、歸納與分析。餐廳需要瞭解每日來客數來進行食材採購與服務人力安排。一般餐飲業要守住123原則，即店租占營業額10%、人力成本占20%至25%、食材成本控制在30%至35%。然而因為各項營運成本均愈來愈高，影響到餐飲業者的獲利，其中尤以吃到飽餐廳的獲利更需要有效控管，也就需要更多的營運報表資訊，提供業者相關績效指標，以利有效的管理與控制。

七、線上（網路與社群）線下（實體店面）整合

未來餐飲實體店面發展將需結合「網際網路與社群媒體」。現代人的生活已離不開社群媒體，因此經營管理者需在臉書或Instagram建立及經

營粉絲專業，透過此平台與消費者進行互動，建立品牌意識，提高產品與服務之推播口碑行銷。

電子商務時代改變了消費者的消費模式，社群媒體也成為另一個廣告及創立即時活動的管道，可影響消費者的消費行為與決策，最終是希望透過此平台與消費者建立關係。這種行銷方式，也可因應服務業之無形性與同時性。智慧型行動裝置的普及正衝擊著餐飲業，智慧型行動裝置使消費者在外尋找餐廳時變得更加便利，也更容易獲取餐廳的相關評價，消費者的決策除了以品牌知名度為考量，更重視網路上的口碑；故餐飲業必須改變行銷策略，加強網路口碑與社群的經營。科技的快速發展、競爭的日益激烈以及顧客需求的提高，傳統的餐飲管理方式已經不能滿足餐飲企業需求與用戶標準，未來個性化、便捷化、智能化的智慧餐飲新生態的網際網路+餐飲的運營模式也就應運而生。未來餐飲業甚至可能出現完全以人工智慧代替人工的全智能化及無人化。因此，餐飲業的經營與發展不得不關注資訊科技的動態。

八、導入資訊科技服務

科技對餐飲業的影響愈來愈大。上文中提到的餐飲服務業具有不可儲存性、無形性、同時性及異質性，再加上勞基法的問題，都深深影響著餐飲業者的經營管理。以人為營運思考的經營管理者一定會有經營管理上的限制，唯有漸進式導入資訊科技的管理思維，才可解決其限制與挑戰。餐飲經營管理是要以最低的人力／物料成本來創造產品與服務品質，因此生產力是關鍵績效指標，而生產的定義是衡量「相對於投入組織所能生產的產出」，因此想要改善生產力就需要增加產出對投入的比率。餐飲業的投入包含勞力、原物料、能力、設備、坪效及財務資產等，雖然企業本質不太一樣，但產出的服務績效要求卻是一樣的，如營收、服務品質（滿意度）等。餐飲業的人力成本是計算生產力的一環，例如人力成本（薪資）÷營收＝人力成本百分比（生產力）。生產力的衡量

不能夠忽略服務品質與價值,如果業者仍以人力作業作為管理思維,那就惟有提高勞務成本才能提高服務品質,進而提升營收。只是不斷提高的人力成本(例如勞基法一例一休的影響)反而使業者很難利用人力來提高生產力,因為服務績效也具無形性及高變異性。

要解決上述服務業生產力特性的挑戰,經營管理者需導入資訊科技服務(整合內外場服務流程)。「科技」服務是改善及增進服務流程的利器,它是一個介面或平台,例如EZTable線上訂位、App點餐、Kiosk自助點餐,或未來也可以直接在餐桌桌面點餐。「資訊」服務是在科技介入的過程中,同步蒐集資料及分析產生的資訊,這樣就可具有有形性及可預測性的消費者行為,進而執行顧客關係管理(Customer Relationship Management)。例如過去顧客要餐廳訂位都是透過電話溝通,員工需一一詢問顧客的資料,如訂位大名、來客數、時間、連絡電話、消費目的(如慶生、家庭聚餐)。如果不導入資訊科技服務,傳統的營運服務管理上就有很多生產力的問題,如在同一時間點上,接聽電話的服務人數、訂位電話數量、接通數(夜間無法接聽)、通話時間、資訊紀錄多寡,及後續資料統計分析上都會有影響。這些在資訊科技服務系統上都可以輕鬆解決,最重要的是資訊數據分析。未來餐飲經營管理者如有多品牌經營,亦可利用科技App集點服務,一來增加其忠誠度及品牌意識,也可利用集點設計多元行銷模式,增加與顧客的互動性。中國麥當勞也宣布要升級其營運模式,整合數字化、個性化和人性化的軟硬體,包括雙點式櫃檯、觸控自主點餐機、動態電子菜單及行動支付等,全面提升顧客的用餐體驗。未來餐廳也可以利用機器人執行送餐服務,讓餐飲企業可以降低人員培訓與管理上的人力成本。

![註釋] 註釋

❶ 行政院主計總處（2016/01）。行業名稱及定義（含參考經濟活動）（第十次修訂）https://www.dgbas.gov.tw/public/Attachment/9916134443W75YTOW0.pdf。

❷ 經濟部統計處（2019）。批發、零售及餐飲業營業額統計，https://dmz26.moea.gov.tw/GMWeb/investigate/InvestigateEA.aspx。

❸ 經濟部統計處（2018/08/15）。經濟部統計簡訊，https://www.moea.gov.tw/Mns/dos/bulletin/Bulletin.aspx?kind=9&html=1&menu_id=18808。

❹ 經濟部統計處（2019/06/17）。經濟部統計簡訊，https://www.moea.gov.tw/Mns/dos/bulletin/Bulletin.aspx?kind=9&html=1&menu_id=18808。

Chapter 2

餐廳型態與商圈地點選定

本章綱要

1. 前言
2. 經營型態的確認
3. 餐點產品的確認
4. 價格策略的確認
5. 地點的評估
6. 租金與租約要點的掌控

本章重點

1. 探討餐飲事業具體落實並具備競爭力的主要架構
2. 第一步，瞭解每一種經營型態的特色
3. 第二步，思考應該「銷售什麼樣的料理餐點」與裝潢氛圍
4. 第三步，確立餐廳能否在所在商圈屹立不搖的重要步驟
   ——設定價格帶
5. 第四步，認識地點的重要性，瞭解商圈的特性和所在人口
   的消費行為模式，並充分運用「123」法則
6. 瞭解店面租約要點與租金的計算，掌握好對於餐廳利潤有
   益的立足點

第一節　前言

　　在創業的過程裡，除了籌備過程中一切事必躬親、辛苦勞累的那段過程外，最令人懷念也感到興奮甚至有趣的階段，莫過於是憑空幻想的那段時日了。在這個概念發想的階段，業主可以盡情的發揮自己的創意，到處拜訪各式的店家，參考對方的菜單、欣賞對方整個餐廳氛圍的創造，並且用心感受主廚透過巧手傳達他對美食的熱情。不管你想開的是讓客人有一個非常悠閒的午茶時光的咖啡廳，或是開一家擁有輕鬆道地美式風格的餐廳，賣著令人垂涎三尺的大漢堡以及週末早午餐，亦或是在郊區開一間有著廣闊海景，視野散發濃郁Basanova氣息的簡餐廳，這些發想都能讓你啟發無限的動力和想像力，盡力去創造屬於自己風格的餐飲事業。這就是概念發想的絕妙之處！上述這些似乎聽來籠統，但卻是餐廳規劃所必經的過程。有了籠統的畫面在心中，進而才能夠逐一的確認細節並加以具體化，再搭配事前的市場調查、細密的財務規劃等，才能夠將餐廳的產品主軸和市場策略擬訂出來。

　　臺灣首屆《2018臺北米其林指南》（*Michelin Guide Taipei 2018*）已正式登場，全臺共一百十間餐廳入選，囊括三十三種料理風格，二十間獲得星級評價。其中，君品酒店的頤宮中餐廳（粵菜）成為唯一摘下最高榮譽的三星評鑑餐廳；二星有兩間，分別為祥雲龍吟（日本菜）、臺北喜來登大飯店的請客樓（中式）；一星則有十七間，臺菜有金蓬萊遵古臺菜、明福臺菜海產、西式料理有侯布雄（法式料理）、La cocotte by Fabien Vergé（時尚法國菜）、Longtail（歐洲菜）、MUME（歐洲菜）、RAW（創新菜），日本料理有謙安和（日本菜）、鮨野村（壽司）、鮨隆（壽司）、吉兆割烹壽司、Taïrroir（創新菜），粵菜有大三元（粵菜）、臺北文華東方酒店雅閣（粵菜），江浙菜為臺北亞都麗緻大飯店天香樓（杭州菜），燒烤類為燒肉專門店大腕，及牛排類的教父牛排。另外，「必比登推介」（Bib Gourmand）是米其林評審員頒給餐飲業者的一

項殊榮，這些餐廳供應物超所值的美味佳餚。必比登的美食餐廳推薦名單共三十六間，餐廳料理型態多元，有臺菜、滬菜、粵菜、京菜、江浙菜、創新菜、日本菜、印度菜、麵食料理、素菜、點心類，及小吃。指南中也推薦了七十家「米其林餐盤」，代表該餐廳食材新鮮、細心準備，是美味佳餚。《2019臺北米其林指南》（*Michelin Guide Taipei 2019*）也公布了米其林指南，共計二十四家摘星及五十八家必比登推介，並新增夜市小吃店家。此評鑑相信可帶動臺灣餐飲業水準的提升，也可將臺灣美食推向國際化。《台北台中米其林指南2021》則仍只有君品頤宮奪得三星，獲二星的有8家，獲一星的有25家，必此登推薦部分，台北有58家、台中有33家入選（如**表2-1**），官網並有詳細地址與價格，以及米其林的米其林指南的觀點角度**❶**。

接下來討論在概念發想的過程中所必須考量到的各個層面，這是一個餐飲事業要能具體落實，並且在市場上能夠具備競爭力的主要架構。架構完備，後續的細節自然比較容易水到渠成，讓事業能夠有競爭力以及獲利能力。

表2-1 2021台北台中米其林指南星級美食餐廳名單及必比登推薦名單

台北台中米其林星級美食餐廳				
地點	星級	餐廳名稱	地址	聯絡電話
台北	三星	君品酒店-頤宮中餐廳	台北市大同區承德路一段3號17樓	02-21819985
台北	二星	Logy	台北市大安區安和路一段109巷6號	02-27000509
台北	二星	RAW	台北市中山區樂群三路301號	02-85015800
台北	二星	祥雲龍吟	台北市中山區樂群三路301號	02-85015808
台北	二星	鮨天本	台北市大安區仁愛路四段371號	02-27751239
台北	二星	Tairroir 態芮	台北市中山區樂群三路299號	02-85015500
台北	二星	台北喜來登大飯店請客樓	台北市中正區忠孝東路一段12號	02-23211818
台北	二星	侯布雄法式餐廳	台北市信義區松仁路28號5樓	02-87292628
台中	二星	JL Studio	台中市南屯區益豐路四段689號	04-23803570
台北	一星	國賓A cut牛排館	台北市中山區中山北路二段63號B1	02-25710389
台北	一星	教父牛排	台北市中山區樂群三路58號	02-85011838
台北	一星	大腕燒肉	台北市大安區敦化南路一段177巷22號	02-27110179
台北	一星	金蓬萊遵古台菜	台北市士林區天母東路101號	02-28711517
台北	一星	Impromptu by Paul Lee	台北市中山區中山北路二段39巷3號	02-25212518

（續）表2-1　2021台北台中米其林指南星級美食餐廳名單及必比登推薦名單

台北	一星	謙安和 Ken Anho	台北市大安區安和路一段127巷4號	02-27008128
台北	一星	吉兆割烹壽司	台北市大安區忠孝東路四段181巷48號	02-27711020
台北	一星	LONGTAIL	台北市大安區敦化南路二段174號	02-27326616
台北	一星	明福台菜海產	台北市中山區中山北路二段137巷18-1號	02-25629287
台北	一星	渥達尼斯磨坊（Molino de Urdániz）	台北市中山區建國北路一段61號	02-25006832
台北	一星	山海樓台菜餐廳	台北市中正區仁愛路二段94號	02-23513345
台北	一星	明壽司	台北市中山區雙城街25巷6之3號	02-25961069
台北	一星	鰭野村のむら	台北市大安區仁愛路四段300巷19弄4號	02-27077518
台北	一星	鮨隆Sushi RYU	台北市中山區新生北路二段60-5號	02-25818380
台北	一星	天香樓	台北市中山區民權東路二段41號	02-25971234
台北	一星	文華東方雅閣	台北市松山區敦化北路158號	02-27156788
台北	一星	De Nuit	台北市大安區信義路四段175號	02-27001958
台北	一星	富錦樹台菜香檳（松山）	台北市松山區敦化北路199巷17號1樓	02-87128770
台北	一星	米香	台北市中山區樂群二路55號3樓	02-77223391
台北	一星	牡丹	台北市大安區四維路52巷17號	02-27068699
台北	一星	T+T	台北市松山區敦化北路165巷11號1樓	02-27199191
台中	一星	鹽之華	台中市西屯區市政581-1號	04-22520991
台中	一星	Forchetta	台中市西屯區惠中七街36號2F	04-22558111
台中	一星	俺達的肉屋	台中市西區公益路192-1號	04-23250588
台中	一星	澀Sur餐廳	台中市北區育德路201號	04-22037830

米其林綠星獎		
山海樓台菜餐廳	台北市中正區仁愛路二段94號	02-23513345
陽明春天蔬食創作料理	台北市士林區菁山路119-1號	02-28620178

米其林服務大獎2021
頤宮中餐廳餐廳經理-歐宛臻

米其林年輕主廚大獎2021
林侟華（澀餐廳）

2021米其林指南必比登推介名單【台北】（合計58間，共計6間新入榜）		
阿城鵝肉（中山）	阿國切仔麵	四川吳抄手（大安）
點水樓（松山）	鼎泰豐（信義路）	都一處（信義）
阜杭豆漿	清真中國牛肉麵食館（大安）	杭州小籠湯包（大安）
好公道金雞園（大安）	人和園	老山東牛肉家常麵店
賣麵炎仔	茂園	雙月食品（青島東路）
女娘的店	My灶	彭家園
榮榮園	番紅花印度美饌	祥和蔬食（中正）
欣葉小聚（南港）	宋廚菜館	泰姬
北平陶然亭	天下三絕	醉楓園小館
一甲子餐飲	永康牛肉麵	臭老闆現蒸臭豆腐

（續）表2-1　2021台北台中米其林指南星級美食餐廳名單及必比登推薦名單

無名推車燒餅	吾旺再季	方家雞肉飯
劉芋仔	豬肝榮仔	阿國滷味
紅燒牛肉麵牛雜湯	陳董藥燉排骨	鍾家原上海生煎包
好朋友涼麵	海友十全排骨	梁記滷味
駱記小炒	御品元冰火湯圓	雄記蔥抓餅
藍家割包	高麗菜飯、原汁排骨湯	大橋頭老牌筒仔米糕
施家鮮肉湯圓	小王煮瓜	昶鴻麵點
源芳刈包	隱食家（新入榜）	金賞軒（新入榜）
磐石坊（新入榜）	湘帝御膳食堂（新入榜）	松竹園（新入榜）
巷子龍家常菜（新入榜）		
2021米其林指南必比登推介名單【台中】（合計33間，共計13間新入榜）		
阿坤麵	淇里思（西區）	范記金之元（中區）
東山棧	富鼎旺（中區）	富狀元豬腳
富貴亭	Gubami	陸園
京華煙雲	新月梧桐	上海未名麵點
東方龍	彭城堂	泌園春
三喜食堂	滬舍餘味	馨苑
台客燒肉粥	溫叨	陳明統控肉飯（新進榜）
鮮魚鱻（新進榜）	咕嚕咕嚕原住民音樂餐廳（新進榜）	曙光居（新進榜）
可口牛肉麵（新進榜）	好菜（新進榜）	羅家古早味（新進榜）
菇神（新進榜）	醉月樓（新進榜）	木公麥麵（新進榜）
牛稼莊（新進榜）	台中肉員（新進榜）	饕之鄉（新進榜）

第二節　經營型態的確認

　　餐廳的型態會直接影響到創業的資金需求、開業後的價格策略與獲利能力，而確認型態並瞭解每一種型態的特色是非常重要的一個步驟（如**表2-2**）。

一、餐廳

　　餐廳是讀者最為熟悉的餐飲型態之一。若用最簡單的字句去定義

表2-2　各種餐飲型態的比較

	Restaurant	Buffet	Cafe	Fastfood	Deli
投入資金多寡	★★★★★	★★★★	★★★	★★★	★★
坪數需求大小	★★★	★★★★★	★★★	★★★	★
週轉效率高低	★★	★★	★★	★★★	★★★★★
營運複雜難易度	★★★★★	★★★★	★★★	★★★	★★★
用餐氛圍強弱	★★★★★	★★★	★★★★	★★★	★★
廚房設備多寡	★★★★	★★★★★	★★★	★★★	★★
食物成本高低	★★	★★★★★	★★★	★★★	★★★

資料來源：作者整理製表。

它，餐廳就是一種提供場所讓人享用餐飲的店鋪，然而這樣的解釋稍嫌籠統。如果加以補充說明則是，**餐廳**（Restaurant）是一個以提供舒適的用餐環境和餐點的營利場所，並且兼具社交、親友團聚、商務、娛樂等單一或多重功能的企業。

　　餐廳通常提供較具體定義的餐點料理（如川菜餐廳、義大利菜餐廳），整體的定位清楚，光看招牌或是菜單即可輕易分辨餐廳的料理種類；再者，在用餐過程中所享受到的服務亦需完整。從進門後由領檯人員帶位、服務人員寒暄招呼、點餐、上菜服務、確認用餐滿意度、桌面整理、結帳、送客等，都應能一一把這些動作落實完成。

　　餐廳硬體及氛圍雖然隨著餐廳的價格定位和目標客層而有所不同，但是對於餐廳內場所需具備的完整料理設備，都應該完成規劃配置，廚房所占面積也能保持在合理的一個範圍內，讓外場座席的空間能夠充分的發揮，使餐廳有潛力能夠創造更好的業績和利潤。而對於餐廳的裝潢和氛圍則多能一一到位，並且不論在視覺（裝置藝術、燈光運用）、聽覺（音樂風格呈現）都能恰到好處，並且互相呼應，搭配不致突兀。

二、自助餐

　　本書將**自助餐**（Buffet）定義為，坊間常見以人頭計價、採無限量

供應的餐飲型態。常見的有：(1)麻辣火鍋店，如天外天麻辣火鍋連鎖餐廳；(2)壽喜燒店，如鋤燒；(3)日式燒肉店，如臺北市東區巷弄裡便有很多此種型態的餐廳；(4)日本料理，如欣葉日式料理自助餐廳；(5)無國界料理，如上閣屋、饗食天堂、各大飯店內的自助餐廳等等。此種類型的餐飲企業的特色如下所述。

(一)服務

採自助式服務型態的餐廳近年來一直是餐飲市場上的一個重要選項，對於預算有限的消費者而言，只要確認了消費單價就可以盡情的享用餐點，無需顧慮預算的超出，吃起來更是盡興。目前市場上採自助型態的餐廳主要有幾個選項：

1. 五星級大飯店的無國界料理自助餐廳，通常自助式早餐是供應給住房的客人免費享用，另外也對於一般消費大眾收費營業。至於午餐、下午茶時段及晚餐時段則有不同的價位和菜式，提供給一般消費者付費享用。
2. 日式自助餐廳，例如上閣屋、欣葉日式料理。
3. 其他各式料理，例如日式燒烤店、麻辣火鍋店，近兩年也在市場上如雨後春筍般開立。這類型餐廳消費型態採人頭計價，並搭配不同的時段有不同的價格，已產生人潮分流的效益。

(二)食物成本高，薄利多銷

自助餐廳最大的特色就是在每個餐期開始之初，就必須把所有的菜色料理和飲料都完善備妥呈現並加以保溫，讓進來用餐的客人能夠有強烈的視覺感受，進而提升用餐慾望。因此，菜色選項的多寡、豐盛程度、美味的口感和食材的好壞挑選會直接影響客人進到餐廳後的第一印象。如果餐廳為節省開銷將餐檯上的食物縮減選項，只會造成客人的反感，進而對業績有惡性循環的效應產生。

自助服務餐廳最大的風險莫過於即使一個客人都尚未上門，餐廳還

是必須備妥一百人份甚至更多的豐盛餐點在檯面上，來的用餐人數夠多食物還可以隨時增加補充；反之，如果來店用餐過少則會形成食物成本的浪費。所以在行銷和營運策略上，自助餐廳多半會採薄利多銷的方式，吸引大量客人上門。

(三)座席數多且限制用餐時間

　　為能薄利多銷以創造業績，將座位數極大化是此種型態餐廳的必須手段。因此坪數過小、座位數不足的餐廳空間，並不適合採用自助餐型態的營運模式，以免因為來客量的不足或座席不夠，讓等候用餐的客人無法入座而造成潛在業績的流失。為了加速客人的流動量，「限時兩個小時用餐」已成為這類型餐廳的潛規則，藉以收納更多的來客量。在坪數有限的餐廳若仍執意走「吃到飽」的型態，為避免餐檯上食材的浪費或避免可觀性不夠，也可評估是否考慮同樣是吃到飽以人頭計價，但是在出餐的型態上則改採現點現做的方式。市面上很多南洋料理採吃到飽以人頭計價方式經營，就是採用現點現做的方式，一來容易控制食物成本，不會有餐檯上多於食材的浪費，二來又可強調「現點現做」的新鮮感。

(四)時段價格差異性

　　多數的自助餐廳會將午餐、下午茶，以及晚餐甚至宵夜時段做價格上的區隔。午餐和晚餐多半在菜色上是相同的陳列，但是為因應商業午餐市場的需求和客人實際能夠用餐的時間有限（約一至一個半小時），因此在價格上約為晚餐價位的七至八五折不等。

　　而下午茶時段營運的目的主要在於消化午餐時段餐檯上的過多食物。業者只要將餐檯略做調整和整理，並且取消部分較昂貴的餐點，即能以非常友善的價格（通常約是晚餐價格的五折）做營運，一來讓員工的業績生產力能夠維持，二來也可以吸收下午茶客群的市場，是一個相當值得經營的時段。再者，對於某些沒有時間壓力的客人來說，以較便宜的價格在離峰時間用餐，可以更加物超所值，用餐的步調也更悠閒。所以這類下

午茶的市場也有一定的規模存在。而宵夜場的時段營運的原理和下午茶時段大致相同。

晚餐時段可以說是一天營運的重點時段。一來用餐客人時間較為充裕，二來用餐的預算也較多。自助型態的餐廳為能充分拉高來客數以衝高業績，甚至會規劃場次時段讓用餐客人配合場次時間，提高座位的效能。並且在餐桌的配置上也多半會以兩人方桌為主流，隨著用餐人數的不同隨時可以調整併桌，讓餐桌的業績產能極大化，以避免有六人圓桌卻只有四人入座的情況發生。採用兩人方桌去併桌最多只會產生一個座席的浪費。

三、簡餐

根據*Cambridge Advanced Learner's Dictionary*對簡餐（Café）字義解釋為，一間只提供小餐點和非酒精性飲料的餐廳[2]。這個字詞的用法對於多數人來說稍嫌陌生，也容易和餐廳的定義產生混淆，在此將Café的中文以「簡餐廳」來作為詮釋，顧名思義就是餐廳的簡化版；即餐點的選項有限、酒精性飲料不在此銷售，附帶的意義就是空間規模比餐廳小、廚房設備較為簡易。然而在臺灣已被業者略為混淆了，目前也有些相當具規模，且單價不貲的餐廳也以Café自稱。

目前市場上Café的主流多半是提供簡易的義大利麵、各式飯類，還有各式飲料的小餐館。各大都會區的巷弄裡面、學校周邊的商圈，還有風景區，例如北海岸金山、石門、三芝、淡水一帶，或是桃園國際機場、高雄小港機場附近，也有些標榜視野廣闊可近距離欣賞飛機起降的戶外餐廳，都是典型的Café型態。在餐點食材的選擇上，常會搭配即食料理包、保溫及加熱設備、簡易烤箱，來完成燴飯、咖哩飯、義大利麵、鬆餅等簡易餐點；而餐包和甜點則多半來自其他專業廠商的訂購和配送，Café只需現場加熱、擺盤和裝飾即可。

四、速食

　　速食（Fastfood）型態可說是大家最熟悉的餐飲業型態。從最具指標性的國際品牌，例如麥當勞、肯德基、摩斯漢堡、吉野家，乃至於國內一些自創的小品牌等，同樣賣著各式各樣經典的西式速食。

五、餐坊

　　根據*Cambridge Advanced Learner's Dictionary*對**餐坊**（Deli，Delicatessen的簡稱）字義的解釋為，一間銷售進口高品質食物的小店，例如起司或冷藏可即食的肉品，如火腿、香腸等的小店❸。餐坊在臺灣常見於臺北市天母生活圈或大都會辦公商圈的巷弄內，多半還會兼售盒裝沙拉、多款歐式麵包以及新鮮果汁等；有些店家甚至提供極少數的座位，方便客人購買後可以自行就座食用餐點。此種型態小餐坊的價格相對於餐廳便宜許多，且主要以外帶為主，即使客人要在店內享用餐點也不再額外收取服務費，但會提供簡單的塑膠餐具和餐巾紙，是屬於零售型態成分較重的飲食店。

🍜 第三節　餐點產品的確認

一、料理形式與市場需求的確認

　　在確認所要開立的餐飲型態後，接著要思考的是「銷售什麼樣的料理餐點」，如：

1. 中式料理：川菜、湘菜、粵菜、臺菜、上海菜、江浙寧波菜等。
2. 日式料理：是要鎖定簡單的壽司專賣店、拉麵專賣店、丼專賣店、鰻魚飯專賣店，或是正統且具備多樣餐點的日式料理餐廳。

3.異國料理：常見的有義大利餐廳、義大利麵專賣店、德國料理、
美式料理、印度料理、泰式料理、南洋菜、西班牙菜、法國料
理、地中海料理等。

　　料理的選擇首先攸關的是市場的期待，這直接關係到日後營運的發
展和永續經營的機會多寡。臺灣是一個相當特別的市場，消費者對於新鮮
的產品多半會抱著好奇的心態趨之若鶩，如果再加上媒體的過度報導便足
以在極短時間內形成一股炫風，然而這往往也造成了餐飲的流行趨勢，一
旦過了流行趨勢，想要能夠繼續生存確實相當具挑戰性。例如近幾年流行
著日式拉麵，接著是日式炸豬排，各家下午茶餐廳則瘋狂流行著蜜糖吐
司，然後是可麗露蛋糕，接著又流行著紙杯蛋糕（Cup Cake），而杯裝飲
料的流行起落更是明顯，光是看清玉的黃金比例在市場上暴起暴落，就不
免令人覺得臺灣餐飲市場有多麼的喜新厭舊❹！

　　中式的料理畢竟有其歷史背景和文化情感，在市場上的接受度通常
不差。而日式料理也因為臺灣曾經被殖民的影響，老一輩人對於日本料
理、日本品牌總有特殊的情感和忠誠度，接受度自然也高。而時下年輕人
也相當喜愛東洋文化，這當然也包含了飲食文化，因此日式料理在餐飲市
場上可說是僅次於中式料理以外，最容易被接受的口味路線。

　　至於異國風味料理，多年來各式異國風味料理都曾在臺灣市場裡
出現過，起起落落間也多少能看出市場的接受度仍以美式料理、義式料
理，以及泰式南洋料理較具市場性。分析其原因除了口味上迎合臺灣市場
消費者的喜好外，價格平實以及大型連鎖餐飲的用心經營與持續的行銷推
廣，也功不可沒。例如美式料理有 "TGI FRIDAY'S" 做市場領導者的角
色，深耕臺灣市場近三十年，再加上麥當勞等大型連鎖速食店雖然賣的是
速食，卻也是不折不扣的美式料理；泰式南洋料理則有「瓦城」深耕市場
多年；義式料理雖無大型連鎖品牌遍布各縣市，然而平實的價格，以及
非常迎合臺灣人口味的義大利麵（如杜蘭朵餐廳），確實有相當高的市場
性，是一個餐飲料理中不可或缺的產品線。

二、技術及營運層面的考量

不同型態的餐廳或是不同料理的餐廳，會直接影響營運面的複雜度和其投資金額的多寡。例如一家壽司專賣店和一家南洋料理餐廳所需的廚房設備就大不相同。壽司專賣店需要的主要是工作檯面、冷藏／凍冰箱，和其他簡單的烹調設備（如煮飯鍋），而南洋料理餐廳相對上就複雜多了，除了熱炒的灶臺之外、蒸爐、炸爐、烤架、冷凍冷藏設備都不可或缺。當然，南洋料理餐廳用於採購烹飪設備的投資金額也比日式壽司店大了許多。

另外，營運的複雜度也是重要的考量。速食、餐坊屬於櫃檯服務（Counter Service）的型態，也就是說點餐、結帳、取餐都是服務人員和客人在櫃檯所共同完成。這類簡餐廳通常廚房的設備相對簡單，空間也小，所販售的餐點種類也不如餐廳。當然，在售價的部分毛利率也不如餐廳來得高，整體的營運複雜度也因為少了為客人安排座位、收拾桌面、基本用餐服務等流程，比起正規餐廳或自助餐廳也相對簡單許多。

再者，速食店和餐坊型態的餐飲企業對於專業廚師的依賴度也小了許多。簡單的菜色內容可以透過標準化的食譜來規範，並且訓練非專業的廚師來製作餐點，有些簡餐廳甚至會搭配調理包等半成品來簡化製作餐點的手續。這種對專業廚師依賴度低的餐飲企業，因為技術門檻低很容易吸引非本業的投資人進入創業；相對的，此種型態的餐飲企業也容易被複製，致使自身失去差異化和競爭性。

三、裝潢氛圍的確認

在確認了營運的型態以及料理的走向後，接著要構思的就是餐廳整體氛圍的創造。對許多有意創業的人來說，在整個開店計畫最開始之際最感興奮的階段莫過於這範疇了！每個創業主在心中總會有自己的藍圖，希望把自己夢想中的餐廳透過和設計師的密切溝通，最後藉由裝潢設計和周邊

的環境完整規劃，呈現給消費者。同時，這也是一個把自己的餐飲企業形塑成具有濃烈主題氛圍、讓客人能夠輕易感受到的重要環節（如圖2-1）。

　　而郊區的農場型態餐廳，除了店內氛圍創造之外，獨棟具有特殊造型的建物，以及經過縝密規劃，戶外的池塘、草皮，甚至遊憩區也是很重要的裝潢元素，不可忽略（如圖2-2）。

圖2-1　真的好頂級海鮮餐廳

資料來源：69攝影工作室提供。

圖2-2　薰衣草森林農場風格餐廳

資料來源：取自薰衣草森林官網（2009）。網址：www.lavendercottage.com.tw。

第四節　價格策略的確認

在擬定好餐廳營運的型態、產品以及裝潢氛圍之後，接下來可以考慮的就是希望設定的價格帶。價格帶是餐廳能否在所在商圈屹立不搖的重要因素之一，決定了價格帶就等於決定了目標客層和客人上門消費用餐的頻率。也直接決定了餐廳的競爭力。

一、常見的訂價方式

(一)成本導向定價法

成本導向定價法的訂價精神就是依照每一道餐點的成本價格，再去乘以一個特定的倍數（通常是三至四倍），得到一個理想的售價，再斟酌取捨尾數就成了菜單上的定價。此種訂價方式最大的好處是能夠確保食物成本保持在一個被控制的範圍內，讓餐廳在財務結構上能夠保持一定比例的毛利率。

例：倍數設定為三倍，某道餐點食物成本為六十七元，則定價為 $67 \times 3 = 201$，斟酌去除尾數後，定價為二百元。

(二)業績導向定價法

業績導向定價法的方式必須經過仔細的推算，再設定好餐廳希望客人進來消費的平均消費後，再試著以客人的角度來點餐，並且嘗試不同的人數組合、大人小孩組合，甚至部分餐點共享的組合，試算用餐的消費金額再除以用餐人數，確認平均消費額是否能如原先所預期，如有誤差，再藉由調整餐點價格來達到所要的平均消費額。

此種定價法必須同時留意食物成本是否過高或過低、餐點相對於售價是否具有賣相、競爭力、平均消費額對於消費者而言是否值得等，這包含了餐點本身、餐廳裝潢氛圍、餐具選擇、服務精緻度及其他周邊附加價

值，例如品牌價值、餐廳所在地點、交通及停車設施等等。

(三)市場導向定價法

市場導向定價法可說是目前市場上最普遍被採用的定價方式，究其原因為臺灣餐飲業高度競爭，同類型、同商圈內的競爭者頗多，彼此間鎖定的目標客層幾乎完全相同，為求餐廳永續生存，除了在餐點口味上多做琢磨之外，制定出一個和同業有競爭力或接近的價格，也是很重要的一個環節。畢竟消費者對於餐廳的價格敏感，尤其對於商圈內的固定人口，如居民、上班族、學生等，每天在周邊區域外食用餐，對於價格可說是錙銖必較。因此，參考同商圈中同業的定價，再作為自身菜單價格的調整依據，就成了多數餐廳業者喜歡採用的方式，甚至在相同的餐點質量上，於價格上再做些微的調降，或是相同的價格中所提供的餐點質量更好，藉以贏取消費者信賴進而願意消費。此種定價法與餐廳採購議價能力有很重要的關係。因為相同的售價和餐點，若能以更低的成本來完成，毛利空間自然變大。

(四)價格破壞定價法

價格破壞定價法的方式是在參考同商圈、同業的價格和產品質量組合後，以相當程度的差異來取得市場的青睞。如果餐廳本身有其它的優勢條件，使其能比同業更有能力操作這種價格破壞的定價方式，不妨善用之。讓自身餐廳長期賦予市場較平價卻質量不打折的形象，經由長期的薄利多銷加上消費者的消費忠誠度，絕對可以在市場上占有一定的市占率與商譽。以臺北出現的「50元便當連鎖店」就是一個相當好的範例，店家標榜著「老闆做功德賺工錢，全民拼經濟」的醒目訴求，藉由自身是菜販出身，現今是果菜大亨的優勢條件，免去了層層的廠商剝削，將省下的成本反映給消費者，因此幾乎是以六五折的五十元低價，提供市價八十至九十元的便當，足足讓消費者省了不少荷包（如**圖2-3**）。再者，為吸引媒體和消費者注意，店家一律選擇三角窗店面搭配醒目的招牌，並且打出「貧戶

圖2-3　成本與餐飲品質雙贏的價格破壞定價法

資料來源：蔡毓峰剪報資料。蔡佳玲（2009/05/11）。〈菜販翻身　變50元便當大王〉，《蘋果日報·財經版》

經所在地里長開立證明可以免費吃」的公益活動，來爭取更多消費者的認同與肯定。此例不失為價格破壞定價法的最佳典範。

二、價格策略與目標客層的關聯

重要的是，不管採用何種方式來作為訂價依據，徹底的市場商圈調查、精準的商圈消費力評估、消費人口統計、消費客層分析、消費行為評估等，都是規劃餐廳之初所不能省略的一門功課。

第五節　地點的評估

市場上流行著一種說法，要想成功的開一家店有三個重要的條件，第一是Location，第二是Location，第三還是Location。這句話聽來莞爾有趣，姑且不論其正確性有多高，但也多少點出地點對於開店有多麼的重

要。（Jerome E. McCarthy, 1960）。行銷學上，McCarthy提出的著名的4P理論❺中的Place，點出了地點的重要性。在地點的選擇上通常創業主選擇的地點多半與自身有地緣關係，例如自家附近、上班工作場所附近，或是其他因為個人生活習慣常經過的一些特定商圈，進而有機會瞭解商圈的特性和所在人口的消費行為模式。地點的選擇看似簡單其實要評估的面向相當多樣，以下僅就幾個重要的面向做介紹。

一、商圈

在選擇開店的地點初期首先要選擇的是商圈。唯有先從商圈做決定，才能針對商圈中再去做細部的分析和比較，進而找到適合的地點。以臺北市為例，可以先翻出地圖，針對不同的行政區做考量和區分。例如大同區、萬華區屬於臺北市早期最繁華的區域，隨著都市開發計畫以及交通便捷度提高，進而逐漸往東區移動到了臺北市忠孝東路，而近年來更持續東移到信義計畫區。最近隨著捷運板南線的通車，更東延至南港展覽館站，並且與內湖線在展覽館相接，再者南港展覽館的啟用和軟體園區廠商的持續進駐，商圈似乎又將更形東移。因此在選擇商圈的同時不妨也考量所規劃餐廳的屬性、規模、目標市場、價格帶等因素，作為決定商圈的參考。

二、地點

再好的商圈也有其最差的地點，反之，再差的商圈也同樣可以找到最適合的地點。選擇大馬路邊的店面除了有較多的車潮和人潮之外，也代表著餐廳更能夠吸引更多人的認識和注意，對於品牌的知名度有正面的幫助。然而在巷弄裡開餐廳不表示就沒有人潮車潮，許多學校商圈、辦公商圈，甚至像是臺北市東區商圈附近的巷弄，往往更是人聲鼎沸，消費者進入這些巷弄往往有柳暗花明又一村的感覺。在選擇地點時不妨考慮以下幾點：

(一)留意廣闊的馬路

　　廣闊的馬路兩側店家生意往往有很大的落差，大馬路的十字路口四個轉角區塊也往往有不同的表現。因此在考量人潮時，必須留意店面所在位置的實際人潮流量，避免被對街的人潮所影響而誤導了自身的判斷。這也是為什麼有些便利商店不惜在十字路口的其中兩個角落都開店的原因，因為人們往往貪圖方便，連過馬路都免了。

(二)留意群聚效應

　　對自己即將規劃籌備的餐廳無論在價格、餐點品質各方面只要有充分的信心，那麼在選擇地點時不妨可以考慮和其他同業店家相鄰，發揮**群聚效應**（Critical Mass）。同業的群聚可以提高消費者前去選擇消費的動力。學校商圈或夜市是群聚效果最典型的成功案例。

(三)留意周邊附加價值

　　周邊的交通機能是否便利，步行距離內是否有公車站牌、捷運站、停車場等交通設施等，都是必須加以留意的事項。其他附加價值，如周邊是否有明顯地標，方便消費者容易找到餐廳；是否有學校、大型辦公大樓造成大量的人潮流量；所選地點本身如果為住宅大樓，則開設的餐廳是否能夠符合大樓鄰居的期待或是造成反感；垃圾、廚餘、排煙、噪音是否能夠克服不致叨擾鄰居住戶；餐廳若非一樓店面而是在其他樓層又是否能夠有便利的動線，方便消費者和送貨廠商進出，並且不過度影響其他樓層鄰居或公司商家；如果所在地點為風景區，則須評估是否能抵擋非假日時段或陰雨季節的慘澹經營。

　　接下來要討論的是關於地點與自身餐廳型態的微妙關係。上述提到地點考量的幾個要素，其實多半都是以餐廳周邊的人潮為潛在客戶，他們可能因為地緣關係成為餐廳開幕後首批嚐試的客人，將來的主要顧客群也多半由此建立起。這些人包含了居民、附近辦公大樓內的上班族、逛街人潮（到餐廳附近看電影、逛街購物，甚至是就醫、就學），或是旅客

（附近飯店的住客），總之餐廳業績與地緣關係濃厚。

　　反之，也有很多主題明顯善於營造自身的企業文化和品牌操作，並且能夠提供優質的餐點和服務。這種型態的餐廳對於地點的要求就和上述不同，與其在最熱鬧的商圈去和同業做競爭，甚至造成價格戰，還不如另覓地點，透過良好的宣傳廣告，搭配自身的良好競爭力，形成一個以目的型消費為主的餐廳。

三、「123」法則──1級商圈、2級地點、3級房租

　　商圈地點的評估與選擇搭配合理的租金契約，在餐廳規劃初期是非常重要的一個環節，直接或間接影響到日後的營運績效和利潤的多寡。業界常有人說這是一個123法則。也就是說，在商圈地點的選擇與房租的策略（詳參第六節）上必須符合「**在1級商圈裡挑選2級的地點，進而以3級的房租來承租營業場所**」。當然，這中間的意義並不是指所有的餐廳都必須開立在最頂級或最熱門的商圈裡，而是在選擇開設餐廳的商圈後，可以迴避商圈裡的最精華地點或是馬路邊的一樓店面，退而求其次地在這商圈裡尋找合適的巷弄，同樣可以吸取商圈裡的消費人潮，這就是2級地點的意義所在。另外，還可以與房東談判，如利用地點屬於巷弄等作為藉口，爭取更合理、更輕鬆的房租負擔，也就是所謂的3級房租的道理。

🍜 第六節　租金與租約要點的掌控

　　店面租約要點與租金對於餐廳利潤的創造能力有很絕對的影響。因為絕大多數的租賃都是採用固定式租金來做計算，也就是說每個月必須有一筆固定的房租開銷需要去支付。生意好的時候，支付合理的租金是不會構成營運以及現金流動上的問題，然而一旦生意不好，沉重的租金支出往往會成為餐廳決定結束營業時，壓死駱駝的最後一根稻草。以2003年為

例，當年因為社會上發生SARS這個前所未有的危機，造成國內經濟的巨額損失。許多餐廳也因此做了許多減少開銷支出的動作，以期能夠撐過這段低潮。例如和房東協商降低租金支出就成了許多業者的普遍做法。所幸多數房東也能體恤整體環境造成餐廳經營不易的現象，而首肯降租協助業者度過難關。2008年底起的世界性經濟風暴，也同樣有類似的情況產生。

一、租金

在雙方議定好租金金額時，同時必須言明租金金額是否為含稅價格。依據我國稅制法的規定，房東在每年5月申報個人綜合所得稅時，須就房租收入繳交10%的房屋租賃所得稅。而房租支出對於餐廳業者來說也是個非常主要的成本之一，在申報營利事業所得稅時，可將房租支出作為會計報稅的主要費用支出。而這10%的稅金為內含或外加，對雙方都有不小的影響和差異，不可不慎。

此外，在合約中也可以預先議定好日後房租調漲的幅度，是採固定房租直至合約期滿或是逐年調整。建議可以到各家房仲業的相關網站，查詢周邊行情作為簽約參考。以下是常見的租約型式。

(一)固定月租制

對於有意開餐廳的業者通常會建議自行審慎評估未來的營業額為多少？又若洽談的租金採固定月租制，則必須試算租金占營業額的百分比為何？一般認為，15%以內為理想租金占比，較不致因為業績衰退而造成此一固定開銷過度拖累餐廳的現金流量管理。

(二)包底抽成制

另一種租金計算方式是包底抽成制，百貨公司商場或商業辦公大樓通常以包底抽成制為主流。業者大多須和房東簽訂以包底抽成為租金計算方式的租約（計算方式如表2-3）。此種租金計算方式對於經營不善的餐

表2-3　包底抽成制的租金計算方式

實際營業額	保障營業額	計算公式	實際支付租金	實際租金百分比
120萬	200萬 低於保障營業額時， 以此金額計算	200萬×12%	24萬	20%
150萬		200萬×12%	24萬	16%
200萬		200萬×12%	24萬	12%
260萬		260萬×12%	31.2萬	12%
300萬		300萬×12%	36萬	12%

註：此例係以租約條件：保障營業額=200萬、抽成百分比=12%作為計算基準，進
　　行運算所得出的結果。

資料來源：作者整理製表。

廳會有非常巨大的影響，因為業績低於保障營業額時，高占比的租金開銷
會讓餐廳的現金流量產生危機。相對地，若餐廳能夠營運良善，讓實際營
業額高於保障營業額時，租金占比除了能穩定的維持之外，對於現金流量
也會愈形寬鬆。

(三)抽成未包底制

　　抽成未包底制的收租模式較常發生於聚客力較差的商場，或餐廳本
身品牌知名度強且業績表現良好的案例，或者是透過高度的談判技巧讓抽
成卻未包底的租案得以簽訂（計算方式如**表2-4**）。

　　抽成未包底的租金計算方式對餐廳而言可以說是較為友善的方式，

表2-4　抽成未包底制的租金計算方式

實際營業額	計算公式	實際支付租金	實際租金百分比
120萬	120萬×12%	14.4萬	12%
150萬	150萬×12%	18萬	12%
200萬	200萬×12%	24萬	12%
260萬	260萬×12%	31.2萬	12%
300萬	300萬×12%	36萬	12%

註：此例係以租約條件：以實際營業額計算、抽成百分比設定為12%作為計算基
　　準，進行運算所得出的結果。

資料來源：作者整理製表。

雙方只要在談判簽約時議定合理的抽成百分比，對於餐廳日後的營運會比較沒有負擔。餐廳業主如果在餐廳開發規劃之初，確認可以以此種方式簽訂租約，並且在開店預算充足之餘，不妨考慮在百貨商場內儘量爭取更大的營業坪數。在開店費用上雖說因為坪數加大而須多編列裝潢／裝修預算，但是將來在營運時則可以在淡季和旺季上有更好的營運彈性。例如淡季時雖然業績稍差但是實際付出的租金也因為是採抽成制，而付出較便宜的房租。相對的，到了旺季生意暢旺之際，雖然必須依抽成百分比付出較多的租金，但是也因為坪數爭取得夠大，使得座席可以更多，讓業績能夠飆高，業績好對於房租的負擔自然顯得輕鬆無礙。

二、租約要點

(一)租約的兩造身分

　　在確認了合適的商圈、地點和店面租金後，接下來的工作就是就租賃店面的斡旋和簽署。出租人（房東）可能是一般身分的自然人，如果是則有必要請房東提示身分證、房屋稅單、房屋所有權狀，以及土地所有人權狀。如果土地所有權狀和房屋所有權狀非同一人，則務必要確認所有權人同意分租或轉租，並且在租約中載明，也請土地所有權人簽章以保護自身權益。

　　房屋所有權人如果是法人（如公司、社團等），則必須請法人代表提供公文及公司登記事項卡。

　　同時為了日後稅務需求，出租人如為自然人則請出租人提供身分證件和房屋土地稅單影本；反之，如為法人則務必向出租法人索取繳付租金的統一發票。

　　此外也須將二代健保補充保險費的規定考量在內，如果每次繳納超過五千元的租金，則承租人必須主動代為扣繳2%二代健保補充保險費，如果每次繳納超過兩萬元租金時，則必須代為扣繳10%二代健保補充保險費。

(二)租賃範圍

租約中應詳細記載「所有權狀的範圍」以及「實際可以使用的範圍」，通常租賃範圍會大於實際使用範圍，也就是所謂的公共區域設施（以下簡稱公設）。一般而言，公寓大廈老舊住宅商辦大樓因為起造當年的法規較為寬鬆，公設比可能在15%以下，但是現今大樓則多半高達30%甚至更高，這對餐廳業者而言是比較沉重的負擔。**公設**泛指大廈的公共區域，例如樓梯間、逃生梯、電梯、空地、法定開放空間、法定避難空間等；這些公共區域，屬於大廈公共空間，全體住戶應共同負擔房屋稅及管理開銷。以模擬案例為例，Pasta Paradise餐廳的實際店面可使用面積為二百十七·二八平方公尺（六十五·七坪），但因該大廈的公設比為30%，相關的算式如下：

> 65.7坪÷70%＝93.9坪（含公共區域後的租賃面積）
>
> 每坪租金1,400元×93.9坪＝131,460元（實際應付房租金額）
>
> 131,460元÷65.7坪＝2,000元（每淨坪實際使用租金）

因此，租賃合約中應詳細載明租賃坪數及實際使用坪數（淨坪），並且將範圍以圖面標示清楚，這中間又包含了一些較模糊而常讓人產生爭議的區塊，例如騎樓、周邊空地、前後陽臺、頂樓陽臺（如有空調冷卻水塔及廢氣環保設施可能需設置於此）、防火巷、樓梯間等。而上述地方如果是合約中載明可以使用的地區，卻已經遭到占用或阻擋，則簽約前應請房東設法排除。

(三)租期

租期長短對於租約雙方而言都是很重要的約定，對於投資大筆金額裝潢的餐廳業者來說，當然希望裝潢成本既已投入就必須拉長租約年限，讓裝潢費用能夠在帳面上逐年做折舊攤提，因為攤提完之後才是加速創造利潤的時候。故建議一般餐廳可以考慮以三年為租期，而對於大筆裝

潢投資的餐廳，更是希望租約能拉長到五年，以增加創造利潤的時間。

　　此外，在租約中載明合約到期後能保有「優先承租權」也是對餐廳業主的一個保障。另外，在租約進行當中卻發生房東欲出售店面的情事也時有所聞。但受民法第四百二十五條「買賣不破租賃」的保障，產權移轉並不會影響承租方權益，但1999年修正後的民法，已將未定期限的租約，以及五年以上未經公證的定期租約，排除在「買賣不破租賃」的保障範圍外。因此，店面租約不論租期長短，經法院公證仍是保障雙方權益最好的方式。

(四)爭取免租期

　　承租方在簽約前應極力向房東爭取合理或更長的免租期。所謂免租期就是簽約點交房屋後到開始支付租金的這段時間，短則數週，長則三個月。承租方可善加利用這段時間來進行裝潢工程，避免開始付房租了卻還裝潢施工，只有租金不斷支出卻沒有餐廳營業收入的窘境。此外，簽約時必須注意房東是否要求在解約時房客必須將店面「回復原狀」，或須拆除清掃完畢。由於店面租期通常長達數年，且店面裝潢範圍大，要恢復原狀其實非常困難，為避免解約時增加店面拆除，以及清運打掃等額外支出，房客簽約時，應儘量避免契約內出現類似條文，或可主動向房東爭取租約終止時，除將生財器具設備及所有物料帶走之外，固定式裝潢則採「現況交屋」方式辦理。此外，在簽約前盡可能向房東取得平面圖或讓設計師先行丈量設計，以爭取時效，盡可能在免租期內完成裝潢工程。

(五)中途解約條款

　　創業有其風險，租約仍未期滿前若因某些因素不得不歇業或搬遷時，往往會造成房東的困擾。為了維護雙方權益，在租約中應該載明中途解約的規定，例如必須在解約日前六十天通知房東，並且在解約日前完成搬遷，但是通常必須支付一個月的租金作為對房東的補償。

三、簽約前注意事項

在簽約前除了需和房東就租約細節完成協議之外，也必須就店面本身或所在大樓公共區域、周邊環境做細部的瞭解。以下針對這些課題做說明：

(一)管線銜接

在都會區不論是自來水、電、瓦斯、電話、第四台系統業者等所架設的管線，通常都相當的綿密，在申請時遇到困難的機率較低；但是對郊區而言，就有可能必須對自來水或瓦斯公司進行部分管線負擔，才能得到這些所需能源。弱電部分（電話通訊線路、網際網路）則通常會與大樓其他用戶合併在大廈的某個電信箱內，電信公司的訊號也僅止於提供到此，再由餐廳委託的水電人員或通訊行做內部的連接。因此，事先瞭解各種管線的走向，以及日後如何作銜接是必要的。

(二)水電瓦斯獨立申請或採用分表

水電瓦斯採用分表的方式多半發生在百貨賣場內，以便於百貨公司控管。通常的做法是由百貨賣場統籌向公共事業（電力公司、自來水公司及瓦斯公司）申請使用，並由百貨賣場統籌支付費用，而百貨賣場再為賣場內的每個營業單位安裝分表，作為使用量的紀錄，據以按月由百貨賣場開立發票向各使用店家收取費用。

(三)空調

對於身處辦公大樓或百貨賣場的店家，或許不需要自行建構完整的空調系統，但如需架設空調系統可大致分為：

1.傳統氣冷式冷氣：餐廳業者依照現場的需要購置窗型或分離式冷氣。如果營業坪數過大則可考慮採用商用冷氣組，搭配冷卻水塔以提高效能。

2.冰水式冷氣系統：透過冰水機組將水管內的水降溫至十度左右，並且繞經餐廳多個出風口，再由出風口內建置好的送風機把風吹過冰水管，藉以降低風的溫度，之後送出出風口外形成冷氣。現今大型辦公大樓或百貨賣場多採用此種冷氣系統。

(四)廢棄物處理

餐廳的廢棄物多且雜，常成為周邊鄰居店家指責的對象。若是身處百貨賣場，餐廳僅需在規定的時間地點，依照規定分類放置廢棄物即可。

餐廳如果身處在辦公大樓則比較複雜。一般的廢棄物所包含的資源回收垃圾尚可由大樓的清潔單位協助處理，但是對於廚餘或是截油槽所清出的廢油，則仍得自費委託專業環保公司定時、定點前來收取，以避免造成周邊環境髒亂或管線堵塞。

(五)其他環保議題（噪音、廢氣）

噪音產生、廢棄油煙排放是開設餐廳時，最容易引起周遭鄰居反感的主要因素之一。這類新聞事件時有所聞，如何有效又能徹底避免問題發生，得在一開始進行工程規劃設計時，和設計師及廚房設備廠商做商討及預防性的工法，才是關鍵所在。

(六)蟲鼠防治

蟲鼠問題可說是餐廳最頭痛的問題，簽租約之前不妨順道在附近走動，觀察是否有許多餐飲店家、路邊攤、市場、食品加工廠等業態，如果有也需順道觀察大家的清潔衛生習慣是否良好、周遭環境是否還算清潔，這對於日後餐廳蟲鼠問題的防治不無影響。當然，可協調設計師和包商在餐廳工程規劃時將蟲鼠防患的問題考慮在內，如有木作工程也應確實做好封板的動作，避免造成許多隱蔽空間，而管線也必須以塑膠或金屬管包覆，避免日後蟲鼠破壞。

(七)公共設施使用（廁所）

多數餐廳大都有自己規劃客人的化妝室，但也有少數餐廳有不同的考量與想法，通常選擇使用所在賣場或大樓的公共洗手間的情況有：

1. 坪數已稍嫌不足，不想再浪費空間建造洗手間，使坪效更形降低。
2. 沒有適當的管線連結，因此作罷。
3. 在同一個樓地板面要興建洗手間，必須把整個洗手間的地板高度墊高，才能利用水平落差原理讓污水流入大廈的公共污水管，因此在建造化妝室的成本上，光是泥作成本就所費不貲了，而且日後化妝室的清潔和維護成本對餐廳而言也是一筆開銷（例如洗手乳、衛生紙、擦手紙等）。

餐廳業主如果不打算在餐廳內建造客人專用的化妝室，應事先與百貨賣場或辦公大樓的管委會商討，是否能讓用餐客人使用大樓的公用洗手間？如果可以，動線該如何規劃讓客人容易找到，並事先議定日後清潔維護和備品消耗的成本分攤。如須自行在餐廳建造化妝室，應與設計師討論日後污水管走向，避免簽約後發生無法彌補的遺憾。

(八)停車

都會區域普遍都有停車不易的問題，雖然客人不會因為停車困難而抱怨餐廳，但是如果餐廳周邊停車方便的話絕對會對業績有加分的效果。建議餐廳業主不妨在附近晃晃，如有私人停車場（塔）不妨主動拜訪尋找合作機會，例如用餐停車有優惠，而停車場也可代放餐廳名片或簡介，並且提供月租戶用餐優惠。另外，附近如有餐廳同業或其他業種，如三溫暖、視聽理容等，通常會有代客泊車的服務，不妨主動拜訪代客泊車業主，尋求日後代客泊車的合作。再者，如果餐廳是在辦公大樓，也可和管委會協調利用晚上下班時間，地下停車場如有閒置車位，能否有計時停車的可能性，此舉也能幫大樓管委會增加額外收入。

(九)建物外牆招牌懸掛

簽約前必須和房東以及大廈外牆的管理單位，如管委會或是賣場的物業管理部門確認外牆懸掛招牌的相關規定，最好能附上圖面，標示確實的使用範圍，並且取得管理單位的書面認可，以利日後糾紛產生時能有憑據。同時也可試著爭取其他的店招豎立場所，例如頂樓陽臺。而且優先施工、優先啟用招牌可以帶來廣告效益！

註　釋

❶米其林官網（2019）。探索米其林指南，https://guide.michelin.com/tw/taipei。

❷café, noun [C] (UK INFORMAL caff): a restaurant where only small meals and drinks that usually do not contain alcohol are served. http://dictionary.cambridge.org/

❸delicatessen noun [C] (INFORMAL deli): a small shop that sells high quality foods, such as types of cheese and cold cooked meat, which often come from other countries. http://dictionary.cambridge.org/

❹請參閱Sean Huang（2013）。《商業週刊》，〈清玉業績慘跌：笨蛋，問題真的不在甜度！〉。2013/09/03，http://www.businessweekly.com.tw/KBlogArticle.aspx?id=4523，線上檢索日期：2014年4月11日。

❺Jerome E. McCarthy（1960）所提出的4P行銷組合為：Product（產品）、Price（價格）、Place（地點）、Promotion（促銷）。

Chapter 3

內外場空間規劃與工程概述

本章綱要

1.瞭解相關法令及執照的申請
2.工程裝潢概述
3.其他初期籌備事宜
4.廚房空間配置規劃要點
5.廚房格局與生產流程控制
6.【模擬案例】Pasta Paradise餐廳之廚房設計
7.餐廳外場氛圍創造與布局規劃

本章重點

1.認識消防法規與各類場所消防安全設備設置標準
2.瞭解裝修工程細節與日後營運流暢度的緊密關係
3.瞭解餐廳籌備初期其他常見的籌備事項
4.瞭解如何利用妥善的空間、空調、燈光等廚房空間配置的
　規劃,創造一個安全良好的工作環境
5.介紹廚房設備乃至格局的基本原則,以利生產流程的控制
6.個案討論與練習:以**Pasta Paradise**義大利麵餐廳之廚房
　設計進行探討
7.瞭解顧客的感受,營造符合餐廳訴求的設計概念

餐廳籌備之初所要洽談處理的事情如千頭萬緒，在前一章我們除了探討餐廳型態、商圈選擇、地點確認和租約簽訂之外，其他諸如法令的瞭解、工程的發包施工、許多營業設備器具的配套、企業識別標章（CI）的設計，以至於後續的設計招牌、店卡、名片等也會於後續章節相繼加以介紹。當然，人事規章的訂立、餐廳內各式表單、標準作業手冊的建立和人力招募，也必須如火如荼的展開，以期能在預定的開幕日前完成全部事項。過程雖然忙碌卻令人期待，並且讓人興奮的期待開業那一天的到來！

第一節　瞭解相關法令及執照的申請

一、消防法規概述

　　由於餐廳多半位在人口稠密的大樓內，平時出入人數眾多，如再遇上百貨公司週年慶等大型活動時，往往會超過安全流量標準，得動員保全人員管制人員進出。再者，餐廳無論在瓦斯、電力、火力各方面都有高程度的依賴，而這些對於消防安全或是一些意外的產生，都是潛在的危險因子。因此，政府多年來不斷地更新相關法規，迫使餐廳業者全面提升消防警報及滅火等多項設備及訓練，以期讓消費者既吃得愉快和安全，同時也讓業者及工作人員有多一層保障。

　　消防單位及民意機關近年陸續修訂了包含「消防法」、「建築技術法規」、「公寓大廈管理條例」等，如實施公共場所必須使用防火建材，逃生通道必須保持暢通，餐飲業強制投保公共意外險等的改革。此外更從制度面著手修改，將消防事務自警察機關中獨立出來，並成立消防署，落實警消分離制度。

二、各類場所消防安全設備設置標準

目前業者開設餐廳時所依據的最新消防法規為2018年10月17日所修定的「**各類場所消防安全設備設置標準**」，這個法案內容多達二百三十九條，內容鉅細靡遺，舉凡各種營業場所的分類分級、各種消防設施的規格說明等都有詳加訂定，讓建築業者能有明確的法律規範，藉以協助餐廳業者導入符合法令標準的各種消防設備。其中不外乎滅火器、逃生避難指示燈、緊急照明燈、室內消防栓、自動灑水設備、火警自動警報設備、手動警報設備、緊急廣播系統、避難器具（如緩降機）、耐燃防焰建材等。依據這些法令規定加以彙整之後，可將餐廳所需的消防設備做以下簡潔的比較，如**表**3-1。

表3-1　**餐廳規模與消防設備配置一覽表**

	<300m^{2}且10樓以下建物（本書之模擬案例為217.28m^2）	<300m^{2}且11樓以上建物	>300m^{2}且5樓以下建物	>300m^{2}且5樓以上10樓以下建物	>300m^{2}且11樓以上建物
滅火器	○	○	○	○	○
照明燈	○	○	○	○	○
出口標示燈	○	○ 外加避難方向指示燈	○	○	○
避難器具如緩降機[1]	○		○	○	
火警自動警報設備		○			○
自動灑水設備或室內消防栓		○	超過500㎡設室內消防栓 超過1,500㎡設自動灑水設備		
手動報警設備				○	○
緊急廣播設備		○	○		○

註：I. 1樓及地下樓不需要配置。

資料來源：整理自「各類場所消防安全設備設置標準」及「消防法及消防法施行細則」。

三、公司登記概述

　　行政院於民國98年3月12日院臺經字第0980006249D號令核定：營利事業統一發證制度之施行期限至98年4月12日止，亦即自98年4月13日起，公司組織依公司法辦理公司登記；獨資、合夥之商業，依商業登記法辦理商業登記後，毋須再辦理「營利事業登記」及取得「營利事業登記證」，公司執照一併廢除。建議找專業會計師事務所代為申請公司登記，並取得公司登記卡及公司設立許可公文即可。

第二節　工程裝潢概述

　　多數的餐廳業者在籌備規劃餐廳時，都只對外場的設計裝潢風格型態表現高度的興趣和參與感，沒有豐富的實務經驗者對於外場的營運規劃、動線、生財設備的擺放和周邊需求，通常會興趣缺缺，或是不那麼重視，內場的空間規劃就更不用說了，通常都直接丟給對餐廳營運不甚瞭解的設計師憑空想像規劃，或是交給廚房設備廠商代勞。如此實非明智之舉，因為這些裝修工程細節事關日後營運的流暢度、維修保養難易度，甚至也間接影響樓面人力的安排和工作效率的高低，不可不慎。

一、工程裝潢事前作業要點

　　如果不是已經有開餐廳經驗的業主，大部分的人對於和設計師打交道的經驗可說是相當缺乏，有的話也頂多是自用住宅的設計裝潢。然而，找到好的設計師並且把自己想要的概念透過文字或圖片來溝通，進而讓設計師延續業主的風格，把設計圖規劃出來而風格調性又不失真，確實是件不容易的事情，更遑論將設計圖在預算範圍內付諸實現，以下就裝潢工程前和設計師間該注意的幾個要點做說明：

(一)慎選設計師

多打聽或透過親友介紹，並且參考設計師的實際案例圖片，或直接到現場觀摩。設計師口碑好壞非常重要，業主可請設計師提供他過去的案例照片作為參考。

(二)自己多方觀察

建議多參觀其他餐廳同業，甚至各式賣場展售店的裝潢風格，遇有喜歡的型態不妨拍照下來提供設計師參考，有圖面的溝通遠勝於無圖面溝通，若能與業者交流經驗將會更棒。

(三)面談與報價費用

和設計師洽談溝通是否必須付費，在估價上也是一個重點。有些設計師會以免費服務的型態和業主做面談溝通，並且親赴現場實地討論，之後再規劃出一個簡單的草圖，並提出一個很簡單的報價給業主參考。這種初步的服務，有部分設計公司因礙於公司營運成本，必須酌收簡單的車馬服務費，但是有些個人設計工作室則可以省去這項費用。估價的部分，由於建材、設備都未定案，僅能以最粗略的方式進行估價，例如裝潢費用為每坪五至七萬元並且保留一定比例的上下調整空間，如此業主就大概可以粗略知道裝潢的整體預算。當然，設計師的監工設計服務費也必須事先議定，通常這筆費用占總工程款的10%左右。

二、工程裝潢的統包設計與施工工程

當確認搭配的設計師之後，接下來就要面對設計師統包設計與施工工程，或者把設計和施工分開發包，再委請設計師代為監工。通常，大多數的業者一旦選定了設計師會比較偏愛由設計師來統包一切，讓設計師轉將工程發包給長年配合的包商，一來省事，二來藉由設計師與包商長年的配合默契，較能完整呈現設計師的概念，而且礙於情誼遇有臨時更改設計

或加班趕工時，包商的配合度也較高。

對於設計師的接案流程大致可分為以下步驟：

(一)現場丈量

設計師必須至現場進行丈量作業，從平面立面的基礎丈量，到住家環境評估、屋齡屋況結構、視野採光勘察，以及舊有的設備狀況、計畫改善要點等做詳盡的瞭解。現在的丈量設備比起以前用傳統捲尺要進步甚多，多數的設計師會攜帶紅外線的測距儀精準又好攜帶，對於天花板高度的丈量更是方便，無需再使用任何梯子或鷹架就可以輕易又精準的完成丈量。（如圖3-1）

圖3-1　紅外線測距儀

(二)設計繪圖

依據現場丈量的資料，繪製詳盡的平面丈量圖（如圖3-2），然後針對您的設計裝潢需求與現況分析，從空間機能、安全考量、設計裝潢預算到風格營造，量身打造最適合的方案。設計師在這個階段會提出整體空間概念、用色概念及建材材質概念，除了平面圖外，還會提出天花板燈具圖、各式水電配置圖、立面圖、3D設計意象圖，強化餐廳業主的感受，避免有誤會產生。（如圖3-3至圖3-5）而餐廳業主也必須在這個階段盡可能提出日後營運上的需求，避免和設計圖造成衝突，或發生裝潢好了才發現無法追加或必須拆掉重做的困擾，此時往往拖延工程時程又傷荷包。

(三)設計討論

在設計圖定案前往往會經過幾次修改，設計師必須準備建材樣品和多種色系，提供給業主審視。一旦確認後也必須就使用的各項裝潢五金、壁紙等明細表提報業主，以利後續報價和日後驗收。

3F商店─1（657.1m／198.8P）
門廳＋服務空間（186.1M／56.3P）

SCALE:1:150

圖3-2　鐵板燒餐廳平面圖

圖3-3　餐廳包廂3D設計意象圖

資料來源：勞瑞斯牛肋排餐廳提供。

圖3-4　地板規格材質規劃設計圖

資料來源：勞瑞斯牛肋排餐廳提供。

圖3-5　酒水區立面設計圖

資料來源：勞瑞斯牛肋排餐廳提供。

(四)提報估價單與簽約定案

依照雙方確認之設計裝潢提案與估價，簽立正式的設計裝潢工程合約，明定工程內容、施工日期、使用材料、付款期別、付款方式，以及後續驗收標準及保固條款，以確實保障餐廳業主的權益。

(五)工程施工

依據契約內容的施工計畫由專業的工務人員依預定工程作業，並隨時掌握施工的品質與進度（詳細的工程進度表如**圖**3-6）。在這個階段設計師多半會應管委會要求提出施工裝潢保證金，作為對大廈全體住（用）戶的保障。而為了善盡敦親睦鄰的責任，事先張貼公告提醒住（用）戶以取得諒解，甚至預告開店後提供住（用）戶試吃或用餐優惠等，都是可以避免施工時因為噪音粉塵所引起的抱怨和糾紛。

(六)竣工驗收

依據工程施工的進度與合約規範，一直到最後工程階段均需由專員陪同業主逐步驗收各項工程施工結果。在這階段可以邀請具經驗的餐廳同業朋友，及具餐廳開發經驗的主管人員協助驗收，而對於事涉大樓或百貨賣場部分的裝修，也可委請管理部門一同驗收。

(七)工程保固

驗收後必須請設計師或工程公司提供工程保固服務（如機電、水電、木作油漆、其他設備等不同的保固年限），及後續的修繕與變更維護等，以擁有完整的保障。

三、營運需求的提出與執行

在設計師提出設計圖前，餐廳業主應盡可能預先告知日後營運時內外場的營運需求，讓設計師在繪圖設計時就能一併考量融入其中，避免日

圖3-6 外場工程進度流程圖

資料來源：勞瑞斯牛肋排餐廳提供。

後的困擾。

　　以外場而言，常見的營運需求如下：

(一)工作站數量、位置與規劃

　　設計師絕對不會比在現場參與營運的主管瞭解所需工作站的數量和位置，以及工作站內的配置設計。各式餐具、消耗品、調味料、桌巾桌布的收納之外，甚至是水杯、酒杯、生飲水系統、冰塊都應能方便取得。因此一個兼具功能性與收納性的工作站該如何規劃，絕對是由餐廳主管來指導設計師，才能在有效的空間裡容納必須的物品。

(二)弱電設施需求

　　餐廳弱電設施的需求如：

1.餐廳日後需要幾線電話？是否需要建置自動交換機（總機）？

2.是否設置傳真專線或是與電話號碼共用？（建議申請專用門號供傳真使用）

3.是否申請網路節費電話取代傳統語音電話？

4.是否申請網際網路？申請固定IP網路位址？（可搭配監視系統做錄影及遠端監控）

5.是否申請信用卡刷卡機？近幾年刷卡機也逐步從傳統電話線路改為網際線路，但是為了配合金融資訊安全，銀行端多會要求餐廳提供一條專屬的固定IP作為刷卡機訊號傳輸使用，以避免資訊被駭，造成消費者的金融風險。但無論是走傳統電話線路或網際線路，都必須申請專線，以加快刷卡速度，避免消費者久候。

6.是否架構POS資訊系統（須架設網路線在餐廳內形成內部網路）？餐廳除了可以考慮添購POS機整套系統作為設備外，也可以找廠商洽談租借方式，除了部分設備（通常是POS主機電腦）由餐廳購置外，其他無論是帳單印表機、廚房出單印表機、POS點餐機或平板電腦都可以由廠商提供，餐廳只要每月支付固定金額月費即可。好

處是避免創業初期的巨額投資，更重要的是可以免除設備保固或軟
體更新的困擾，全由出租的廠商提供服務即可。

7.是否申請有線電視或有線音樂？不論是申請有線電視或有線音樂均
必須遵守智慧財產權，可以找授權的廠商洽談支付月費取得公開播
放權，以避免觸法。

8.施工初期要先和設計師溝通並提出需求，方便設計師預先規劃安排
水電人員及木作人員，在天花板封板前把線路預先拉好，並在主機
擺設的地方預留網路線的管道與電源供給，以及預留擺放主機的空
間與散熱的空間。

(三)生飲水系統需求

目前市面上生飲水系統相當多樣，有逆滲透系統、電解水系統，或
是一般的五道濾心系統，每種都有業者裝設。餐廳業主不妨多比較每種的
優缺點、維護成本和所需空間作為選擇。定案後告知設計師日後安裝生飲
水系統的位置，讓設計師規劃供水和排水系統，甚至水槽或冰槽的空間亦
規劃進去。除了吧檯，通常外場的工作站也會視情況配備生飲水系統，方
便服務人員在第一時間提供客人飲用水。

(四)插座需求

多數的餐廳在規劃接待櫃檯、結帳出納甚至吧檯、廚房等各個區域
時，往往低估日後對於電源插座的需求，形成營運之後插座不夠使用的窘
況，而必須另行購置多邊插座或延長線來應急，既影響美觀也影響用電安
全。解決之道就是在規劃初期就透過餐廳主管仔細考量，日後會用到的電
源設備有哪些，再多預留幾個插座以備不時之需，且清楚告知這些需要插
電的設備是哪些，讓設計師評估所需的耗電安培數，進而裝設對應合適安
培數的電磁開關，避免日後發生跳電或其他用電上超載的潛在危險。常見
的內外場所需配備的設備、用電、網路需求規範如**表3-2**。

表3-2　餐廳營運管線需求一覽表

	出納結帳櫃檯		接待櫃檯		工作站A		工作站B		冷廚		熱廚	
	網路電話孔/	電源插座	網路電話孔/	電源插座	網路電話孔/	電源插座	網路電話孔/	電源插座	網路電話孔/	電源插座	網路電話孔/	電源插座
POS機	●	●	●	●	●	●	●	●				
POS Printer	●	●			●	●	●	●	●	●	●	●
POS專用電腦主機	●	●										
發票機		●										
刷卡機	●	●										
音樂擴大機		●										
音樂撥放器或有線音樂選台器		●										
監視系統主機		●										
事務用電腦	●	●										
事務用印表機		●										
事務用電腦螢幕		●										
電話機	●	●	●	●	●				●	●	●	●
傳真機	●	●										
電話總機	●	●										
電解生飲水						●		●				●
咖啡機						●						
咖啡保溫座						●						
檯燈		●		●								
冰槽					1				1			
水槽							1		1		1	
自來水							1		1		1	

註：本表範例僅侷限一般事務及營運設備，專業大型廚房設備不在此範例中說明。

資料來源：作者整理製表。

第三節　其他初期籌備事宜

在餐廳籌備初期，除了和設計師的溝通以及現場施工之外，還是有很多籌備事項可以在事前著手處理。若不希望受餐廳店面施工影響，可以另覓他處作為籌備處，常見的籌備事宜如下：

1. 公司登記及執照申請：完成公司登記取得了公司統一編號，接下來的所有相關開銷都可請廠商開立有鍵入統一編號的發票，作為報稅抵扣憑單。

2. 企業識別系統的設計（Corporate Identity System, CIS）：除了包含餐廳招牌上的名稱，招牌名稱可以不等於公司登記名稱，例如「臺灣麥當勞股份有限公司」其店家招牌及店卡等企業識別標章為"McDonald's"，商標則為大家所熟悉的金色M型拱門。唯有及早設計完成企業識別標章，才能著手後續的工作，例如名片、招牌、制服的設計。所有的視覺設計包含招牌的形態、制服的顏色、餐具、裝潢的材質和顏色選擇等都必須相搭配，形成一個完整的企業形象。

3. 菜單內容確認並且完成試菜，確認口味及價格：菜單內容由主廚設計，並且可以尋找其他廚房完成試作和試吃，以確認呈現的形式以及菜單價格。完成了這個動作搭配前項的企業識別系統設計，就可以發包設計印製菜單。

4. 餐具初步選擇及報價：依照菜單內容和餐廳設計圖所規劃的座位數和桌數，就可以著手挑選合適的餐具做搭配，並且向餐具廠商瞭解欲採購的餐具的庫存量、市場供貨穩定度與價格，方便日後下單訂貨後請廠商在約定的時間送達餐廳。

5. 內部文書的起草撰寫：諸如員工手冊、公司組織章程、員工工作職掌、到勤規定、標準作業程序手冊（Standard Operation Procedure, SOP）、標準食譜手冊，以及公司各式表單表格製作，如訂位表、

履歷表、班表、請假單、人員薪資職務異動單、人員考核表、離職單、聘僱契約書、設備維修卡、廁所清潔檢查表等等。

 ## 第四節　廚房空間配置規劃要點

一、廚房規劃設計的首要目標

廚房規劃設計的首要目標是：

1.降低廚房人力成本：透過良好動線規劃和菜單設計，提高人員生產力。

2.節省能源成本：透過選購設計優良設備和合適的能源來節省能源成本。

3.建構安全良好的工作環境：透過慎選設計優良的設備器具與建材，再輔以良善的空間、空調、燈光規劃，完成一個安全良好的工作環境。

在整體廚房的規劃上，務必請餐廳設計師、廚房設備廠商的廚房規劃人員、業主、主廚或負責籌備的主管等人，一起搭配合作完成。廚房的規劃設計要考慮到餐廳的料理形式、菜單內容、營業運作的量體、廚房空間大小、餐廳客席規模和營業時間長短等事宜。大體而言，廚房籌劃必須能使現場人員擁有最大的方便性，進而提高工作效率，加速出菜的速度並兼顧菜色品質。

廚房每日的運作流程為食材採購、驗收、儲藏（冷凍、冷藏、乾倉）、發貨、準備、製作、上菜和洗滌的工作循環。因此，為了使廚房設備與工作人員做有效的安排、食物製備過程能簡化、廚房空間能做有效利用，規劃設計時應要：

1.業主、主廚、設計師、建築師與餐廳經理人協助完成廚房內部作業

流程細節的計畫。

2.瞭解現在與將來對膳食作業的需要,如經營目標、方式、供應份數、菜單設計內容與產能等。

3.詳細估計廚房設計計畫成本。

4.繪製廚房初步設計圖,包含:(1)確認建築平面圖與現場勘察;(2)依比例完成初步規劃;(3)建立設備清單並排定設備擺放位置,繪製平面及立面圖;(4)業主確認清單項目、擺放位置;(5)繪製給水、排水、電源、瓦斯、蒸汽、空調風管走勢圖;(6)確認廚房相較於外場,為一負壓環境。

5.分析發生於廚房的各種作業:(1)營業場所中適當的廚房位置,如考量現場空間、動線、進貨路徑、相關法規等;(2)國內設備材質及製作規範選定。

6.各種作業的相關性與決定工作流動的效果。

7.工程進度掌握:從丈量、放樣、施工、設備進場、安裝試車、教育訓練與驗收等,都應事先設定並掌握完成日期,才不會讓開店營運遙遙無期。

二、影響廚房規劃的因素

　　進行廚房空間規劃設計時,應考慮廚房位置、廚房大小、廚房氣流壓力、廚房設備、廚房作業活動、廚房布局與其他基本設施的安排,才能恰當地協調整合設備、食物與人員間的運作,以最有效率的廚房作業流程,節省人力和食物成本,並以供應高品質的食物為考量。

(一)廚房位置的安排

　　廚房位置從環境觀點來看,通風、採光、排水設施、貨物進出的通行路線,及設備運作所需之周邊用品的置放,皆須縝密考量。如果餐廳位於百貨公司或賣場,則通常會由賣場預先規劃廚房的概略位置,如此每家

餐廳的管路，例如廢水管、空調、消防等都更能有效率的規劃。

(二)廚房大小的安排

就多數業主的立場而言，多半希望廚房不要占據過多的整體面積，讓所有的空間都能儘量保留給外場，設置座席以創造更多的利潤。然而，內部的環境不僅直接影響工作人員的生活、健康狀態，更影響工作效率和情緒。唯有合理適當的空間能夠兼顧工作人員營運操作、走動，並讓設備能夠有效率的規劃擺放，才是最好的做法。因此工作環境的面積大小，是讓廚房產能效率提升的重要因素。

一般而言，廚房面積的大小通常會在廚房設計人員與業主的討論下擬定，再與實際使用者共同討論來做適度的調整。餐廳廚房的面積約為營業場所面積的三分之一是較為恰當的。廚房空間占10%至15%比例則適用於半成品較多的速簡餐廳（咖啡廳）。

(三)廚房氣流的壓力規劃

一間規劃良好的餐廳在空氣壓力上必須要有所規劃，以避免餐廳廚房的油煙廢氣飄到用餐區域來，同時也應該避免馬路街道上的粉塵廢氣或室外高溫流進餐廳的用餐區域。要達到這種目標，就必須在餐廳的內外場做空氣壓力的適度規劃。對於一個餐廳外場用餐區域的空氣來說，一定要是最乾淨的，因此外場氣流壓力必須一直保持正壓，也就是說，「當開啟廚房門時，外場的乾淨空氣會流入廚房」，亦即：**餐廳外場的氣壓＞餐廳廚房的氣壓**。

另外，「當開啟餐廳大門時，餐廳大門外會感受到冷氣由餐廳往外吹出」，此時室外的灰塵才不至於吹入餐廳內，也就是：**餐廳外場的氣壓＞餐廳室外的氣壓**。

餐廳外場保持正壓會有以下的優點：

1.給予客人涼快舒適的感受。
2.防止灰塵、蚊蟲等由戶外飛入。

3.調節廚房的室內溫度。

4.調節廚房污濁的空氣。

此外，空氣流通對於廚房所產生的助益有：

1.氣體流通：就氣體力學而言，當風速為每秒一公尺時會使室內溫度下降攝氏一度，雖然人們在室內不易感覺出氣體在流動，但實際上適度的風速會使人感到舒適。

2.換氣：由於工作人員的呼吸、流汗，及工作時所產生的氣味、二氧化碳、熱度及水蒸氣、油煙等，都會降低廚房的空氣品質。因此必須適時將廚房空氣排出，進而導入新鮮空氣以進行換氣，而換氣量的多寡會影響到室內溫度、溼度、氣流速度、空氣的清潔度。雖然這四項並無特別規定，但一般理想的環境是在溫度二十至二十五度之間，相對溼度六十五度左右，二氧化碳在〇‧一個百分比以下。

(四)廚房設備

在規劃廚房工作時所需使用的設備與器具等物件時，應將該空間所能容納的所有機械設備、器具、工作人員數及迴轉空間考慮在內。例如：(1)所使用的工具需能置於方便拿取之處；(2)所有工作上所需使用物品須在容易拿取到的距離內；(3)原物料、半成品、已製備完成的食物，需有適當的儲存空間等。

(五)廚房作業活動

廚房設計是以廚房活動為主，所有廚房作業的進行，是以處理各類食物為主體，而衍生出其他與處理和製作食物有關的工作。因此相同功能的作業內容應設在同一區，且各工作區的工具設備配置在作業上應有關聯，例如驗收區要設置磅秤和溫度計等器具。

動線流程的設計關係到廚房作業效率的高低，當廚房內設備規格、數量已訂定完成，接下來需考慮細部動線設計以及工作人員的行走動

線，以免影響生產成本、生產速度及生產品質。

(六)其他基本設施

■牆壁與天花板

　　廚房的牆壁及天花板甚至門窗都應該考慮以白色或淺色系的防火防水建材作為材質的選擇依據。表面平滑有助於日常的擦拭，也有利於保持清潔、減少油脂和水氣的吸收，同時也有助於使用年限的延長和日常的清潔保養。尤其因為靠近瓦斯爐、烤爐等高溫火源，更應該選擇耐熱防焰材質。

■地板

　　廚房全區無論是烹飪區、儲藏室、清潔區、化妝室、更衣室的地板都應以耐用、無吸附性，及容易洗滌的地磚來鋪設，或以環氧樹脂（Epoxy）來作為地板的塗漆，並搭配適量的排水口，方便頻繁的沖刷及排水。烹飪區、清潔區的地板更需注意，宜使用不易使人滑倒的材質。容易受到食品濺液或油污污染的區域，地板的使用應該使用抗油脂材料；此外，工作人員應搭配專業的鞋具，使安全效果更能夠提升，或是考慮穿著鋼頭型式的工作鞋，除了兼具防滑、防潑水、抗酸鹼的功能外，一旦有重物或刀具不慎掉落時也具有保護腳部的作用。

■排水

　　廚房地板因為沖刷頻繁的緣故，對於壁面的防水措施和地面排水都要有審慎的規劃。一般來說，壁面的防水措施應以達三十公分高為宜，可避免因為長期的水分滲透，導致壁面潮濕或是樓面地板滲水等的問題。

　　廚房的地面水平在鋪設時應考量良好的排水性，通常往排水口或排水溝傾斜弧度約在1%（每一百公分長度傾斜一公分），而排水溝的設置距離牆壁須達一公尺，水溝與水溝間的間距為六公尺。因應設備的位置需求，排水溝位置若需調整需注意其地板坡度的修正，勿因而導致排水不順暢。設備本身下方則通常有可調整水平的旋鈕，以因應地板傾斜的問

題，讓設備仍能保持水平。

　　同時，排水溝的設計應儘量避免過度彎曲，以免影響水流順暢度，排水口應設置防止蟲媒、老鼠的侵入，及食品菜渣流出的設施，例如濾網。排水溝末端須設置油脂截油槽，具有三段式過濾油脂及廢水的處理功能。一般而言，排水溝的設計多採開放式朝天溝，並搭配有溝蓋，避免物品掉落溝中（如圖3-7）。

圖3-7　防水措施和地面排水須審慎規劃

■ 採光

　　廚房是食物製備的場所，需有光亮的環境才能將食物做最佳的呈現。規劃照明設備時需考量整體的照明及演色效果。光源的顏色（即燈具的色溫）、照明方向、亮度及穩定性，都必須確保工作人員可以清楚看見食物中有無其他異物混入，以保障用餐客人的飲食安全。足夠的照明設備方能提供足夠的亮度。依據我國「**食品良好衛生規範**」（Good Hygiene Practices, GHP）規定：「光線應達到一百米燭光以上，工作檯面或調理檯面應保持二百米燭光以上；使用之燈具色溫宜採白晝色（色溫為五千至六千，為白色的光線）不致於改變食品之顏色；照明設備應保持清潔，以避免污染食品。」❶而熱食烹飪區上方油煙罩內的燈具，也應考慮搭配防爆燈罩，以保護人員及食物的安全（如圖3-8）。

圖3-8　熱食烹飪區上方的油煙罩

■ 洗手設備

　　洗手設備應充足並置於適當位置，廚房內可多處設置，方便作業人員在更換不同食材作業或必要時，隨時可以洗淨雙手，以避免交叉污染或細菌污染食物。洗手臺所採用的建材應為不透水、易洗、不納垢之材料，例如不鏽鋼。水龍頭應可考慮採用紅外線感應給水方式，避免洗淨的手又因關閉水龍頭而再次遭受污染。此外，自動感應給水水龍頭應同時兼具省水功能。

 第五節　廚房格局與生產流程控制

　　廚房的格局設計必須根據廚房本身實際工作負荷量來設計，依其性質與工作量大小作為決定所需設備種類、數量之依據，最後方能決定擺設的位置，以發揮最大的工作效率為原則。現今科技技術發達，足以滿足各項工作所需，因此規劃設計上更加富有彈性變化。目前廚房設計規劃主要為四種基本型態：

1. **背對背平行排列**：也有人將此種形式的廚房稱之為**島嶼排列**，其主要特點是將廚房的烹飪設備以一道小矮牆分隔為前後兩部分，如此可將廚房主要設備作業區集中。也因為設備集中，通風設備使用量相對較低。主廚在營運尖峰時對於廚房所有人員設備能更有效控制全體的作業程序，並可使廚房有關單位相互支援密切配合。

2. **直線式排列**：此型式排列適合各式大小不同的廚房，也最為業界所廣泛使用。廚房的排煙設備也可以沿著牆壁一路延伸，在安裝成本上也較為經濟，使用效率也較高。

3. **排列式**：L型廚房之所以被規劃出來，通常是礙於廚房整體長度不足，而必須沿著牆壁轉彎形成**L型廚房**。在規劃時通常會將轉角的兩邊廚房設施做大方向上的分類，例如一邊是冷廚負責沙拉、

生食或甜點的製作；另一邊則為熱食烹飪區，舉凡蒸、煎、炒、煮、炸、烤都集中於此區。如此在管線規劃及空調配置上，也較好做配合。

4.面對面平行排列：這種形式的廚房通常用於員工餐廳、學生餐廳等大型團膳廚房。特點是將作業區的工作臺集中橫放在廚房中央，兩工作臺中間留有走道供人員通行。作業人員則採面對面的方式進行工作。

圖3-9　經過外觀裝飾（烤爐）呈現給顧客觀賞的開放式廚房

另外，**開放式廚房**是指顧客可看見廚房，廚師也可以面對用餐區域。至於與用餐區完全被隔離即是所謂的**封閉式廚房**。廚房格局的不同與設備排列的不同取決於需要及氣氛的營造。但是開放式廚房除了和一般廚房功能相同之外，更得留意噪音和油煙的預防，避免干擾到用餐的客人（如**圖**3-9）。

一、廚房設備的基本原則

1.選用的設備應該是商用型，在正常使用的情況下，所有的設備應能有良好的使用效率、使用年限、抗磨損、腐蝕，日常的清潔無死角，並可以有效率的執行。

2.維護或操作簡單：設備的置放不一定是固定式的，以易於操作、清洗、維護分解與拆解為主要的思考方向。

3.與食品接觸的設備表面必須是平滑的，且最好選用表面有抗菌處理的。表面不能有破損與裂痕，使不易割手；摺角、死角都應容易洗

刷，使污垢不易殘留。

4.與食品的接觸面應選擇無吸附性、無毒、無臭，且不會影響食品及清潔劑的材質。

5.有毒金屬（汞、鉛或是有毒金屬合金類）均會影響食品的安全性，絕對嚴禁使用；劣質的塑膠製品亦然。

6.如果是電器設備，也必須選擇具有防潑水功能、自動感應漏電的斷電功能，並接妥接地線以免發生危險。

二、廚房設備的安裝與固定

在初始的圖面確認無誤，並且經過放樣現地勘查後，即可進行後續的設備進場和安裝。一般而言，放置在工作臺或是桌面的設備除了要能隨時挪動、方便使用，並有效彈性使用空間外，對於必須固定的設備，則必須確認至少離地面四吋（一吋為二‧五四公分）以上的高度，以利於清洗。

地面上的設備，除了可以迅速移動外，應把它固定在地板上或裝置於水泥台上，並且以電焊或鑽孔方式與地面固定。通常這樣的安裝適用於重型的設備，可避免滑動或地震時造成危害。安裝時應注意其左右兩側與在後方預留適當空間，方便人員平日的清洗擦拭，或撿拾掉落的物品或食材。

設備的不同其固定方式亦有所不同，由於高度、重量等因素會產生部分設備無法如預期的安裝，因此須明確瞭解各種安裝方式及設備的相互搭配性。

三、人體工學

設備設計應符合人體特性，如人體的高度（身高、坐高）、手伸直的寬度等。任何工作人員，坐著或站立工作時數不宜超過最大工作範圍，若絕大多數的動作在正常工作範圍之內，則員工較省時省力；設備或貯存架

等的高度、寬度亦應考量是否在員工的最大工作範圍之內。在身體不自然的彎曲且重複同樣的動作時，背部肌肉會產生酸痛感。因此工作臺的高度比較實際的做法是，能夠適度地調整工作臺的高度，以符合工作者的身高。一般東方人士所適用的高度在七十五至八十五公分（如圖3-10）。

圖3-10　工作臺的高度應符合人體工學原理

　　另外，大型的儲物櫃或冷凍櫃，其置放商品應將常使用的物品存放在水平視線及腰線之間的高度，將工作人員受到傷害的危險減到最小。如果必須使用活動梯、臺階、梯子等攀高器材，其設備必須加裝扶手欄杆等安全措施。

四、清潔衛生與安全

　　廚房地板的潮溼、油污會影響到工作人員的安全。地板的鋪設種類繁多，只有幾種適用於廚房。無釉地磚不像其他類型的磁磚，粗糙的陶瓷表面比較可以防滑，而且表面摻雜許多金鋼砂，即使長期使用磨損後亦有防滑的效果。另外，地板若增加鋪設軟墊，具有提升防滑效應，對於商品意外摔落打破的情形亦能降低，並可降低工作人員長期站立的疲勞度。必須注意的是防滑墊必須每日清洗，以維護工作環境的清潔（如圖3-11）。

圖3-11　增加鋪設軟墊可提升防滑效應，並舒緩長期站立的疲勞度

資料來源：寬友股份有限公（2009）。
　　　　　網址：www.expan.tw/
　　　　　download/mat.pdf

第六節　餐廳外場氛圍創造與布局規劃

氛圍創造

在充滿競爭的餐飲市場中,一家頗受顧客喜歡的餐廳除了美味的餐點吸引人之外,餐廳整體的用餐環境設計也是影響顧客選擇餐廳的重要關鍵。因此,餐廳內部的實體裝潢和氛圍環境的表現,會深深影響客人整體的用餐經驗和情緒。餐廳經營者可透過氛圍營造來呈現業者的經營理念。當顧客進入餐廳時,顧客可從裝潢的氣氛感受到快樂家庭的溫馨感、藝術空間的浪漫風、英式古典的別緻,或是舒適輕鬆的慵懶情境等等。另外,餐廳的裝潢可搭配裝飾物和充滿綠意盎然的盆栽點綴布置,這類巧思都可以使客人感受到餐廳業者迎合顧客的用心,讓顧客用餐時盈溢著愉悅的情緒。

(一)設計概念

國外的「主題餐廳」如Hard Rock Café與Planet Hollywood曾經在臺灣蔚成風潮,它們以炫麗前衛的空間設計、具有明星名模身分的老闆,與一群由高密度的明星、名模、名流時尚圈人士組成的主顧客群,短時間炒熱話題,成為國際間媒體上炙手可熱的時髦新據點。

在臺北,人稱牛排教父的鄧有葵師傅也在大直地區開設了「教父牛排館」（如**圖**3-12）,對於頂級餐館氣氛的營造可謂是著力頗深,官網上關於其內部裝潢氛圍的介紹文字如下:

圖3-12　教父牛排館的「高山雙蝴蝶」意象設計

空間設計大師林州民，以「臺北的國際風格」、「國際的臺北風格」為「教父牛排」的空間風格定調，他利用臺灣原生建材與元素，為這個空間打造出屬於臺北的國際面貌。首先在餐廳入口處安置一處大型，讓賓客一進餐廳即能感受愉悅輕鬆的心情；在這五米高的酒吧上方，有一座以彩繪玻璃裝置成的一大型吊燈，這是以臺灣中央山脈大雪山上的原生植物「高山雙蝴蝶」為意象而設計的，是餐廳中最搶眼的亮點。餐廳兩側的包廂空間，則以兩百片玻璃裝置牆面和包廂拉門，這是直接取材自南臺灣古厝的原生玻璃，是臺灣第一代自製的建築材料，新舊相互融合出協調而優雅的空間感。在這個高度五公尺的用餐空間可說是臺北的傲視國際；原生的設計意象（臺灣中央山脈的高山雙蝴蝶），以及傳統的光明景象（南臺灣古厝原生玻璃）則型塑了「國際的高調臺北」。❷

而國賓飯店在臺北市西門町開立的「臺北西門町amba意舍」則以年輕背包客為訴求，分別為其飯店設置不同的主題，如「吃吧」、「聽吧」、「甜吧」、「往吧」、「聚吧」、「住吧」（如圖3-13）。這家飯店的餐廳標榜輕鬆休閒的現場音樂演唱，搭配可口的餐飲，全區無線網路與免費充電，吸引消費者前往。同樣對於餐廳氣氛的營造不遺餘力，其官網上的介紹文字如下：

趣味餐飲新體驗，發現西門町全新的餐飲風格，享受輕鬆、暢快的美食新體驗……來到意舍，除了新鮮、健康的餐點、創意飲品以及最新的音樂之外，明亮簡潔的趣味空間環境更為聚餐（會）增添了有趣又輕鬆的氛圍。來「吃吧！」享用全日供應的現做美食，或者是來「聽吧！」享受下班後的歡樂時光；又或者到「甜吧！」坐坐，滿足想吃甜食的嘴巴吧！❸

(a)以黑膠唱片作裝飾物凸顯音樂主題餐廳的「聽吧」

(b)以本地新鮮蔬果點綴的開放式廚房，凸顯　(c)以明亮簡潔的趣味空間環境，凸顯暢快歡
　　沒有國界的多元文化餐廳的「吃吧」　　　　聚主題餐廳的「聚吧」

圖3-13　國賓的臺北西門町amba意舍酒店主打年輕背包客群

資料來源：69攝影工作室提供。

(二)顧客感受

　　一家餐廳的食物和服務固然是影響顧客對餐廳印象的重要因素，只是顧客們對於視覺、氣氛等感官心理層面的追求，不僅是愈來愈執著重視，有時甚至可以超越味覺與口腹之欲的飽足。顧客在餐廳內用餐的整體感受是藉由視覺、觸覺、聽覺、嗅覺、味覺，和溫度等所有感覺而產生。

■視覺

　　一家餐廳的外觀扮演著吸引顧客進入店裡的重要關鍵，餐廳外部的招牌首先影響客人對餐廳的印象和識別。即使客人原本不是要到這家餐廳用餐，但餐廳外部的設計是可以加深路過客人的印象的，這個印象往往可以

觸發顧客將餐廳列入其口袋名單進而上網搜尋更多的資訊，作為下次選擇餐廳用餐時的參考。

　　客人一旦進入餐廳後，映入眼簾的一切人事物都是構成餐廳整體氣氛的重要元素。餐廳的整體環境包括空間、照明程度、色系的採用、樣式形狀、天花板的高度、裝飾物、藝術品、鏡子和隔間、服務生的儀表和制服，及餐具／桌／口布的陳列方式等項目，無不緊緊扣住空間氛圍。這有賴設計師和業主的密切溝通，再透過平面設計圖、立面圖、3D意象圖來確認設計風格，進而付諸實現（如**圖**3-14）。

　　以下另外為讀者介紹各具不同視覺風格特色的餐廳，讓讀者瞭解映入眼簾的一切人事物，都是構成餐廳整體氣氛的重要元素，有興趣的讀者也可進入他們的官網欣賞各異其趣的特色餐廳：

1.2011鐵板燒餐廳：引用大量不鏽鋼元素搭建挑高設計的吧檯，

圖3-14　餐廳整體氣氛的掌握有賴設計師和業主的密切溝通

資料來源：勞瑞斯牛肋排餐廳提供。圖右及左上為勞瑞斯牛肋排餐廳臺北店；左下為新加坡店。

並輔以藍色LED冷色系燈光，創造前衛科技的時尚感（http://
www.2011teppan-wine.com/home/，如圖3-15）。

2. 俏江南：位處信義商圈透過玻璃窗景可近觀臺北101大樓，時尚現
代的空間設計，搭配中餐西吃的服務型態，卻在桌上以一把傳統摺
扇輔以「俏江南」毛筆書寫展現在顧客面前，讓中國風味在此有畫
龍點睛的效果（http://www.southbeauty.com/，如圖3-16）。

3. 絲路宴餐廳：臺北威斯汀六福皇宮飯店的絲路宴餐廳則具另一獨創
特色，從歐洲、非洲、中東、印度和中國，精選絲路行上各國香
料與新鮮健康食材，揮灑結合創意與傳統道地的多國料理，演繹
「店中店」飲品與自助美饌的新饗食體驗（http://www.westin-taipei.
com/01_text.asp?sn=27，如圖3-17）。

圖3-15　2011鐵板燒

資料來源：69攝影工作室提供。

圖3-16　俏江南

資料來源：69攝影工作室提供。

圖3-17　臺北威斯汀六福皇宮絲路宴餐廳

資料來源：69攝影工作室提供。

4. 燈燈庵日式料理：燈燈庵標榜將茶藝、花藝、陶藝、廚藝作完美結合，並以「和靜清寂」、「一期一會」的日本料理精神來服務消費者，店名取自「維摩經」的燈燈無盡、代代相傳的經營理念來命名，餐廳內充滿著濃濃的禪意，並利用盞盞的和式燈具作為主題的延伸（http://www.toutouan.com.tw/menu_03_about.php，如圖3-18）。

5. 韓式燒肉店：位在首爾江南區的韓式燒肉店，以懷舊風格、簡易裝潢、木頭板凳、鐵桶桌腳（具取暖效果）等搭配韓國特有的抽風管設計概念，呈現最正統的韓式燒肉店風格（如圖3-19）。

6. 北京鼎泰豐：北京東四環區鼎泰豐分店以明亮舒適簡約的裝潢，提供客人一個舒適的用餐環境。沒有過多的裝置藝術或複雜燈具，僅以線條簡單的家具桌椅、線條簡潔的天花板搭配崁燈、靠窗區加裝的簡單筒狀燈具作點綴，整個餐廳看來舒服雅緻不會帶給消費者壓力（如圖3-20）。

7. 北京蘭會所：北京蘭會所為俏江南餐飲集團最頂級的會所，以創辦人張蘭女士的名字作為命名。內部設計元素及色彩大膽強烈，如選用名家畫作當作天花板的元素，高背餐椅則凸顯尊榮奢華感受，用色大膽且不一致花色的展示盤，令饕客相當驚艷（如圖3-21）。

8. 北京全聚德烤鴨店：享譽國際的北京全聚德烤鴨，雖然沒有創意的設計感和裝潢，傳統不做作的開放式廚房，讓所有饕客把視線全放在老師傅吊掛烤鴨時專注的眼神，不失為一個非常成功的賣點（如圖3-22）。

9. 侯布雄米其林餐廳：米其林星級侯布雄餐廳位在臺北BellaVita百貨，內部裝潢簡約卻用色大膽。甜點的區域巧妙的利用女生最愛的馬卡龍甜點，由天花板吊掛垂下，各式顏色繽紛，相當有吸睛效果，同時也強化了甜點甜蜜的氛圍（如圖3-23）。

10. 十二廚自助餐廳：臺北喜來登飯店一樓的十二廚自助餐廳，善用其建物本身的天井採光和通透的挑高，直接在用餐大廳擺放巨型植

圖3-18　燈燈庵日式料理

資料來源：69攝影工作室提供。

圖3-19　首爾江南區燒肉店　　　圖3-20　北京東四環鼎泰豐

圖3-21　北京蘭會所　　　　圖3-22　北京前門店全聚德烤鴨

栽，讓整個用餐環境視覺上相當舒服又不壓迫；此外，更輔以由
天井照射進來的日光，讓饕客感覺相當舒適（http://www.sheraton-
taipei.com/，如**圖3-24**）。

| 圖3-23　侯布雄米其林餐廳 | 圖3-24　十二廚自助餐廳 |

資料來源：69攝影工作室提供。

11.凱菲屋自助餐廳：全新裝修的臺北君悅酒店令人耳目一新，位在一樓的凱菲屋自助餐廳的靠窗區域，利用自然採光搭配百葉窗來控制光線進入餐廳的亮度，擺上一瓶瓶清澈黃澄澄的橄欖油瓶作為裝飾物，讓義大利風格的元素又多了一個強而有力的支撐（http://www.grandhyatttaipei.com.tw/clubhyatt/Club_cafe.htm，如圖3-25）。

12.三燔美麗華：晶華麗晶酒店集團在其飯店內有家出名的三燔本家，是一間以提供日式炭火料理為主的餐廳。近年隨著集團餐飲品牌不斷向館外擴張，三燔又在臺北市內湖區的美麗華百樂園成

圖3-25　臺北君悅酒店凱菲屋

資料來源：69攝影工作室提供。

立了「三燔美麗華」，以吃到飽的
壽喜鍋、涮涮鍋和握壽司的銷售型
態呈現。餐廳裝潢同樣延續著三燔
的風格，以日本京都的簡潔懷舊為
基調，餐桌和裝潢線條簡潔，餐具
樸實懷舊，深受消費大眾所喜歡
（如**圖**3-26）。

■ **觸覺**

　　餐廳各種物品的材質觸覺亦可發揮
與視覺一樣的異曲同工之處。舉例來說，
餐廳椅子的樣式不管是現代、古典或新古
典、透氣皮、真皮，或布料的觸感亦可以
反應等級和舒適度；木質、大理石或是地
毯的地板材質可以呈現出不同的觸感；各
種不同的玻璃杯（水晶、強化）、餐具

圖3-26　臺北晶華酒店三燔美麗華

（塑膠、不鏽鋼、銀製）、瓷器（陶瓷、骨瓷）與布料（棉、亞麻、人造
纖維、尼龍、聚酯纖維）等材質，均可給人以獨特的觸覺與感受。

■ **聽覺**

　　餐廳客人說話的音調大小、音樂播放的類型（抒情、爵士）、餐具
與桌子碰觸的聲音、客人的對話聲音、餐具掉落於地板的噪音、廚房發出
的噪音，及服務生講話的音調等，都會影響客人用餐的情緒和感受。因此
餐廳業者需做最好的音量控制和調節。餐廳音樂播放的音量也應調整到客
人能以正常的音量對談，並且以不會聽到其他鄰桌客人的對話為原則，讓
客人感受到音樂的播放而不是其他的吵雜聲。

■ **嗅覺**

　　餐廳廚房烹調菜餚的香味會刺激顧客的味蕾，縈繞咖啡廳內的咖啡
香味會讓顧客享受放鬆的情境，這些香味都會提高顧客點餐的意願。此

外，餐廳業者應避免一些事項，例如開放式廚房的規劃應注意油煙的排放，或廚房排水溝的氣味不要從廚房發出，服務生過濃的香水味和廁所芳香劑的味道，都應該謹慎挑選及使用。

■室內溫度

業者也需注意餐廳內部的適溫控制。冷氣排風設計上應避免直接吹到顧客的身上，提醒員工不要任意調低空調溫度，造成客人感覺過冷的不舒適感；餐廳在中午西曬時應記得拉下窗簾或其他遮蔽物。隨時依天氣季節的變化來調整餐廳內的最佳溫度，必要時提供顧客冰或溫水來調節體溫。

以上的餐廳氣氛環境的創造重視的是顧客心理層面，然而餐廳業主、經理和設計師在規劃設計上亦需考慮功能性的層面。若設計師只偏重美學的想法，可能會造成重看不重用或維修上困難的設計。因此好的設計應兼具功能性和象徵性，讓餐廳業者在營運功能正常的環境下提供顧客舒適享受的用餐氣氛。

註　釋

[1] 食品衛生管理法（2009/09/06）。全國法規資料庫，http://law.moj.gov.tw/LawClass/LawAll.aspx?PCode=L0040001。
[2] 教父牛排館（2014/04/14）。教父牛排館內裝氛圍，http://dannyssteakhouse.com.tw/design.php。
[3] 臺北精品酒店｜臺北西門町amba意舍酒店官方網站（2014/04/14）。amba意舍酒店，http://www.amba-hotels.com/tc/ximending/。

PART 2

財務規劃與行銷策略篇

Chapter 4

行銷廣告策略擬定與執行

本章綱要

1. SWOT分析
2. 產品組合
3. 促銷策略
4. 活動式行銷
5. 媒體公關
6. 廣告策略

本章重點

1. 瞭解SWOT分析
2. 認識產品組合設計調整要點
3. 介紹促銷策略考慮的時機點、活動目地與活動成本，以創造出具吸引力和附加價值的方案
4. 介紹何謂活動式行銷
5. 瞭解如何運用媒體公關策略建立良好的公共關係
6. 介紹餐廳經營業者可以利用的廣告策略

本章的重點在於闡述現今餐飲業界普遍採行的一些行銷策略，並提出一些餐飲業界的實際案例做分享。同時也會在本章的最後一節列舉Pasta Paradise模擬案例餐廳，為讀者進行SWOT分析、產品組合結構，及如何在有限的預算資源下進行媒體公關，以及合適的廣告與促銷活動設計等的介紹。

第一節　SWOT分析

　　SWOT分析是一個企業在進行籌備之初就必須開始著手的一項分析，不僅如此，在企業經營的任何一個時間點，或是任何一個策略的決定前，都可隨時再重新檢視SWOT分析的結果。它可以指引企業往一個正確的方向思考，避免企業迷失在紛亂的市場競爭當中，或是受到對手的影響而做出錯誤的決策或判斷。

　　優勢（Strength），泛指一個企業的優勢強度，可以說是企業本身的競爭核心所在。一家企業愈是能夠提高自身的優勢強度，就愈能提高自身的競爭門檻，讓競爭者無法追上，保有市場中的不被取代性。

　　劣勢（Weakness），泛指一個企業（餐廳）的弱點。有些弱點是與生俱來或是已經無法改變的事實。例如企業創辦初期身處一個繁華商圈，占盡地利優勢。然而隨著時光變遷，商圈隨之改變挪移，如果自身未能隨著商圈轉移而考慮遷移地點，就必須隨著商圈的生態改變自身的產品結構、價格策略乃至於行銷活動，以免讓企業（餐廳）一蹶不振。

　　雖然如此，有許多的弱點仍是可以透過自身的檢討和改善來提高競爭力。例如餐點內容不符合消費者期待、價格相對於餐點品質或用餐品質偏高，乃至於裝潢氛圍是不恰當的等等，讓客人覺得沒有物超所值或是把錢花在刀口上。這些都可以透過細心的觀察，或從消費者的互動過程中瞭解問題所在，進而及時改善、強化自身的競爭力和市場期待。

　　機會（Opportunity），泛指企業（餐廳）的一些潛在商機。企業可以

透過管理團隊的腦力激盪或是和消費者的互動中,意外發現一些先前未發現的商機。它可能是一個新產品的開發,卻是客人期待已久的產品;又或是一個潛在市場未曾被發覺,值得餐廳前往開發耕耘,以增加自身的市占率。又或是在餐廳內透過更多貼心的設計,讓消費者願意提高上門用餐的意願。例如增設免費無線上網的基地臺,吸引下午茶客人的青睞;添購兒童蠟筆和畫紙,提供家庭客層小朋友的喜愛等,這些都是很務實又不花大錢的做法。

威脅(Threats)泛指企業(餐廳)所面臨的威脅。這些威脅可能是附近商圈或環境所造成,而非餐廳所能控制,也有可能是餐廳本身造成的錯誤,應盡速改善彌補。例如因捷運施工沿線的圍籬堵住了餐廳的進門通道,增加客人步行或開車到達餐廳的困難度;再加上施工的粉塵和噪音影響餐廳的用餐環境品質等。當然,商圈裡競爭者林立、商圈消費人口結構改變也可視為威脅之一。

第二節　產品組合

產品組合是個非常微妙的企業策略,產品組合設計的好壞可以直接影響客人上門的消費意願;價格訂定是否合理消費者永遠感受在心頭。一個良好的產品組合規劃,可以有效控制消費量達到餐廳所想要的平均客單價,也因為產品設計的關係可以影響到客人用餐的時間,進而影響到餐廳的翻桌率。

每家餐廳的產品組合都可以視情況隨時調整,主要需注意的幾個要點有:

1.隨時檢視產品的銷售組合:瞭解客人點餐的喜好。哪些類別、哪些食材或哪些作法是迎合消費者的喜好,可以適時的投其所好開發類似商品。

2.留意食材的共通性：避免過度開發新產品。新產品是需要訂購新食材的，最好是能夠善用現有的食材做變化，例如形體的變化（去骨、絞肉、改變切塊方式）、口味的變化（醃漬、煎炒煮炸等）。如此一來，既可以加速既有食材的流通率，讓食材可以更新鮮，同時也因為進貨量提高，增加和廠商議價的空間，或提高驗收品質的門檻。

3.留意廚房設備的生產力：在規劃新菜時也必須考量是否會因此增加某項特定的廚房設備負擔，而讓其他設備閒置率提高或產能降低，這會間接影響出菜速度，應留意避免讓客人過度久候餐點上桌。

第三節　促銷策略

促銷活動幾乎是每個企業（餐廳）都免不了的行銷工作，不同的活動設計也會帶出不同的活動效果，如「普羅旺斯香草特餐」（見第133頁）。因此在規劃每個促銷活動時，都必須考慮時機點、活動目地、活動成本，以及創造出的吸引力和附加價值。一般來說，可大致將促銷活動做以下分類。

一、以促銷方式分類

1.贈品：如點主菜送開胃菜、六人同行送紅酒一瓶、母親節點套餐送蛋糕、點戰斧牛排贈送紀念木質砧板（如圖4-1）、消費滿千送百元優惠券、消費滿一定金額贈送典藏精品等等。

2.折扣優惠：如四人同行一人免費（七五折）、刷銀行信用卡享九五折優惠、憑○○公司員工證可享九折優惠、限定餐點折扣優惠、第二杯半價（如圖4-2、4-3）、甚至針對老人家特定族群提供優惠（如圖4-4）等等。

圖4-1　點餐送贈品的促銷方式

圖4-2　Mister Donut第2杯半價優惠券　　圖4-3　伯朗分享日買1送1優惠卡

3.產品接觸：如新菜試吃活動、新菜優惠推廣、參與美食展活動等
　等。

4.氛圍活動：如萬聖節之夜、跨年星光餐、情人節套餐、謝師宴（如
　圖4-5）、時裝走秀、產品發表會等等。

5.主題餐飲：東港鮪魚季作鮪魚料理、香草或咖哩料理（如圖
　4-6）、地中海美食節、紅酒餐會（如圖4-7）、雪茄餐會，或是有
　些飯店會重金禮聘國外米其林星級主廚來到臺灣做米其林主題餐

圖4-5　謝師宴特惠活動

圖4-4　Mo-Mo-Paradise新店開
　　　幕敬老特惠活動

圖4-6　以咖哩為主題的用餐訴求

點，吸引金字塔尖端客層，如：

「臺北晶華酒店與長榮桂冠酒坊聯手邀請法國米其林一星主廚
Bruno d'Angelis和麥非酒廠侍酒師Anthony Taylor來臺獻藝，除
了有名廚好菜外，尚有空運自麥非酒廠的七款酒，這七款酒也
是這場南法饗宴的焦點之一。

來自法國的主廚Bruno d'Angelis三十歲時便獲得米其林一星的肯
定，是法國廚師界相當耀眼的後起之秀。善用季節性食材與藝
術排盤手法是這位師傅手藝獨到之處。Bruno為晶華酒店準備了

圖4-7　偉克商人紅酒晚宴活動

十款單點南法佳餚，另有二款套餐，內容包含普羅旺斯花園、馬賽魚湯、羊菲力附青醬燉洋薊、香烤小牛胸腺、松露香菜比目魚、普羅旺斯乳酪等等。

Bruno除了在晶華酒店推出南法酒餚饗宴之外，也將走訪科技新貴薈萃之地新竹老爺飯店，推出一千五百元套餐，菜單內容包括開胃菜普羅旺斯田園時蔬佐百里香番茄凍、香煎紅鯡排配香脆薄餅佐普羅旺斯醬汁、小羊里肌佐普羅旺斯香草菊薊、大茴香杏仁餅佐檸檬百里香冰淇淋，及迷迭香醬汁與一口吃甜點。」❶

【專案介紹】一場由勞瑞斯與香草集聯手打造的普羅旺斯香草特餐

　　每年到了五月，就是為人子女們為辛苦一整年的媽媽構思母親節活動的時候。勞瑞斯餐廳便與花草茶的市場第一品牌「香草集」做了前所未有的結合，希望能利用這些尊崇大自然耕植法所培育出的各式口味花草，結合勞瑞斯餐廳精緻的廚藝、內斂奢華的裝潢，以及最膾炙人口的頂級桌邊服務，為媽媽們帶來兼具身心SPA、體內環保的普羅旺斯香草特餐。

　　普羅旺斯，法國南部的城市，帶給人們所聯想到的是薰衣草花田、古堡、紅酒、美食佳餚和SPA精油等等的意境與畫面，而這就是勞瑞斯餐廳想在母親節帶給媽媽們的一種感受。

　　一到餐廳，格局的縱深及高度襯出氣質不凡的高挑酒吧及用餐大廳。璀璨絢麗的水晶映照出柔和的燈光，讓媽媽們宛如置身三○年代的宮廷或城堡。入座後，迎面而來的女侍者貼心地為媽媽點燃餐桌上的精油蠟燭，她的穿著就像是英式管家，棕紅色的洋裝搭配潔淨的白帽、白衣領、白袖口和小小的白圍裙，既親切又不失專業。

　　餐點的部分更是精采！餐前先讓媽媽輕輕綴飲精選的紅酒，不僅舒緩心神，更是今晚佳餚所不能省略的角色。瑞士香料麵包所散發出濃郁大茴香的香氣，同樣令人怡神開胃。緊接著端上桌的開胃菜是以蟹腿肉、干貝和鮮蝦為主題，輕拌橄欖油醋及菩提葉（Linden）汁，讓海鮮不但不失原有的鮮美，更因為菩提的淡淡清香，讓海鮮的原味得以昇華。相傳在歐洲，母親們總是喜歡以菩提葉泡茶給小孩子喝，它的芬芳香味有助於安撫小孩子焦躁不安的情緒，因此在德國又被稱作「母親茶」。菩提葉內含的生物類黃酮，對於心血管的預防也有所幫助。

　　第二道菜是勞瑞斯著名的冰旋翡翠沙拉，搭配可口開胃的法式葡萄酒

沙拉醬。服務員在桌邊熟練地把沙拉拌勻，並遞上冰鎮過的餐叉給媽媽，除了可以品嚐到清爽不膩的沙拉之外，更能感受到勞瑞斯對上菜的用心。

重頭戲來了！穿著一身潔白的專業師傅，搭配紅色絲絨繫著閃耀的金牌，帶著價值百萬、純手工打造的銀色餐車來到桌邊。現場依照媽媽所需的熟度與份量，呈上鮮嫩多汁的牛肋排搭配著勞瑞斯特調的肉汁，旁邊還附上香滑順口的鮮調馬鈴薯泥及勞瑞斯的經典配菜。

對於不食用牛肉的媽媽們，另外準備了鮮魚創意餐，主廚將會選取最新鮮美味的圓鱈魚排，香煎過後配上如意波斯奶油醬汁。如意波斯（Rooibos）是歐洲人傳說中的長壽花草茶原料，產自南非好旺角高原上，終日接受著和煦陽光和清新空氣的洗禮，富含著豐富的鈣質及維他命C。主廚別具巧思地將如意波斯，搭配紅蔥頭及奶油，調煮成高雅琥珀色，口味輕淡微酸，搭配鮮魚吃來特別清爽滑口，別具風味。

餐後，一道巧奪天工又酸甜好吃的甜點正式上桌。鬆軟綿密的海綿蛋糕夾著水蜜桃果，再淋上用優格和玫瑰果（Rosehip）調製成的醬汁，相當令人動心！玫瑰果含有時下最IN的茄紅素、維他命A、B、E，以及相較於檸檬有超過二十倍的維他命C，再搭配上優格所富含的益菌，有助於養顏美容。搭配著由杜松果、茴香、玫瑰花、蒲公英、金盞花等多種花草所調配的複方花草茶，能讓媽媽在優雅的用餐環境和清幽的花草香中，度過一個別具特色的母親節。

離開勞瑞斯之前，桌邊服務人員還會為你送上價值一千元的BEING SPA體驗券，以及香草集的優惠券，讓媽媽們可以在這屬於自己的節日裡，好好犒賞自己，度過一個輕鬆的母親節。

資料來源：圖文由勞瑞斯牛肋排餐廳提供。

二、以目的分類

(一)提高知名度

　　提高知名度除了用最直接的廣告活動之外，藉由**破壞性的價格策略**來吸引媒體報導、透過傳單及網站的發放，或是藉由當今具**話題性**的娛樂活動或社會事件，如利用電影、職棒等活動與餐廳作異業的合作，讓來過的客人願意再次前來消費，而沒來過甚至沒聽過這家餐廳的客人，也會因為接收到訊息，而願意嘗試性的前來消費，這對於餐廳的知名度大有幫助。新聞媒體偶有報導一元牛排或是開幕當天從高樓灑現金的案例，就是為提高知名度而籌辦的最典型活動。這類活動不見得花費大額成本，因為活動手段是以提高知名度的各式手法作為噱頭，對於業績提升或食物成本飆高倒是不以為意，就當做是行銷成本，如「哈囉，你姓什麼？」活動：

> 「經濟不景氣，許多店家相繼推出『買一送一』的促銷戰，有家知名的潛艇堡連鎖業者，在西門町的專賣店就推出了，星期一姓陳、星期二姓林、星期三姓蔡……，每天有不同的姓氏可以買一送一的活動，這不但沒賠錢，反而還讓店裡一個月就增加了十五萬的營收。
>
> 『哈囉，你姓什麼？』姓陳、姓林、還是姓黃？只要挑對日子，知名潛艇堡就能買一送一，真的是超划算。
>
> 這個活動是由在西門町鬧區的潛艇堡連鎖店的店長想出來的，這個專屬姓氏配合日期的促銷活動，只要消費者能拿出身分證證明，就買一送一，一個月下來，不但沒賠錢，還因為薄利多銷，至少增加十五萬的月營收。
>
> 店長周小姐指出：『平均一天大概會增加到三十至四十個左右。其實就是增加話題性，讓大家覺得還滿新鮮的。』事實上，景氣差消費者荷包盯得緊、算盤打得精，業者用買一送一的噱頭，即

便少賺一點，至少不會落得最後清倉大拍賣，是相當不錯的促銷
嚎頭。」❷

(二)提高來客數

提高來客數的目的除了增加業績之外，有些時候是為了讓餐廳藉著
人氣形成一股排隊人潮，或是增加額外的消費力。為達到提高來客人數
的目的，通常得搭配降價優惠或是其他的配套，鼓勵消費者結伴前來用
餐，最典型的例子莫過於是多人同行的優惠券（如**圖4-8**）。這對於餐廳
坪效或是每張餐桌的業績生產力也大有幫助。

最經典的案例是每逢情人節時，餐廳總會推出比平常客單價略高的
情人節套餐來吸引消費者。在這種節日從不用擔心餐廳的客單價過低，
有些餐廳甚至會在情人節當晚停售所有菜單餐點，僅提供情人節套餐藉
以保障平均消費額能如餐廳所預設。然而，情人節的促銷方案縱使能讓
餐廳客滿，卻難免會有餐桌只坐兩位客人的慘狀。假如這家餐廳的餐桌
原本就是以兩人小方桌（65x45cm）為主，遇有三人以上的客人則採用
併桌的方式因應。在這種節日時，餐廳自然會將所有餐桌獨立拆開成兩
人餐桌，以增加桌數提高營業額。但是有些餐廳可能有配置一些圓桌
（§120cm）或四人座的方桌（90x90cm）時，就會形成一張圓桌六個位
置卻只坐一對情侶的情況，餐廳損失的是空下的四個座位的潛在業績。
但是又不能學路邊攤讓不同組、互不相識的客人坐在同一桌，只能望著

圖4-8　饌巴黎的2人同行超值999禮券（正反面）

空位子嘆息。於是有的餐廳業者就規劃了在情人節當天提高來客數的活動，在餐廳從不做優惠折扣的情人節裡做「四人同行七折優惠」活動，吸引那些老夫老妻帶小孩一同前往慶祝情人節，或是年輕夫妻和公婆兩代一同慶祝情人節的族群。餐廳雖然下殺至七折優惠，但是也讓餐桌能坐下更多用餐客人，提高來客人數，整體計算下來對於業績還是大有幫助。

(三)提高客單價

　　提高客單價型態的活動多半是因為餐廳在座位有限，且來客數已經達到一個理想水準的情況下，想藉由不同形式的活動，提升客人願意消費的動機，進而使平均消費單價拉高，讓有限的座位數及來客數能夠增加更多的業績，拉高整體的業績坪效。

　　最常見的方式例如設計套餐，透過套餐菜單豐富的餐點內容，讓客人可以用比逐項單點更划算的價格，享受完整的套餐餐點。一來加速營運的效率，二來也可避免客人因為顧忌預算超支而僅點用少數的餐點。根據餐廳經驗分析，通常餐廳點用套餐的客人其平均客單價約比單點的客人高出約10%至15%，足見點用套餐對餐廳的來客單價幫助甚大。

　　另外一種提高客單價的方式，是類似「加價購」的方式（如圖4-9），通常活動設計於客人多半點用套餐的餐廳，如速食店為了再增加客人的消費金額所額外設計其他「加價購」餐點活動，以滿足大食量或嘴饞的客人。此種活動方式約可增加10%至25%左右的平均單價。值得一提的是，此種加購價的方式在活動內容設計上，應留意避免因為加購而造成過多的分量，如誘使客人點用加價購餐點後再兩人同享

圖4-9　加價99元嚐龍蝦

一份套餐，此舉反而會讓促銷活動效果適得其反。

(四)提高顧客忠誠度

維持一個既有客戶的忠誠度，讓他能夠再次回到餐廳來消費所需的成本遠低於開發一個全新的客人。既有客人對餐廳已有既定印象，對於菜單內容、用餐環境氛圍、消費預算都有了大致的概念，只要前次的消費整體經驗不要太差，要讓客人再次回來消費的難度並不高。但是對於一個全新的客戶，就必須花許多的時間精神去獲得他對餐廳的初步接受度，除了廣告傳單，親友的口碑對一個陌生的消費者來說是一個重要的參考指標。最後的臨門一腳則是，如果有個優惠活動讓消費者願意用較低的預算前來嘗試，才可能成為餐廳的初次體驗者。因此，多數的餐廳經營者都深切的瞭解到一個重要的道理，就是要負責讓每個上門用餐的客人喜歡這家餐廳，不論是餐點口味或是價位都要是客人所能接受的，甚至是物超所值的，如此客人就會重複上門。讓餐廳能夠有一群忠實客戶，這對於餐廳能否永續經營有很大的幫助。

在用心經營餐廳每個細節的同時，為了提高顧客的忠誠度、提高顧客的消費頻率，很多的餐廳都會推出各式各樣的活動，鼓勵客人再次消費。常見的有會員卡，如為VIP客人所提供的折扣（如圖4-10）；集點卡（如圖4-11），如買五送一或兌換贈品；信用聯名卡、美食主題信用卡（如圖4-12），如在網站上登入會員後便可不定期收到折價券或生日優惠券，以及消費滿額時會贈送優惠券，讓顧客能在下次用餐時折抵使用。

(五)新產品測試市場

更換菜單對於餐廳來說是非常頻繁的事情，通常是市場的因素誘使餐廳提供更受歡

圖4-10 為VIP客人所提供的折扣優惠

圖4-11　麥當勞環保杯集點卡

圖4-12　荷蘭銀行Shop & Dine美食主題卡

資料來源：雜誌廣告頁面，《壹週刊》第214期。

迎或更流行的餐點，或是季節因素提供當令食材的餐點或應景的餐點。例如義大利麵也可以是冷麵，在夏天的季節可以考慮推出，冬天時可以增加湯品的選項；或是因應季節，如某種海鮮或是蔬菜盛產的時節推出系列的餐點，常見的有海鮮店秋季推出螃蟹、山產店推出筍子大餐、頂級餐廳推出生蠔等等，這些都和季節有明顯的關聯。當然，也有可能純粹是餐廳主廚的創意料理，或是菜單的重新調整而有了這些新菜。

　　新菜上市對於餐廳來說是很好發揮的行銷活動，可以利用桌卡（如圖4-13）、海報（如圖4-14）、布條（如圖4-15）、發放傳單（如圖4-16），大型連鎖餐廳或速食店，甚至會採用強打電視廣告和公車車廂廣告來告知大眾。除了以特價的方式吸引消費者的點用之外，也可利用這個時機詢問顧客的滿意度，作為日後調整菜單的參考。當然也可以在適當時機之後，依照餐點受歡迎的程度，將價格作調整（通常是調高），成為菜單定價，進而取消新菜上市的嚐鮮價優惠活動。

圖4-13　Bellini Pasta Pasta新
　　　　品上市桌卡範例

圖4-14　夏季新菜上市海報範例

圖4-15　新品上市布條範例

圖4-16　新品上市傳單範例

(六)新價格帶測試市場

　　有些時候餐廳可能礙於市場的競爭而失去獲利能力，進一步考慮調整價格策略，藉以和競爭者做出區隔，這不失為一個好辦法。透過重新裝潢、產品組合、食材品質調整來改變價格帶，讓自己脫離高度競爭的市場，避免持續打價格戰，改以更優質的餐點服務來提升自己的定位和重新定位價格帶。在調整初期，不妨先以新品、新價格的方式來觀察消費者的接受度和反應，作為日後策略調整的參考。畢竟多數消費者在找尋便宜餐點的同時，也會瞭解整體用餐是否物超所值（如圖4-17）。這間接說明了消費者並不是消費不起，而是他會評估是否值得消費。

圖4-17　產品組合的價格帶測試

三、以時段分類

　　以時段分類的行銷活動適用於餐廳在尖峰用餐期間座位不敷使用，而在離峰時間卻又門可羅雀的情況。餐廳可以透過離峰時間用餐的各種優惠，把人潮分散，讓餐廳業績能夠持盈保泰，並且兼顧用餐的服務品質和工作人員的工作士氣。現今很多飯店都規劃了以人頭計價的無國界自助餐廳，或是像欣葉日式自助餐廳、上閤屋日式自助餐廳等，是另一種以時段分類的吃到飽餐廳。這類餐廳會在餐檯上擺滿數十種、甚至上百種各類餐點，在午餐尖峰用餐過後，餐檯上仍會有食物未能被客人取食，就可利用下午茶時段繼續營運，以較低廉的價格吸引客人持續進場用餐，唯廚房仍應保持菜色的新鮮度和足夠的分量來滿足下午茶時段用餐客人的需求。當然，因為價格有所差異，餐廳也可以自行斟酌在下午茶優惠時段停止供應

部分高成本的餐點。

以時段作為促銷的活動常見的有指定日期，例如每週二、早鳥優惠（Early Bird）、下午茶優惠、歡樂時光（Happy Hour）優惠、晚場優惠（Late Dinner）。早鳥優惠指的是在用餐尖峰時間前到餐廳用餐可以享有特定優惠，例如中午十一點四十分前進場，或是晚餐下午五點三十分前進場。這些客人通常可以在尖峰時間完成用餐離開，加速餐桌的翻桌率。

歡樂時光的優惠概念源自於國外，外國人用餐前通常喜歡先在吧檯喝點小酒社交一番，約一個小時後才入座用餐。餐廳為了讓客人能在用餐前多消費，通常會主動免費提供一些小點心或下酒菜，例如薯片、起司、小塊炸雞，讓客人可以喝酒配點小菜。這個時段除了有免費小餐點之外，為了鼓勵客人多消費飲料，通常會在特定的時段，例如下午五點三十分至七點用飲料買一送一，目的是為了讓客人更願意消費。

四、以對象分類

以對象作為分類的行銷優惠概念也常見於餐飲業界。最常見的就是餐廳針對周遭商圈的特性，為特定的對象進行專屬優惠，讓受惠對象更有意願前往消費。像是學校附近商家會提供學生憑證或穿著制服可享優惠，或是辦公商圈裡的餐廳為特定的公司上班族所設定的優惠，如憑公司識別證可享用餐折扣。當然，公司福委會也可主動出擊到各餐廳拜訪，爭取同事的用餐優惠；此外，夜店也慣用此種行銷手法，如把星期三定為Lady's Night，讓女性消費者可以免費入場，藉以吸引更多的女性在當天到夜店娛樂，男生也會因為當天有許多女生會入場，而願意花錢購票入場，讓星期三的業績大好。夜店則因男生當天的門票收入高，足以彌補女生的門票損失，而有更好的商機。現在很多餐廳也有類似的做法，在特定的時日針對生日壽星或限定某種信用卡持卡人、性別、職業，甚至姓氏作為優惠。

第四節　活動式行銷

　　什麼是活動式行銷呢？以英文來說就是Event Marketing，**活動行銷**從字面上解讀就是透過舉辦各式各樣的活動，讓品牌或產品得以走進消費者的心中，以致於消費者在下次有機會消費時，會選擇這個他曾經參與過活動的品牌。使用時機相當多元，可以是例行性的活動，讓消費者一年接一年的參加或聽聞。當傳統的廣告行為、或各式手段、或目的的促銷行為都已經被消費者所忽略，甚至無法喚起消費者注意時，活動行銷未嘗不是一種好選擇。此種活動的目的較著重於品牌知名度的提升、品牌忠誠度的鞏固，也可說是對未來五年甚至十年的營業額有播種的意味，對於短期的業績成長幫助不大。最經典、同時也最為大家熟悉的活動行銷案例，莫過於各個運動品牌所舉辦或贊助的路跑活動了。最近這兩、三年的路跑活動、迷你馬拉松甚至鐵人比賽等，都吸引了眾多的民眾報名參加，在路跑的起點、沿途乃至於終點，處處充滿著置入性行銷的影子，參加者穿的運動服、喝的運動飲料、帶回家的各式各樣琳瑯滿目贈品，全都是廠商免費贊助，起跑點和終點站的舞臺與帳棚更是充斥著所有贊助商的商標，以強化品牌對於消費者的印象。活動行銷的特色如下：

1. 吸引目光具視覺張力：不管是產品本身或是商標，甚至活動場地的搭建，吉祥物在現場與消費者的互動等，都讓消費者印象深刻，而且在活動後持續透過參與者和友人分享，來繼續活動的發酵度。（如**圖**4-18）

2. 培養未來的真正消費者：餐飲業想要永續經營，除了環境的維護或定期重新裝潢之外，產品也必須跟上潮流，迎合消費者的喜好。例如知名臺菜品牌欣葉雖是數十年品牌老店，但是為了能讓品牌永續經營，讓年輕消費者也樂於走進這個他們父執輩所熟悉的品牌，欣葉不斷調整腳步讓餐點設計更年輕化、餐具更具設計感，服務除了精緻也訴求中餐西式的型態。此外，在品牌名稱甚至視覺商標、員

(a)贊助2012 Color Run臺北場彩色路跑活動　(b)在信義商圈舉辦的美國牛肉試吃，搭配美牛吉祥物和民眾互動

圖4-18　活動行銷極具視覺張力效果

工制服上也都多所用心，為的就是拉攏年輕族群的市場。旗下的品牌如位在臺北101的食藝軒、蔥花臺菜，以及欣葉小聚都能看出集團對於品牌的永續經營和年輕化相當努力。又如麥當勞為了培養小朋友從小認識這個品牌，也透過麥當勞姐姐、麥當勞叔叔定期或不定期地舉辦小朋友慶生，或舉辦說故事活動來爭取更多小朋友的認同。此外，配合知名餐廳為小朋友舉辦小小烘焙師傅活動等，也都是欣葉為了提高知名度、媒體能見度，與企圖掌握未來的消費群所做的行銷活動。（如**圖4-19**）

(a)麥當勞的品牌故事活動──故事屋　(b)勞瑞斯牛肋排餐廳的品牌企圖心──小廚師活動

圖4-19　活動行銷對於品牌形象的加深與凝聚

第五節　媒體公關

　　再小的餐廳就算沒有行銷廣告預算，也不能因此不做**媒體公關**。**公關**，指的是餐廳對外公共關係的建立，對象可以是客人、廠商、街坊鄰居、附近住戶、學生、上班族及所有過路行人，而不只是狹隘的把對象解釋為媒體記者或公關公司。**媒體**則可泛指電視、平面媒體、網際網路，如報章雜誌以及所有可以提升自身知名度的廣告媒介。

一、公共關係

　　就公關業務來說，小規模餐廳的**公共關係**可以從四個面向思考。

(一)來者是客

　　試想，你可能在逛街時因為想上廁所，而進到一家餐廳或速食店，完全沒有消費就直接走到化妝室。而你可能感受到廁所的潔淨、餐廳裡的氛圍、音樂、食物香氣，還有冷氣空調，縱使當下你沒有任何的消費行為，但這家餐廳卻可能因此在你的腦海裡產生好的印象，成為日後的潛在客人之一。離開時，餐廳服務人員明知你只是進來借個廁所，仍然笑臉相對並且親切問候，服務人員成了很好的公共關係創造者，因為你覺得在這裡感受到親切和受尊重，更加提升你對這家餐廳的好印象。

(二)敦親睦鄰

　　既然來者是客，那麼餐廳也可以像是個好鄰居。除了平時維護好餐廳的清潔衛生，偶爾發動員工幫社區的公共設施做打掃，或是認養花臺、騎樓等，都是公共關係很好的範例。

　　適時贊助鄰里活動也是個很好的辦法。大型的社區偶爾會舉辦住戶們的登山郊遊活動，可適時提供簡單的茶點作為餽贈。大廈管委會開會時，也可以利用下午茶時間主動提供場地和簡單的茶點。鄰近鄰里辦公

室或是學校偶爾舉辦園遊會，或是跳蚤市場，也可以主動爭取參與，把餐點用特價的方式在園遊會中販售，或是把餐廳擱置不用的餐具、器具當作拍賣品等，都是公共關係建立的方式，同時也讓自身的知名度在鄰近商圈住戶中顯著提高。當然，常態性給予街坊鄰居用餐優惠，則是最實際的方式。

(三)小額贊助

現今很多學校社團會因為想舉辦活動，而尋求廠商的贊助。筆者曾經在臺中市霧峰區的傳統市場附近看到一個實例：一家賣著牛肉麵、水餃、魯肉飯等再平凡不過的傳統小吃店，小小的店裡牆上竟掛著附近技術學院學生社團的感謝狀。細問老闆才知道原來是因為社團想辦活動又缺經費，就在附近各式店家拜訪，尋求老闆的小額贊助（如五百元），換得的是小吃店上的感謝狀，以及學生在社團刊物上的感謝報導。根據老闆的說法，此後學生來客人數確實有提升的現象。雖然有點類似廣告交換的手法，卻也讓老闆的慷慨贊助贏得了學生的感謝，在同學當中多少會有些好評價。

(四)網路平台

網路是一個讓人又愛又恨的平台，餐廳一方面希望網路上有很多的部落格文章或討論區，給餐廳多點曝光的機會，而且是正面的報導。另一方面，又偶爾因為餐廳的餐點或服務品質不好，再加上網友情緒上過度的反應，很容易讓餐廳陷入危機當中。因此，提供一致性且穩定的餐飲及服務品質，是餐廳最重要的工作之一。以下是餐廳在網路平台上的幾種呈現方式的分類：

■官方網站

對於預算充足的餐廳，不妨委請專業的網路設計公司代為設計網站，並簽約做常態性的維護。餐廳可以把菜單、用餐環境、餐廳的背景做詳細的圖文介紹，並利用計數器瞭解網友瀏覽的人數，這可說是網站最基

本的功能。其他的附加功能則有：

1. 提供電子優惠券自行下載列印：最具代表性的莫過於肯德基
　　（KFC）了，除了常態性的提供電子優惠券列印功能之外，還可以
　　讓網友自行組合點選，列印優惠餐點種類以及數量。讀者可以自行
　　上網參考瀏覽：http://www.kfcclub.com.tw/

2. 網路會員自行登錄資料，並且訂閱電子報：願意自行在餐廳網站上
　　填寫個人基本資料並且訂閱
　　電子報的網友，對餐廳來說
　　是極有可能成為潛在消費
　　群。餐廳可以透過小小的
　　優惠來吸引網友登入成為會
　　員。好處是客人願意留下個
　　人基本資料，就為餐廳多了
　　一筆顧客資料，而且省去了
　　餐廳自行鍵入顧客資料的時
　　間和人力。（如圖4-20）

圖4-20　勞瑞斯官網線上會員頁面

3. 優惠活動的隨時更新：餐廳每次遇到新菜上市或任何促銷活動，都
　　可立即將圖文上傳到網站上讓網友瀏覽，同時搭配自動發信軟體，
　　將活動訊息傳送給有訂閱電子報的顧客。而網站也可以配合促銷活
　　動的展開，啟動自動跳出視窗或是跑馬燈的功能，提供瀏覽網友的
　　點擊率。

■專業美食網站

　　專業美食網站在網路世界的平台已有相當久的歷史。這些專業的美
食網站多半會將加入的餐廳做各種不同形式的分類，方便網友搜尋，例如
依料理分類、地區分類、消費金額分類……。網站裡除了有基本的餐廳
資訊介紹，提供適當篇幅的圖文空間之外，也可以和餐廳官方網站做連
結，讓有興趣的網友能點擊得到餐廳更詳細的資訊。此外，美食網站多半

還有以下功能：

1. 網友評比功能：讓有實際前往餐廳消費經驗的網友，留下對餐廳的評語。餐廳如果能夠確保口味及服務的一致性，並且讓消費者覺得物超所值，多半會因良好的評語讓餐廳生意大幅成長，反之則可能導致餐廳經營每況愈下，甚至歇業。這個評比功能可說是餐廳業者對美食網站又愛又怕的主要原因之一。（可參考愛評網：http://www.ipeen.com.tw/reputation/）

2. 列印優惠券：美食網站為吸引更多網友前往瀏覽，在答應為餐廳刊登訊息時，多半會為網友爭取優惠，讓網友可以自行在美食網站中下載列印。（可參考芝麻開門優惠網：https://www.facebook.com/calldoorfans?fref=ts）

3. 網路訂位功能：這可說是目前美食網站提供給網友的最新功能之一。透過事前與餐廳的協定及簽約，讓網友可以直接透過美食網站向餐廳訂位，並且取得某種程度的優惠，餐廳則必須支付給美食網站服務費用。（可參考EZTABLE易訂網；http://www.eztable.com/）

二、媒體往來

媒體業務對多數的小餐廳來講是甚少去經營或是根本完全不碰，除了偶爾因為美食雜誌或節目的採訪報導之外，根本不會有機會上媒體。預算是個問題，專人（公關人員或新聞聯絡人）負責也是有預算和編制的考量，不是一般小餐廳所能夠負荷的。飯店或大型的連鎖餐廳，每每有機會可以上媒體宣傳最新的活動訊息，除了有預算之外，更多是因為長期培養和媒體的良好關係，以及本身品牌知名度的效應。不過小餐廳也不是完全沒有機會和媒體打交道。首先，可以把媒體的定義做重新的省思，有全國性的報章雜誌或電視台報導固然是好事，卻可遇不可求，不妨先把媒體重心放在較屬於地區性的，或是大量報導餐飲訊息的媒體，若想爭取免費報導或是想付費刊登廣告都比較有可行性。

圖4-21　信用卡聯名卡的優惠促銷範例

另外，不妨透過其他的異業結合提升曝光度。例如和專業的酒商合作推出葡萄酒晚宴（Wine Dinner），可利用酒商的廣告，或是酒商寄發活動訊息給其資料庫裡的顧客，來提升餐廳的知名度，或是利用信用卡的優惠活動，藉由銀行的活動廣告來提升餐廳知名度。（如圖4-21）

餐廳經營者或是主廚可以利用自身的人脈，或是曾經接受過媒體的訪問報導，來得到媒體記者的名片及連絡方式。建議善加維護和對方的互動關係，定期或不定期的邀約用餐敘舊，除向記者說明最新的菜單內容及活動訊息之外，也可以利用閒聊的方式，從媒體記者口中知道同業的活動訊息和最新的餐飲趨勢，即使事後沒能即時有免費的報導，但日子久了總會有在媒體曝光的機會。

三、新聞稿撰寫

新聞稿撰寫是每個餐廳經營者或管理者必須的工作內容之一。當餐廳自行發想出具有創意的活動時，就可以透過新聞稿發送給媒體。內容除了破題性的讓收到新聞稿的媒體立刻瞭解活動主體之外，也必須詳細寫明相關的典故方案、活動內容或菜單內容、價格，以及最重要的是餐廳的基本資料，如店名、地址電話及網站，還有發出新聞稿的署名，也就是新聞聯絡人，讓對活動有其他問題或想做進一步深度採訪的媒體，能夠知道餐廳的聯絡人是誰（如圖4-22）。

〔新聞稿〕

璀璨倒數‧炫麗煙火，近在咫呎
勞瑞斯與您一同迎接 2013

還在煩惱觀賞跨年煙火的絕佳場地嗎？
勞瑞斯餐廳為您準備了優質的用餐環境及最佳觀賞煙火的場地，讓您不用
人擠人，並且可以輕鬆地喝著香檳與好友一同迎接光輝2013 年的到來！
準備好享受勞瑞斯為您精心所安排的一切嗎？
這將會是您從未體驗過的貴賓禮遇，勞瑞斯餐廳與您一起倒數迎接
2013，近距離觀賞台北 101 煙火！

尊榮待遇
當晚所有用餐的貴賓均可在 23:00 經查驗後進入克緹大樓前萬坪廣場
尊榮 1. 享受寬廣空間，近距離欣賞台北 101 不用人擠人
尊榮 2. 免費獲得暖暖包、並提供戶外暖爐取暖
尊榮 3. 免費享用一杯香檳氣泡酒或約翰走路 12 年威士忌或伯爵熱茶等飲品
尊榮 4. 免費獲得專業攝影為您拍照，並與台北 101 煙火背景照片合成輸出
　　　 6x9" 後裝框，寄到府上作為留念

尊榮 5. 2014 跨年用餐享有優先訂位權！

專屬待遇，在松仁路 105 號克緹大樓前萬坪廣場欣賞迎接 2013 台北 101 煙火秀！

供餐時間:
勞瑞斯跨年倒數星光餐
Dec.31 17:30pm~20:30pm

2013 迎新宵夜餐（首場迎新宵夜餐）
Jan.1, 2013 00:30~02:30

Tony /行銷業務經理 Marketing and Sales Manager
勞瑞斯牛肋排餐廳 Lawry's The Prime Rib Taipei
台北市信義區松仁路105號B1 (全豐盛105大樓)
TEL.02-2729-8555 FAX.02-2729-2766
www.lawrys.com.tw
tony@lawrys.com.tw

圖4-22　跨年星光餐與迎新餐之新聞稿撰寫範例

資料來源：勞瑞斯牛肋排餐廳提供。

　　對於一般常見的節日菜單，如母親節、情人節、除夕圍爐等，可以用更簡單的方式將菜單內容價格及相關訊息，以條列或是表格的方式簡潔清楚的呈現並提供給媒體。因為這種大型的節日每家餐廳都會有相同主題的套餐，媒體在報導時，為了平衡報導或是方便讀者閱讀，習慣以列表的方式將多家餐廳的餐點內容及價格一起呈現。此時，新聞稿上多餘的文字，只會讓媒體無暇閱讀，甚至抓不到重點，簡易的條列或表格反而有助媒體輕鬆掌握訊息內容，更能得到媒體的青睞而刊登。當然，最重要的餐廳基本資料及新聞聯絡人的資訊等，也要一併附在新聞稿裡才不失專業。

四、場地租借

　　對於裝潢具有主題及特色的餐廳而言，有人上門拜訪尋求場地租借是常有的事情。這通常發生於電視電影劇組人員拍戲取景用，或是新人拍攝婚紗借用餐廳取景。建議餐廳業者及主管在不過度妨礙餐廳營運的前提下，不妨大方出借或酌收場租及餐點費用，一來可以增加人氣，二來這些影劇將來播出時也多半會在節目結束時打上餐廳店名作為感謝，藉此可以增加餐廳的知名度。有些偶像劇播出後，甚至會因此招來大批粉絲前來用餐朝聖，對於餐飲業績也不無小補。2008年度最熱門的國片《海角七號》就是個非常好的例子。片中除了主要的場景，墾丁夏都沙灘酒店深受影迷喜好前往入住之外，整個恆春半島周邊多處場景、民宅、餐廳，也都成了追星族前往的地標。

第六節　廣告策略

一、有線電視託播廣告

　　對於廣告預算有限的餐廳而言，附近社區的有線電視業者，無論是有線頻道的廣告插播，或是在每月、每季寄給第四台訂戶的節目冊裡，做廣告刊登是可行性的廣告策略之一。廣告託播業主（餐廳）可以選擇對餐廳較具潛在消費力的族群偏好的頻道，並且篩選合適的時段做廣告託播。

　　廣告內容中除非有特別的優惠促銷活動刺激買氣，否則一般的品牌形象廣告對於業績的直接幫助並不容易檢視。餐廳業者如果選擇做品牌形象廣告，則必須做定期且長期的廣告託播，以確保餐廳周邊區域收視戶都能認識餐廳，並且在未來成為實際的消費者，而不能奢望廣告立即帶動業績成長。

二、小型廣告媒體

　　餐廳附近的學校校刊或社團刊物多少會有尋找廣告贊助商的機會，值得一試。這類媒體固然發行量小、地域性也小，但是對於有地緣關係的一般餐飲業者來說，讀者正好就是有地緣關係的潛在消費者。另外，社區型巴士的車廂內部廣告或車體廣告，也是個不錯的廣告媒介。小餐廳如果礙於現金預算的考量，建議不妨和這些廣告商或是地區性媒體做廣告交換，提供餐點或餐券來取代以現金支付相關的廣告費用。

　　街頭發送傳單或是廣告面紙，也是小規模餐廳可以考慮的廣告媒介。一來經費預算較能支應；二來在餐廳周邊街頭發放廣告傳單或面紙包，通常較能遇上具地緣關係的消費者。如果能在傳單上製作優惠截角則更能發揮效用，且容易去追蹤、評估廣告傳單的效益；面紙包是過往行人

圖4-23　伯朗咖啡門口優惠活動的
　　　　人形立牌

圖4-24　店頭活動以氣球拱門做視
　　　　覺強化

普遍願意收下的廣告物，故可以在塑膠包裝外印刷優惠訊息，或是在面紙包內部附上優惠券，作為廣告效益的檢視。

　　最後，餐廳店頭的廣告也是選項之一。例如在餐廳門口張貼海報、懸掛布幔、樹立廣告樹旗或人形立牌（如**圖**4-23），甚至在特定的節日，例如餐廳的周年慶或是有大型的優惠活動時，也可以考慮搭設氣球橋（如**圖**4-24）或充氣拱門等設施，吸引過往行人車輛的注目。

註　釋

❶ 邵怡華（2009/03/19）。《大紀元》報導，。

❷ 簡至豪、廖芳潔（2009/05/28）。「您姓什麼？潛艇業者『買一送一』噱頭」，TVBS。

Chapter 5

餐飲與數位科技的結合

本章綱要

1. 是科技撩了餐飲？還是餐飲去撩了科技？
2. 關鍵技術成就了餐飲導入科技數位運用
3. SoLoMo概念成就了網路數位行銷的核心能力
4. 網路科技技術的其他應用
5. 美食主題移動設備運用軟體與美食評價網站

本章重點

1. 陳述數位科技影響了消費者對於用餐的選擇，也改變了消費用餐的行為
2. 瞭解關鍵技術如何將餐飲導入科技數位運用，有哪些科技改變了餐飲業生態
3. 瞭解什麼是SoLoMo，及其如何成為行動數據行銷的核心觀念
4. 瞭解網路科技技術之於餐飲業者的應用有哪些
5. 瞭解移動設備運用軟體（Mobile Application, App）與認識美食評價網站

第一節　是科技撩了餐飲？還是餐飲去撩了科技？

　　曾幾何時，在我們的日常生活中數位行銷開始侵入了我們的日常生活周邊，舉凡手機、平板、電腦點閱新聞、收發郵件、以通訊軟體溝通、下載App、看影音追劇、打Game，過程中無不被各種產品廣告遮蔽畫面。甚至在下載App或影音時必須被迫在一長串我們從未閱讀的複雜繁瑣條款底下的「我同意」做打勾，把自己的個資出賣給廠商做日後行銷的名單，接續而來的是數不盡的廣告郵件或畫面推播。然而，在我們覺得困擾不堪的同時，其實我們也在無形中嘗遍了各種數位科技帶來的好處。像是在手機上搜尋某個診所，很快進入畫面的有地址、電話、營業時間、路線甚至導航。當我們搜尋某家餐廳時，除了地址、電話、營業時間、路線導航、甚至多了數百則的評論來供您參考過去前往消費的網友評價，最後還可以順勢進入「立刻訂位」，然後自然被導引到無論是開放式的訂位平台或是封閉式的訂位頁面，完成了訂位之後，又順勢地被導入預付訂金或線上刷卡享受優惠的行銷手法，避免訂位取消造成餐廳營業損失，在提高消費者權益的同時也因為提前刷卡付訂而享有用餐優惠，算是個雙贏的局面。

　　這些改變早已經漸漸進入到大家的消費行為中，成了無聲的革命。二十年前真的很難想像能有今天這般的局面。畢竟自動化、機械化、無人化在早期人們的印象中，不外乎是自動化生產，既能快速生展而且質量穩定，省卻大量勞工的高成本、低效率及高食安風險的困擾。而在餐廳這端的場景，自動化或機械化在早期也僅止於始自廚房的部分烹調設備，像是落地型攪拌機或自動切片機透過穩定力道、轉速或刻度來重複製造各項餐點所需的食材；在外場則是始自於點餐POS系統來進行帳務計算，餐點接單在內外場間的傳輸列印與銷售各項報表的製作，或是搭配電腦及網路進行資料傳輸、雲端備份、大數據累積進而計算統計等功能。

第二節　關鍵技術成就了餐飲導入科技數位運用

近十年來餐飲業與科技間產生了緊密聯繫，尤其在行銷、大數據、網路傳播，甚至在餐飲服務上都有了長足的進步，直接影響消費者的用餐選擇，也改變了消費用餐的行為。然而究竟是哪些科技改變了餐飲業生態？

一、網際網路

這項無遠弗屆的科技技術，讓人類這三十年來的改變超越過去五千年，因為網際網路克服了城鄉、貧富的差距，也避免了知識的不對稱，使知識的傳播快捷又廣泛。

二、Wi-Fi無線傳輸

Wi-Fi（如圖5-1）這項無線傳輸雖然短距離，但是穩定方便。對於各項設備間的資料傳輸省卻了網路線的建置，避免了已經裝潢好的商業空間又得做改裝的困擾，省錢、省事安裝快速，且方便使用。Wi-Fi除了是餐廳內部管理系統的傳輸依靠外，更是消費者除了餐飲之外最受歡迎的免費服務之一。多數的餐廳或咖啡廳都會免費提供Wi-Fi給客人使用，滿足沒有購

圖5-1　Wi-Fi

買吃到飽行動數據方案的學生族群，或平板及筆記型電腦使用者的上網需求。餐飲業者如此慷慨不外乎也是希望客人能夠多拍照，打卡上傳社群媒體，藉以打開餐廳的知名度。

三、藍芽無線傳輸

藍芽（如**圖5-2**）同樣是屬於短距離的無線傳輸通訊協定，也同樣穩定方便。讓使用者除了WiFi之外又多了一個無線傳輸的選擇。有些餐廳會為前來慶生用餐的客人拍照留念，餐廳使用手機為客人拍照以藍芽傳輸到餐廳設置的相片印表機進行列印後贈送給客人，是個相當貼心的舉動。早年的餐廳則是利用拍立得照片，但是成本高昂且拍攝畫質效果有限。現在有了藍芽傳輸印相機，既快速、方便又能省去記憶卡不斷插拔所造成的損壞。

圖5-2　藍芽

四、IR紅外線監視設備

IR紅外線（如**圖5-3**）可在軍事、工業、科學及醫學上廣泛運用，還可以在不被查覺的情形下觀察人或動物。IR紅外線常用於採用動作偵測啟動的監視設備，以減少耗電和大量記憶體的困擾，可以在只有偵測到人或動物行進移動時才啟動錄影功能。多數的餐飲店家也都會為了雙方的權益或防盜需求安裝監視設備，並且在夜間進行動態偵測錄

圖5-3　IR紅外線

影、錄音，然後利用無線傳輸和手機內下載的App，隨時隨地透過手機同步監看。此外，對於大型空間如百貨公司、賣場、體育館等人潮密集的場所為了有效控管人數並維護室內空氣品質，多半會做人流管制，在場地的出入口加裝紅外線攝影機，透過對人體的感應做人數計算的技術，也被普遍廣泛的使用。

五、RFID無線射頻辨識

RFID無線射頻辨識（Radio Frequency Identification, RFID）（如**圖5-4**）是一種無線通訊技術，可以通過無線電訊號識別特定目標並讀寫相關數據，而無需識別系統與特定目標之間建立機械或者光學接觸。這麼一長串看似複雜的話語其實簡單的說就是具有綁定身分的無線感測辨識，像是感應信用卡、有綁定身分的感應悠遊卡，或是門禁卡都屬於這種技術。

圖5-4　RFID無線射頻辨識器

六、智慧型手機

智慧型手機大概是所有人最熟悉不過的行動通訊設備了。有了智慧型手機就有了內建的WiFi和藍芽通訊協定。透過下載Line Pay App或是Android Pay、Apple Pay（如**圖5-5**），甚至國內自行開發的Taiwan Pay、Pi錢包等支付應用程式，再綁訂約定好的信用卡資料後，就可以在各大賣場零售通路使用無線行動支付，成了方便快速安全的支付工具。

此外，智慧型手機除了WiFi和藍芽之外，如果有付費電信公司使用行動數據功能，則又可以透過電信公司的基地台進行手機定位，知道自己所在的位置再搭配手機內的Google Map或其他地圖軟體則又成了導航的設備工具。

| (1)Line Pay | (2)Line Pay支付紀錄與Line Points紀錄 |

圖5-5　無線行動支付

七、重力感測器

　　重力感測器（G-Sensor）這項設備被內建在所有的智慧型手機和平板電腦中，讓消費者可以輕鬆的在將直立的手機擺橫時，螢幕畫面雖之轉倒九十度，讓使用者更方便觀看較大的畫面，特別是在追劇或是打電玩時，使用者幾乎都是將手機打橫使用。這項功能憑藉的就是內建的重力感應器能夠感應手機現在的擺放狀態，進而啟動畫面跟隨。近幾年，重力感應器也被廠商包裝成供餐廳客人使用的服務需求工具，客人可以隨時將餐桌上的小方塊擺成特定的角度，讓重力感應器把所感受到的訊息傳輸到餐飲服務人員手腕上的智慧手環，服務人員可立即讀取手環上的訊息，得知哪個桌號的客人需要什麼樣的餐飲服務，有效提高服務效率。

【延伸閱讀】太神！Noodoe積木打造餐飲翻桌神器

　　小小積木方塊成為餐飲業翻桌神器！宏達電前行銷長王景弘成立的拓連科技Noodoe，繼先前智慧錶後，將以物聯網裝置「服務方塊」挺進餐飲業，只要讓積木翻個面，訊息透過藍牙、透過語音傳輸給服務生對講機，立即到桌服務，點菜、打包、倒水輕鬆搞定。最好的是，服務方塊還有防偷竊功能，連保全費都可省一點！

　　別小看這個3×5見方的長方形小積木，它具備藍牙傳輸、微處理器（MCU）、加速感應器等功能，王景弘稱之為「服務方塊」。這是他的設計魔法體驗（Designed Magic Experience），只要將積木上所代表的服務，像是茶水、打包、整理、叫人等翻面到桌上，就不用再大聲呼喊服務生（如圖5-6）。王景弘認為，「讓客人少等一下，用餐經驗服務會更為提升」，「因為讓客戶等待的那千分之一秒，就是你與競爭對手的差距」，是不少餐飲業者拉開與競爭對手的考量點。

(1)服務方塊在餐桌上的示意畫面　　(2)服務方塊內置重力感應器　　(3)服務方塊會將訊號傳輸至服務人員的智慧手環

圖5-6　Noodoe開發的「積木型服務方塊」

資料來源：檢索自蘋果即時新聞網。

　　王景弘說明，目前已經有許多服務業者表示有高度興趣採用，包含五星級飯店、連鎖餐廳、高檔餐廳，橫跨中、西、日式餐飲服務性質。預估年底有一百家以上會採用。王景弘透露，這項設計從硬體打造到系統平台，都出自Noodoe之手，在「看到Apple Watch推出後，你如果還陷在Android陣營中，你很快就會被打死。」Noodoe平台是一個整體的概念，

結合先前發表的智慧錶，加上布局十八個月的整體策略，未來將會有更大的躍進。

　　「服務方塊」由Noodoe開發，每套方案售價依照不同的營運規模大小進行調整，餐廳營運規模可達四十至五十桌不成問題，從服務方塊到系統建置，整體收費約五、六位數以上。平均每桌次費用數千元以上，範圍很廣，也會提供客製化給業主。

　　王景弘的視野不侷限在臺灣，也不僅限於餐飲業，「不應該為物聯網IoT而IoT，像是計步器或睡眠偵測器都太刻意，真正的物聯網設計應該是不用反而會賠錢」，因此他鎖定全球各大都市餐飲名店，也透露會在零售和旅遊上有更多新穎的設計應用。

　　相關影片欣賞可掃描QR Code瀏覽YouTube影片，見**圖5-7**。

圖5-7　「積木型服務方塊」示範影片QR Code
資料來源：陳俐妏（2015/08/24）。蘋果即時新聞網，太神！Noodoe積木打造餐飲翻桌神器。https://tw.appledaily.com/new/realtime/20150824/676946/。

八、管理程式

　　有了行動通訊載具（通常是手機或平板）和其內建的各項傳輸技術之後，再搭配上電信公司的行動數據服務，接下來需要的就是管理軟體了，也就是我們常說的App行動應用程式（Mobile Application）做搭配使用了。這些App在旅遊界可以是Trivago、Booking.com、Agoda，在餐飲業可以是EZTABLE、Tripadvisor（貓途鷹）、愛食記、食在方便、Uber Eats……。

　　有了App程式才算完成了最後一哩路，因為透過App啟動手機的衛星

定位可以規劃路線導航、綁定信用卡支付、以Google帳號或臉書帳號登入又綁定了使用者的身分,得知了Gmail、訂位自動匯入Google行事曆……。App有效的串連了手機內建的各項傳輸設備、搭配行動數據和支付,甚至影音後,等於彙整了資訊流(定位、Email帳號、行事曆、影音)和金流(網路銀行、信用卡綁定行動支付),成功讓管理程式整合了所有資訊之後,進而創造了行銷的無限可能(如**圖**5-8)。

圖5-8　**透過行動應用程式串流資訊誘發消費**

第三節　SoLoMo概念成就了網路數位行銷的核心能力

SoLoMo是三種概念混合的產物,即Social(社交的)、Local(本地的)、Mobile(移動的),連起來就是SoLoMo,簡略的說就是「社交本地移動」,即社交＋本地化＋移動,它代表著未來互聯網發展的趨勢(如**圖**5-9)。

SOcial 社交、社群

LOcate 定位

MObile 行動裝置

圖5-9　**SoLoMo行動數據行銷的核心觀念**

　　2011年2月，IT風險投資人約翰‧杜爾（John Doerr）首度提出了這個概念"SoLoMo"。他把最熱的三個關鍵詞整合到了一起，隨後SoLoMo概念風靡全球，被一致認為是互聯網未來的發展趨勢。更早之前，摩根斯坦利的分析師瑪麗‧米克（Mary Meeker）就預言，移動互聯網將於五年內超過桌面互聯網。人們用移動設備鍵結互聯網的時間將顯著上升，也就是說"LBS"（Location Based Service，即基於用戶當時位置）的服務也將會呈蒸蒸日上之勢。

　　簡而言之，用現今的日常生活行為來解釋，就是消費者透過手機或平板（Mobile）瀏覽各大美食網站、餐飲官網、餐廳臉書社群粉絲團（Social）來挑選餐廳，前往消費。在搜索時消費者有可能利用手機（Mobile）的定位和導航功能找到餐廳（Local），在進到餐廳後，拿起手機或平板電腦（Mobile）進入社群網站（Social），進行打卡拍照上傳（Locate），後出示給服務人員，藉以獲得店家所提供的優惠或免費餐點，而幾分鐘後又因為臉書上的朋友看到了消費者塗鴉牆上的打卡或美食照片，回應朋友間的社群互動（Social）。整個從消費前到消費中甚至消費後，所有的行為模式似乎不斷地在「So」、「Lo」、「Mo」當中重複交替出現，SoLoMo也就成為了行動數據行銷的核心觀念（如**表5-1**）。

表5-1　SoLoMo功能與工具說明表

SoLoMo		
Social	Location	Mobile
社群	地點、地標	智慧型行動上網裝置
常見工具／功能		
消費者個人臉書、Twitter	向Google Map登記地標	上網進入社群網站發表及回應
餐廳設立官方粉絲團	利用Google企業服務做店家環景攝影	拍照
餐廳設立行動裝置應用程式（App）	餐廳設置官方地標	打卡
餐廳建置QR Code方便消費者掃描瀏覽	餐廳在其他地點舉辦活動，建立臨時活動專用地標	導航
餐廳加入線上訂位平台		進行QR Code掃描
餐廳積極參與各家美食網站或評比網站		利用手機行動付費工具進行消費

　　而業者的腦筋更是動得快，為了強化自身的知名度吸引消費者上門，設計了各種規則來鼓勵消費者和店家，更鼓勵消費者在其所有的人際圈中作互動，以提升消費動機（來客量增加）、消費忠誠度（消費頻率提高），甚至拉高每次的消費金額（帳單價格提高）。業者採取的手段除了透過這些行動裝置、社群軟體本身的功能之外，適度的投資開發手機應用軟體（App）和社群網站上的各類外掛程式更是不可缺少。

第四節　網路科技技術的其他應用

一、臉書粉絲團

　　臉書（Facebook）大約自2008年起在臺灣開始風行。初期以個人社群功能為主，隨後則被大多數的餐飲企業所採用，尤其是在經營粉絲團這方面的功能上，各家餐廳可說是無不卯足全勁，想盡一切辦法衝高粉絲數量及打卡數量，並且在粉絲團裡不斷上傳餐點照片與優惠活動訊息，以刺激粉絲前來消費。綜觀來說，粉絲團對餐廳的行銷有下面幾項主要優點：

(一)話題多元且能引起共鳴

　　臉書粉絲團與官網不同的是，餐廳的臉書粉絲團除了也能辦到官網既有的所有功能，如「關於我們」、「菜單」、「最新活動訊息」、「基本資料地址電話」、「聯絡我們」等功能之外，餐廳業者同樣能在臉書粉絲團上附掛網路訂位的連結，讓粉絲團百分百擁有官網的功能，甚至提供更多額外的功能，超越了傳統官網給人死板的印象，如**圖5-10**的「勞瑞斯牛肋排餐廳粉絲團」頁面，就可以看得到粉絲數量、或是季節性的最新活動訊息（如情人節）、地圖、**3D**餐廳實景、線上訂位的地址、電話、基本資料、粉絲評價等。

　　粉絲團可以是以一個朋友的角度在和粉絲交朋友，粉絲團管理人甚

圖5-10　勞瑞斯牛肋排餐廳臉書粉絲團

至可以自稱「小編」，或是為自己取一個綽號來拉近與粉絲的距離。話題則比較建議是多元並且輕鬆的，逢年過節時記得給予問候，天冷、下雨或颱風時給予提醒叮嚀，或是po上即時性的社會上發生的任何溫馨小故事的分享等等，這些都可以是粉絲團上被提及的話題（如圖5-11）。這些話題可以輕鬆多元，因為臉書粉絲團比起官網要來得有趣又不失態。但要把握住的原則是話題不要涉及敏感性或具社會爭議性的議題，例如同性戀、政治、宗教等此類話題避免在粉絲團中提及，以免兩派粉絲在粉絲團上產生爭議，徒增餐廳困擾。

圖5-11　勞瑞斯牛肋排餐廳臉書粉絲團

(二)即時性快，能見度高

　　臉書粉絲團最大的好處就是免費而且及時，但前提是要能先讓消費者在餐廳粉絲團按讚。多數的臉書使用者慢則一天，多則幾乎每幾分鐘就會瀏覽臉書一次，粉絲管理者只要上傳任何一個新貼文都能很即時的被粉絲所看見。這能有效的避免傳統電子郵件被郵件伺服器灌入垃圾信箱的窘境。再者，根據新聞報導，臺灣人愛使用臉書上傳照片和打卡的意願、次數在全世界是出了名的瘋狂，這對具有競爭力的優質餐廳絕對有加分的效果❶：

> 臺灣人超級愛拍照，幾乎是人手一機，走到哪，拍到哪，還不忘要上傳網路分享。知名相簿分享平台統計公布全球最愛拍照標籤的前十大國家，臺灣人口雖然只有兩千三百多萬，但排名還在大陸和印度前面，位居全球第八。
>
> 不管是松露義大利麵還是香煎牛排，美食上桌沒有人拿起餐具，都是先急著拍照上傳分享，臺灣人愛拍照，幾乎是人手一機，走到哪，就拍到哪，知名相簿分享平台統計，臺灣有52%的人口，愛拍照並會用網路分享，而調查最愛拍照標籤的國家，前三名是日本、美國及法國，臺灣則是排名全球第八，僅次於義大利、英國、德國及澳洲，人口眾多的大陸與印度，還排在臺灣後頭。
>
> 幾個大學畢業生，穿著學士服跑到武嶺，在要踏入人生新領域之際，留下特別回憶，先前美國旅遊網站也統計公布過，全世界最受歡迎的五十個臉書打卡地點，臺灣的桃園機場和臺北車站擠進十八和四十八名，其中桃園機場還有超過七十萬的打卡紀錄，可以看得出來臺灣人真的很愛打卡。❷

　　試想，客人來到餐廳用餐時對於餐廳的裝潢氛圍和精緻餐點拍照上傳後，可能立即得到該名顧客臉書朋友群的按讚、回應甚至分享，這些都是典型的口碑式行銷。只要餐廳的氛圍、餐點、服務品質都能到位，客人

就是餐廳的最佳代言人，但是如果餐點品質差、環境髒污、服務傲慢，自然也會壞事傳千里，毀了餐廳的聲譽和業績。

(三)外掛程式提升互動性

　　粉絲團的另一個重要功能，是官方網站不能比擬的「互動性」。除了一般貼文引來粉絲的回應之外，各種免費或付費的外掛程式更是將與粉絲的互動加以提升，可說是建立粉絲對餐廳高忠誠度的重要工具。目前常見的外掛程式有上傳照片、領取優惠通知及票選的功能。

■上傳照片

　　臉書粉絲團提供外掛程式讓粉絲上傳照片，進而吸引親朋好友及其他粉絲朋友的投票，幫助上傳者贏得餐廳所提供的獎項。這是一個借力使力的策略，讓上傳者幫助餐廳帶來更多的粉絲。親朋好友在投票的同時，自然也就成了餐廳的新粉絲，是一個很典型的顧客資料挖掘方法（Data Mining）。照片上傳的臉書外掛程式有付費版及免費版，主要在於功能的完整性，粉絲團管理者可以多加研究，頗值得一試（如圖5-12勞瑞斯牛肋排餐廳舉辦的粉絲照片上傳投票活動）。

圖5-12　粉絲團照片票選活動

■ 領取優惠

　　臉書粉絲團上加掛領取優惠功能的界面，在亞洲始自於新加坡，在臺灣也有星巴克咖啡、君悅飯店、肯德基、勞瑞斯牛肋排餐廳、臺北威斯汀六福皇宮飯店使用過這項外掛程式。活動方式是在特定的時段於臉書粉絲團上提供領取優惠的訊息（如圖5-13），粉絲只要點選領取優惠的連結，隨即會在其個人信箱收到來自臉書粉絲團所寄出的優惠通知（如圖5-14）。粉絲們可以直接帶著手機、行動裝置，或是列印優惠通知，就可

圖5-13　臺北威斯汀六福皇宮飯店與臺北君悅酒店粉絲團優惠訊息活動

圖5-14　從粉絲的個人信箱所收到的優惠通知信函

以到餐廳依照規定辦法，得到專屬的優惠。

■ 票選活動

　　粉絲團的另一個重要的外掛程式是票選活動。這個投票功能很多時候會被用在餐廳籌備行銷活動，或為了幫菜品、飲料取名，或為了一句行銷宣傳標語遲遲無法做出決定時。通常多數餐廳會直接把這個頭痛問題交給粉絲來投票表決，讓粉絲參與餐廳經營的過程，提升過程中的趣味性。當然，餐廳也必須提供適度的獎項或優惠給所有參與的粉絲（如圖5-15）。

(四)畫面生動活潑，影音皆可上傳

　　臉書粉絲團除了相片也提供影片上傳的功能，傳統的官網上如果要和消費者分享影片必須先將欲分享的影片上傳到YouTube之後，再把YouTube的連結掛在網站上。而臉書粉絲團則可以直接將影片上傳讓管理者更有效率！

(五)後台數據精確詳細

　　傳統在官網可以附掛一個計數器，只能隨時看到有多少人次曾經瀏

圖5-15　夏日調酒和餐廳形象宣傳標語票選活動

覽過官網，但是對於官網的哪一個頁面被瀏覽則無從得知。但是在粉絲團的後台，則對於每一篇貼文都能有鉅細靡遺的分析報告，舉凡觸及率、觸及人數、互動率、回應筆數、按讚變化分析等等，都能讓管理者從中學到更有效率的貼文時間和粉絲喜好（如**圖**5-16）。

圖5-16 粉絲團的各種洞察報告數據

(六)廣告預算便宜

　　相較於傳統廣告媒體如報紙雜誌動輒數萬元起跳，臉書上的廣告顯然便宜很多。更重要的是刊登在報紙、雜誌等傳統媒體，沒有人有辦法得知該則廣告實際被看見的數據。而在臉書上做廣告的最大好處是不但便宜，而且還可用已被看到、被觸及來計費，餐廳的每一分錢可說都花得實在。再者，瀏覽者看到了廣告，因為喜歡而按讚，餐廳將多了一筆顧客資料，作為日後的宣傳和互動對象。

　　臉書廣告的另一個好處是它會判別臉書使用者的使用喜好，把對的廣告放在對的人的螢幕畫面上。以一個臉書使用者來說，如果他對美食有所偏好，按讚的內容也多半和美食或餐廳有關，則他會常常看到的餐廳或美食的廣告。換句話說，廣告會自動選擇高度的潛在消費者來做宣傳。

　　廣告預算的確實掌握也是臉書廣告的一個重要優點。餐廳可以在後台決定登入廣告時也同時選擇欲花費的廣告預算，假設設定為二千元，則隨著被觸及點閱的人數愈多，這二千元預算也才逐筆開始被扣款，二千元扣

完之後廣告自動結束，不會有超支預算的疑慮，預算用完也可隨時再增加預算重新刊登廣告。

二、Instagram強大的拍照與修圖功能

近二、三年來，Instagram成了一股完全無法忽視的社群軟體，強大的拍照和情境模式修圖功能、限時動態都是受到年輕人歡迎的主因（如圖5-17）。當然，加上名人偶像的使用加持，更加速催化了年輕人對Instagram的熱情。它比臉書更具時尚、年輕感，更富文青性格（如圖5-18）。Instagram對年輕人來說是一種社群認同，既可公開也可私密，同樣和臉書擁有私訊功能。對於企業來說，Instagram雖然不能小覷其行銷力道，但臉書上所具有的一些行銷所及的功能，在Instagram裡並不具備，例如在廣告上並無法外掛程式，也無法如臉書般能讓網友在回應裡做更多的行銷使用，像是抽獎；而且在同一個頁面裡除非設定成分割畫面以合併多

圖5-17 各式趣味餐點或人物照片爭取年輕人的好感

圖5-18 適度在文字串中穿插使用表情符號或圖案增添年輕感

張照片，否則使用者如果不左右挪移，是無法看到完整的其他照片，甚是可惜（如**圖**5-19）。

Instagram在「#地標、#人名」，或各項名稱的功能甚是強大，透過適當的「#關鍵字詞」，能讓自己的po文獲得來自世界各地使用者的關注，對發文者來說也是一種成就感的滿足（如**圖**5-20）。但不可諱言的，當多數五、六十歲長者擅長使用臉書後，年輕一輩或是為了逃避長輩的關注，又或是覺得和長者使用同一社群軟體而有負面感受的原因，Instagram成了他們在同齡間社群的好選擇。企業為了能在Instagram裡和年輕人有正面的互動，以爭取對品牌的關注和喜好。即使在同一個宣傳主題下，在照片的運用上或文字的筆法上也會和臉書有所區隔，算是運用不同手法經營不同的市場（如**圖**5-20）。

圖5-19　多張照片有賴使用者左右滑動

圖5-20　文字結束後加上合適的「#關鍵字詞」增加點閱曝光率

三、網路訂位

　　網路訂位是近年來餐飲消費者向餐廳訂位的全新管道，也快速地在風行成長。國內目前有幾家專業的訂位系統平台，供餐廳選擇配合。網路訂位的特性如後。

(一)突破時間限制

　　傳統的訂位方式多半以電話為主，過了餐廳營業時間就沒人接聽電話，無法隨時訂位。有時候人在國外想預定返國後用餐的餐廳，又因為時差限制造成困擾。有了網路訂位，只要有網際網路隨時可以不受時間限制完成訂位手續。

(二)突破地域限制

　　如上所述，消費者可能因為在外地甚至國外，不願意以越洋電話打電話到餐廳訂位，選擇網際網路線上訂位完全不會有額外費用產生。

(三)流程快速，錯誤機率少

　　專業的線上訂位系統多半在流程上設計相當精良，讓使用者快速找到餐廳，點選日期時間、輸入姓名、電話、電子郵件等基本通訊資料，便快速完成訂位。而且可以在系統預設的選單裡點選用餐目的或常見的用餐要求（如靠窗、安靜桌位、慶生、指定包廂等等）。

(四)餐前提醒

　　常常有消費者訂位之後卻在用餐當天因為行程繁忙而遺忘，透過線上訂位系統最大的好處是可以在用餐前，由系統業者以簡訊或電子郵件加以提醒，避免消費者爽約，減少餐廳訂位No Show的比率，創造雙贏。

(五)享受優惠

　　線上訂位系統會不定期地和銀行信用卡合作或和餐廳合作，鼓勵消費者在網路上訂位並以特定的信用卡支付餐費，獲取用餐優惠（如圖5-21為EZTABLE線上訂位業者提供會員刷特定信用卡支付餐費得以享有七五折優惠的頁面）。餐廳也會利用線上訂位業者銷售電子餐券，讓消費者在訂位時就直接透過線上刷卡預付餐費，以獲得優惠（如圖5-21）。對消費者來說省了荷包得到優惠，而對餐廳來說預付訂金可以有效減少客人爽約的機率，同時因為客人先前已經預付過餐費，用餐當天心態上會比較放鬆，透過桌邊服務人員的建議性銷售，客人往往會願意再加點其他餐點或飲料。

　　根據統計，預付訂金的客人最後的用餐金額比一般客人高出約10%。換句話說，透過線上訂位並且預付訂金創造了餐廳和消費者的雙贏局面（如圖5-22為筆者接受商業發展研究院針對線上訂位的採訪影片說明[3]）。

圖5-21　EZTABLE線上訂位與折扣優惠

圖5-22　商業發展研究院針對線上訂位趨勢所做的採訪影片

(六)社群功能

　　線上訂位系統的社群功能乃是利用消費者以臉書帳號登入並完成訂位，在其個人的臉書塗鴉牆上出現他透過線上訂位，即將在某家餐廳用餐的消息。如果是聚餐，還可以在訂位時一併標籤訂位者臉書上的朋友，讓同行聚餐的朋友得知訂位已經確認。而用餐者的臉書塗鴉牆很容易帶來其他朋友的回應，形成一個討論區帶動餐廳知名度。這對於一個優質具有競爭力的餐廳有很大的廣告宣傳效果。

(七)網友評價參考

　　餐廳重要的行銷能量來自於消費者的口碑，尤其在網路發達的時代，任何一點讚美或指責都能立即在網路上展現令人驚訝的宣傳能量。這對於優質具競爭力的餐廳而言當然是個很大的助力。線上訂位業者也會在每筆用餐結束後，經由系統發給消費者一個滿意度調查，並且將這些調查數據真實地擺在訂位網站上，讓消費者在選擇餐廳時作為重要的參考。餐廳的管理人員也會同步收到這些滿意度調查，作為改進的參考，並視情況主動與消費者聯繫，表示對消費者的尊重和感謝（如**圖**5-23）。

圖5-23　消費者滿意度線上訂位調查數據

圖5-24　線上訂位系統提供的後台分析數據

(八)建立餐廳資料庫，強化數據分析

　　經由線上訂位系統業者引進的消費者，都會因為實際的消費行為，在餐廳留下個人資料及消費的相關資訊，這些經年累月的資料都能經由系統後台，轉換成有效的分析資訊，讓餐廳經營者在管理上更加得心應手，在行銷策略上也能更精準（如圖5-24）。

(九)迎合趨勢，提升餐廳形象

　　隨著網際網路、雲端科技以及行動裝置的不斷升級，人們對時間和空間的掌握就愈是精確而有效率，人們也就愈來愈習慣透過手機或平板電腦等行動上網裝置，向航空公司訂機票、向青年旅舍訂房間、向醫院預約網路掛號、向臺鐵預訂返鄉車票、向影城預訂電影票並指定座位、向購票系統預訂演唱會門票，同時人們也開始改變行為模式，利用網路在線上訂位平台搜尋餐廳，爬文看評比、觀察每家餐廳得到的評價分數，然後選定餐廳並訂位，甚至一併訂花、訂蛋糕。

　　當消費者習慣不斷改變，餐廳沒有理由坐視不管，應該洞察趨勢、迎合趨勢，讓餐廳得以跟上消費時代的腳步，才能繼續創造利潤進而永續

經營。商人在商言商,將本求利,跟上這些網路科技的脈動,為的只是確保能夠繼續獲利,在臉書或官網掛上線上訂位功能,也是餐廳形象的提升。現在趨勢的發展就已如此,五年或十年後將更有可能成為主流中的主流,餐廳想要預見這些五年、十年後的消費者,現在勢必得急起直追,跟上網路科技腳步才行。

四、封閉式網路訂位軟體Inline

Inline是近幾年新推出的訂位管理軟體,相當熱門。有別於第三點所提及的開放式訂位平台提供成千上百餐廳供消費者選擇的經營模式,Inline屬於一個封閉型的訂位軟體工具。消費者透過餐廳的官網、粉絲團的導引進入訂位系統後,在沒有其他餐廳曝光干擾的情形下,在一個很簡潔的操作環境下,利用短短幾秒鐘完成訂位。當消費者完成訂位後,隨即會在手機簡訊收到訂位確認,便捷且讓消費者感受到安心。

對於一般電話進線的訂位,餐廳的服務人員能夠一邊接聽電話一邊快速的把訂位資料鍵入平板電腦的系統中,讓不論是透過網路或傳統方式的訂位資訊都能集中匯集在系統內。茲針對其特色敘述如下。

(一)電話錄音

當餐廳接到消費者來電提出訂位需求時,服務人員可以立刻透過平板電腦內的系統新增訂位,系統也會透過平板的麥克風收音錄下電話內容。除了有時候資訊混淆可以重複回放聽取錄音內容做資訊確認外,一旦和客人產生溝通誤會時,也可以利用錄音回放與客人做釐清。

(二)簡訊確認

訂位完成後,消費者會立即收到簡訊確認,訊息的內容會將用餐日期與時間做簡短的說明,同時也會附上一串連結,方便消費者做連結,以提前對餐廳的菜單、環境、最新活動訊息等有所瞭解,除了方便更是給消

費者一個安心！

(三)用餐前一日的簡訊再確認

到了用餐前一日，簡訊會再發出。此次簡訊重要的目的是對消費者做提醒，避免遺忘。簡訊內容甚至做了保留訂位和取消訂位的選項確認，增加餐廳對訂位掌控的精準度，以有效掌控桌位，讓商機不消失（如圖5-25、5-26）。

(四)黑名單

餐廳的每一筆訂位客人到達之後，餐廳人員也會在系統中註記到達，讓這筆訂位正式結束，進入系統中存檔。對於沒有按時出現的客人，餐廳人員最終會在系統中以「放鴿子」來將這筆訂位關閉，進入系統中存檔。餐廳可以隨時透過系統查閱有「放鴿子」習性的客人，並且自行

圖5-25　Inline訂位用餐日前再次
　　　　 確認頁面

圖5-26　訂位取消後簡訊畫面

決定要將哪些次數過多的客人移入「黑名單」中。爾後如果客人在進線訂位便會遭受到系統的阻擋，直到餐廳將客人從黑名單中除名才能恢復訂位權利。

(五)名單自動媒合

餐廳透過長時間的使用訂位系統，資料庫內自然會儲存大量的顧客資料。這對餐廳人員爾後在鍵入姓名或電話時，系統都會在第一時間立即啟動，比對媒合功能，直接跳出可能的名單，讓操作者點選帶入，省去完整的資料輸入，操作上更快速方便。

(六)避免重複訂位

透過系統管理設定的功能，餐廳可以自行決定讓同一筆顧客資料在一天內能夠做幾筆訂位，有效降低惡作劇或因重複訂位造成商機損失的風險。但是有時候難免有公司秘書同時幫不同主管在同一家餐廳、同一個餐期做訂位，並且都是以祕書的名字來做訂位，所以合情合理的開放同一個餐期、同一顧客資料的一筆以上訂位有其實際的需求。這個特色是餐廳能自行決定同餐廳、同顧客的訂位組數上限。

(七)商場附加功能

在附加功能方面的特色以新光三越為例，內部所有的餐飲美食專櫃或餐廳全部都經由百貨商場安排，全數導入Inline系統。在繁忙的假日尖峰時段，如果不是早就完成訂位，現場逛街人潮幾乎很難不面對排隊等著用餐的窘境。Inline系統帶來的好處是，透過所有店家統一使用同一套系統，消費者可以以一個相同的姓名、電話，同時在多家餐廳櫃位做排隊等候，然後利用等待的時間在百貨商場內逛街購物。當其中一家登記等候的餐廳有桌位開放時，系統會立即發送簡訊通知客人，要求客人利用簡訊內的功能連結進行「確認前往」或「放棄」。第一種情況是客人選擇「確認前往」，此時在同一時間內，這位客人在系統內登記等待的其他餐廳會由

系統自動代為取消，避免造成其他登記等候餐廳的困擾。第二種情況則是客人決定「放棄」繼續等候其登記排隊的其他餐廳，率先有桌位的餐廳就會把桌位讓給下一組等候的客人，而其他家餐廳則會繼續保留客人登記等候的權利。

(八)顧客關係管理

餐廳採用訂位系統除了無紙化，並且透過內建的錄音、簡訊功能提高訂位資料管理上的效率之外，很重要的就是藉由系統數位化做龐大資料的儲存、處理、篩選、統計等多項功能，讓原本平凡無奇的資料藉由電腦的計算能力轉換為資訊，進而成了管理知識和知識庫。

系統開放餐廳自行設計業者各自所需的快速鍵，讓操作者在第一時間能夠利用快速鍵很快的把訂位資料做完整的建立。餐廳常見的快速鍵像是「VIP」、「九折」、「靠窗需求」、「包廂」、「素食」……，或是各類的特殊用餐習慣。甚至在顧客資料內除了原本訂位就會鍵入的行動電話號碼外，也可以透過人工，後續逐漸增加顧客資料的內容，像是Email、地址、生日……，建立良好的**顧客關係管理**（Customer Relationship Management, CRM）。為日後篩選特定族群客人，做行銷或簡訊發送預做資料庫建立。相關Inline的新聞影片介紹請掃描如**圖5-27**的QR Code。

圖5-27　Inline新聞影片介紹

第五節　美食主題移動設備運用軟體與美食評價網站

在這節我們將一併討論以美食為主題的移動設備運用軟體（Mobile Application，簡稱App）和美食評價網站，這兩個原本看似不大相同的網路行銷工具，也因為SoLoMo的概念而變得界線模糊，索性一起來和讀者

們做分享。

一、移動設備運用軟體與美食評論網站

所謂的「**移動設備運用軟體**」（App）說穿了就是一個可以被付費或免費下載到手機或平板這類行動上網裝置的程式，有些程式設計上僅限蘋果手機或平板專屬的iOS系統下載使用，有些則僅限給Android系統的行動裝置使用；當然，也有更多程式在設計完成後會同時推出給iOS及Android兩個系統的使用者下載。App的共同特性就是貼近行動上網裝置的優勢來開發，例如：

1.程式不大，避免占用過多裝置的內建記憶體。

2.程式設計善用手機具有社群、通話、衛星定位、導航、拍照的功能，讓App更活潑、更實用，功能也極大化。

3.設計使用上簡單活潑。

當然在使用這些App時也會有其缺點，有些App因屬免費下載（Android系統的App多屬免費下載），廠商為了開闢財源以維持運作，會在App裡掛上廣告，造成使用者在使用程式時多少產生困擾，不過多半都尚屬可忍受範圍，畢竟現代人都應該有使用者付費的觀念才是。

以美食App為例，在Android系統的Play商店裡少說有上百個（如**圖**5-28），這些介紹各大美食餐廳的App多半完全免費，因為設計廠商置入的餐廳有些會支付

圖5-28　Android系統Play商店搜尋的美食主題App畫面

廣告費用給App廠商，以提升這家餐廳的能見度或更多完整的功能。例如網友在餐廳消費以手機拍照上傳在這些美食App並且留下評論，固然屬於最真實的消費評論，但是美食照片因手機的照相品質或個人拍照技巧，也會讓餐點的照片差異頗大。美食App可以在餐廳付費後自行提供專業攝影的餐點宣傳照，甚至藉由美食App的採訪員到餐廳進行簡單採訪，寫下較為完整且專業的評論，來吸引更多App使用者的青睞。

使用者有搜尋餐廳的需求時，可以依行政區域、捷運沿線、地圖搜尋、美食主題等，利用各式各樣的條件來搜尋適合的餐廳，便利性十足。社群的功能在美食App裡扮演的角色則是方便使用者瀏覽過去實際前往消費的其他App使用者所留下的意見回饋或評分（通常以星星數量多寡做簡易評等），作為自己是否前往消費的重要參考，從而避免踩到地雷餐廳，而覺得費力、傷財，又破壞了好心情。

選定好要前往消費的餐廳之後，行動裝置畫面上通常可以看到餐廳電話，有的會以電話圖案提醒消費者可以直接點選通話，或消費者可以選擇用傳統行動電話方式撥打，又或者以SKYPE或Line等網路免費電話，直接與餐廳通話進行訂位作業。

手機的全球衛星定位系統（Global Positioning System，以下簡稱GPS）是另一項移動設備運用功能，在App可以多了一個選項，稱之為「我附近的餐廳」。使用者點選後可以啟動GPS定位目前所在的位置，進而設定方圓一百、三百、五百公尺，甚至更遠的距離範圍內，然後開始搜尋範圍內的美食餐廳。接著啟動導航功能，帶領使用者快速地抵達餐廳消費。

到達餐廳當美食上桌後，總不免俗地會扮演低頭族的職責，打卡、拍照、上傳、評論、回覆朋友，最後用完餐後還得在App的評分功能勾選幾個星星……。在這一系列的網路活動中，App同樣因為使用者加入會員而得到會員資料，同時也因為使用者留下評論，讓App裡餐廳的評論更為豐富；另一方面則是因為使用者拍照上傳在個人臉書上，提升了餐廳的知名度等等；這些都是網路力量的表現，也是行銷的重要媒介和廣告宣傳的

重要管道。

　　而美食評論網站，基本上就是電腦版的美食App，但是因為是電腦版所以少了行動裝置裡通話、衛星定位、導航、拍照的重要功能，而成了單純的美食評分網站。換個方式來說，把美食評論網站程式縮小放進行動裝置，搭配了行動裝置原本就有的通話、衛星定位、導航和拍照功能之後，就是個不折不扣的美食App了。

　　目前在國內網路界裡，美食評分網站相當多，其中又以愛評網（www.ipeen.com.tw）為目前較具指標性的網站。愛評網提供網友一個評分的平台，評分領域除了美食，更涵蓋休閒旅遊、影音藝文、美容美妝、3C商品等不同商品，而愛評網也隨著行動裝置的普及，建構了「愛評生活通」來滿足手機族的需求。這也是為什麼在本節一開始就指出美食評論網站和美食App界線模糊的原因了。

　　另一個不錯的App範例是以外送為主的Pizza外送店，同樣是透過App點選餐點後輸入送貨地址（通常是第一次輸入後即可自動儲存帶入欄位），並且進行線上支付訂餐（詳閱**圖5-29 QR Code**影片），就可以在家等著外送專員將熱呼呼的Pizza送到家。這類新開發的點餐App甚至能夠讓消費者隨時透過App掌握製作餐點及外送進度的相關資訊（如**圖5-30**）。摩斯漢堡同樣也開發了點餐App，並且內建摩斯卡做儲值的功能，消費者

圖5-29　Pizza Tracker
　　　　影片介紹

圖5-30　達美樂線上訂購製作
　　　　進度追蹤

圖5-31　摩斯漢堡開發的手機App點餐通訊軟體

同樣可以利用手機的定位功能，開啟App進行訂餐時，系統能自動媒合最近的分店，然後進行線上點餐預約外帶的功能。如果適逢消費會員生日，系統也會自動推播優惠券到該會員的App內，供消費者優惠使用（如**圖5-31**）。

近年來始自國外、來勢洶洶的Uber Eats也在餐飲業界引起不小震撼。Uber Eats透過App平台提供簽約配合的各式餐廳店家，將所有餐點照片和價格完整呈現在手機頁面上，方便客人點選後快速送到消費者手中。Uber Eats同樣也會透過不定期的優惠活動或新增餐廳來吸引消費者的黏濁度。這樣的合作模式讓餐廳業者省卻了自行成立車隊、聘僱外送人員、交通車禍糾紛的潛在風險，將外送業務全數和外送業者合作，達到雙贏的局面（如**圖5-32**）。

二、Google聯播廣告與關鍵字行銷

不可否認的，Google是全世界公認最大的搜尋引擎平台，在臺灣亦然。人們收發私人Email多半用Gmail帳戶，使用Android系統的手機也

圖5-32　Uber Eats點餐App頁面

得用Google帳號登入，以便利Google Map、行事曆、瀏覽網頁的使用。Google搜尋引擎會加以記載存為書籤，透過不同的電腦、平板或手機只要登入Google帳號都能立刻匯入Email、行事曆及網頁書籤，長時間下來讓使用者對Google的黏著度極高。這當中還包含日常生活點閱YouTube影音，甚至是上傳自己的影音到YouTube平台。Google連播廣告就是利用使用者在收發信件、查詢地圖、觀賞YouTube影音、網路搜尋關鍵字詞或特定品牌、瀏覽新聞氣象或生活資訊時，曝光無意中被業者在Google聯播平台上所購買的廣告，甚至追隨著使用者的網路足跡不斷重複曝光，這就是Google聯播廣告厲害的地方。簡單來說，Google廣告擁有指定目標對象的功能，既能深耕維繫舊客戶，也能精準開發新客戶，透過強大的Google Analytics平台，隨時掌握廣告成效及相關的精準數據，方便廣告主隨時針對廣告策略做調整，讓廣告預算更能花在刀口上。

在發掘新客戶（潛在客戶）的策略上可以透過消費者的興趣與自家產品做連結，例如透過大數據分析出某位消費者常態追蹤瀏覽許多美食網站、新聞、照片，就可以將美食相關的廣告盡量的出現在他所使用的瀏覽載具（電腦、平板或手機）上，這位消費者便會經常不經意的在他瀏覽網

路時發現，出現在螢幕上的廣告產品「正好」都是他感興趣的產品。這種網路行銷手法在網路廣告術語裡我們稱之為**觸及**正是在這不經意的點擊廣告後，這位潛在客戶的身分就會從**觸及人數**被進階歸類到**點擊數**。而這兩個數字相除所得到的百分比，我們稱之為**點擊率**（Click Through Rate, CTR），「點擊」這個動作就代表著瀏覽者對產品是有興趣或好奇的。在資訊爆炸的今天，每個人停留在手機畫面的時間往往不到兩秒鐘就會往下滑，瀏覽者通常不會特地為了一個廣告進行點擊，所以點擊率一般來說如果能到達0.1%就算是維持在合理的水準。

　　操作網路廣告的行銷人員或委託代操公司的專業人員當然不會放過這0.1%進行點擊的潛在消費者，這些人會被列入**再行銷名單**，開始面對相同產品或類似產品的不斷洗版。比方說您在網路上搜尋了咖啡機，看了文章介紹、購物網站的進行比較之後，接下來幾天各式各樣的咖啡機廣告將接踵而來。一旦您已經被列入「再行銷名單」，您將會接收到更多的廣告誘發，刺激您產生消費行為，直到您經過一段時期的漠視或是確定下單購買，這種不斷出現在螢幕上的廣告才會停止。消費購買畢竟是廠商布置廣告的終極目標，每一次的網購消費，在網路廣告上都被視作為一次轉換，**轉換率**（Conversion Rate）因此成為行銷人員對網路廣告成效良窳的一個很重要衡量指標，其計算方式就是以成交筆數除以點擊數，而**轉換成本**（Conversion Cost）則是由該筆網路成交的金額除以廣告成本得出（關鍵績效指標成本的計算方式與名稱請參閱**表5-2**）。

　　廣告方式各有不同的手法，以下簡略介紹幾個網路廣告的主流。

(一)Adwords（關鍵字廣告）

　　利用預先埋設的關鍵字來媒合網路使用者的搜尋，這些字詞可以是自家的**品牌字**（例如麥當勞、海底撈、王品），也可以是**競品字**。以海底撈為例，他可以埋設的競品字可能是馬辣、老四川、鼎王、聚鍋，也可以是**關鍵字**，像是品牌的業種或是產品名稱或是用餐的場合，所以這些關鍵字可能會被埋設的有麻辣火鍋、火鍋、火鍋+吃到飽、川味、麻辣、聚

表5-2　關鍵績效指標（Key Performance Indicators, KPI）成本計算項目公式

項目名稱	計算方式
轉換率（Conversion Rate）	轉換量÷點擊量
轉換成本（Conversion Cost）	成交金額÷廣告成本
千次曝光成本（Cost Per Mille, CPM）	預算÷曝光量×1000
單次點擊成本（Cost Per Click, CPC）	預算÷點擊量
單次轉換成本（Cost Per Action, CPA）	預算÷轉換量
點擊率（Click-Through Rate, CTR）	點擊量÷曝光量
單次銷售付費（Cost Per Sale, CPS）	按照廣告點擊之後產生的實際銷售的提成付給廣告站點銷售提成費用。
單筆名單取得成本（Cost Per Lead, CPL）	平均獲取一筆名單的成本。
單次下載成本（Cost Per Install, CPI）	按下載量付費的計算成本，即每次安裝成本。

資料來源：整理修改自謝依恬（2014）。「數據行銷—數位廣告成效優化」（關鍵數位行銷）簡報。

餐、同學聚餐……。

　　以上這些字詞不論是品牌字、競品字、關鍵字，埋設的愈多當然廣告預算就會被更發散的消耗掉，因此透過Google Analytics後台可以隨時檢視這些字詞被搜尋的排名，刪除被少量搜尋的字詞，讓預算更集中火力在熱門字詞才是個好策略。

　　表5-3說明在一筆廣告預算中所帶出的曝光數、點擊數及相關的成本

表5-3　廣告預算相關成本與百分比

項目	數據
廣告總花費	$58,863
總曝光數	9,092,599
總點擊	15,801
單次轉換費用	449.33
整體平均點擊成本	3.73
定位完成	131
搜尋—點擊率	11.32%
搜尋—平均點擊成本	5.06
多媒體—點擊率	0.15%
多媒體—平均點擊成本	3.46
轉換總計	131

與百分比，這對專業的廣告行銷人來說具有相當重要的指標意義，可以說是他花錢買廣告的成績單。

表5-4可以看出網路瀏覽者點閱廣告是因為他自身的興趣，或是搜尋品牌字、關鍵字亦或因競品字而間接看到了廣告的成效。至於從中產生了多少觸及、多少點擊、多少轉換，則是一個更細微的成績單，同時是提供廣告行銷人做策略調整的重要依據。

表5-5則是說明了在被埋設的所有關鍵字、品牌字、競品字在廣告散播後的成效排名，進而提供廣告行銷人把成效排名較差的字詞刪掉，換別的新字詞或是直接把預算濃縮在排名前端的字詞，讓預算有效的被使用，以達到更好的廣告效果。而圖5-33則是廣告受眾的年齡分布圖，這次的廣

表5-4　網路瀏覽者點閱廣告搜尋成效數據表

廣告群組	廣告活動	點擊	曝光	點閱率	平均單次點擊出價	費用	平均排名	轉換	單次轉換費用	轉換率
總計	--	15,801	9,092,599	0.17%	3.73	$58,863	1.3	131	$449	0.83%
總計—多媒體廣告聯播網		13,173	9,069,385	0.15%	3.46	$54,563	1.0	61	$747	0.46%
與趣—品牌型（GIF）	自訂興趣	5,238	4,537,279	0.12%	3.41	$17,843	1.0	27	$661	0.52%
○○—品牌型—GIF										
（競品字）	新客戶	4,464	2,392,983	0.19%	3.22	$14,364	1.0	15	$958	0.34%
○○—品牌型（競品字）	新客戶	1,940	1,519,801	0.13%	3.22	$6,245	1.0	8	$781	0.41%
○○—品牌型（GIF）	再行銷	1,531	619,322	0.25%	4.65	$7,112	1.0	11	$647	0.72%
總計—搜尋聯播網		2,628	23,214	11.32%	5.06	$13,360	1.3	70	$184	2.75%
品牌字	品牌字	522	3,370	15.49%	4.21	$2,197	1.0	29	$76	5.80%
競品字	競品字	1,709	14,885	11.48%	3.94	$9,742	1.5	36	$187	2.17%
餐廳推薦	餐廳推薦	397	4,959	8.01%	10.99	$4,362	1.2	5	$872	1.30%

表5-5　網路瀏覽者點閱廣告搜尋成效數據表

廣告活動	廣告群組	關鍵字	點擊	曝光	點閱率	平均單次點擊出價	費用	平均排名	轉換	單次轉換費用
總計	--	--	2,628	23,214	11.32%	5.06	$13,300	1.3	70	$184
競品字	競品字	[AA牛排]	252	2,323	10.85%	4.31	$1,086	1.3	3.0	$359
餐廳推薦	餐廳推薦	+牛排+餐廳	168	2,204	7.62%	10.88	$1,828	1.1	0.0	$1,097
競品字	競品字	"BBB"	264	2,015	13.10%	4.25	$1,121	1.7	1.0	$55
競品字	競品字	+CCC+DDD	259	1,661	15.59%	4.00	$1,036	1.1	18.0	$0
競品字	競品字	"BBB"	99	1,454	6.81%	4.37	$433	1.8	0.0	$467
餐廳推薦	餐廳推薦	"牛排餐廳"	129	1,377	9.37%	11.02	$1,422	1.1	3.0	$0
競品字	競品字	"EE"	37	932	3.97%	4.79	$177	2.3	0.0	$0
競品字	競品字	+AA+牛排	130	866	15.01%	4.00	$520	1.2	0.0	$0
餐廳推薦	餐廳推薦	+約會+餐廳	62	810	7.65%	11.28	$699	1.6	0.0	$260

圖5-33　廣告受眾年齡分布圖

告是布置在農曆年除夕夜的團圓餐廣告，操刀的廣告行銷人認為決定全家年夜飯的地點不外乎是成年子女或一家之主，而不會是學齡兒童或是爺爺奶奶級的長輩，所以在廣告受眾的設定上就直接把預算留給可能的用餐地點決定者，而受眾年齡在十八至二十四及六十五歲以上的預算則為零元。

(二)GDN（圖像廣告）

簡單來說就是透過一張照片，重複不斷的在網路上曝光，讓消費者對這張照片產生印象、記憶點，進而提高心占率。照片的選用是被點選機率高低的重要關鍵，除了主題清晰、訴求清楚之外，餐點不僅要誘人、可口，還必須是餐廳的招牌餐點。**多媒體廣告聯播網**（Google Display Network, GDN）的圖像廣告在網路廣告人的專業術語被稱之為**主視覺**，內容除了包含餐點本身，也包含了情境和色調，進而從主視覺再發展延伸出不同形狀（長方形、正方形）的一系列廣告圖像，以因應網路廣告的不同需求（主視覺如**圖**5-34，系列設計如**圖**5-35）。

此外，為了有效吸引網頁瀏覽者的注意，也可以是採用多張照片在同一空間範圍內做類似幻燈片般的輪播，只要將多張照片選定組合好利用

圖5-34　勞瑞斯牛肋排餐廳主視覺圖像

圖5-35　勞瑞斯牛肋排餐廳系列設計圖像

Gif檔案格式上傳作為廣告素材即可。

(三)DSK（受眾精準鎖定再行銷）

　　受眾精準鎖定再行銷（Display Select Keyword, DSK）簡單說就是曾經點擊閱覽廣告內容的網路瀏覽者會被系統抓取身分，之後列入再行銷名單，並且在接下來的一段時間內，在使用者瀏覽網際網路的各類頁面當中不斷重複出現廣告，可能是新聞畫面、網路文章、部落格文章、YouTube影音，以及任何和Google有簽約聯盟的平台裡都有可能出現廣告頁面。例如廣告被曝光在YouTube畫面（如圖5-36）、餐飲同業競品的新聞頁面旁（如圖5-37）或網路美食報導文章旁（如圖5-38）。

圖5-36　勞瑞斯牛肋排廣告被曝光在網路瀏覽者使用的YouTube畫面裡

圖5-37　勞瑞斯牛肋排廣告被曝光在餐飲同業競品的新聞頁面旁

圖5-38　勞瑞斯牛肋排廣告被曝光在網路美食報導文章旁

三、無人化餐廳

其實餐廳無人化這樣的概念早就存在，一直沒能真正落實不是技術層面問題，而是消費者的感受問題。一般來說無人化餐廳有幾個商業模式是比較能被消費者所接受：

1. 中平價：價格低廉的餐飲場所，消費者講求的是性價比。餐點好吃分量足夠，價格平實才是消費者訴求的重點，服務有沒有到位反而比較不會被苛責，甚至可以是自助或半自助的型態。例如設置餐具臺，消費者點餐完自行找桌位入座，自己到餐具臺拿取自己需要的餐具甚至水杯、飲水及餐巾紙。

2. 菜單設計簡單易懂：簡單的菜單設計可以避免消費者點餐時有過多的疑問卻不知道向誰詢問的窘境。不只餐點本身要是消費者廣泛瞭解的餐點，菜單／套餐的組合也要讓消費者一目了然。常見拉麵店門口設置的點餐付款機，就是很經典的案例。一碗單點拉麵一百二十元加五十元，可以任選一杯飲料和一道小菜，不會有太複雜的點餐規則，讓消費者快速點餐、簡潔思考，緊接著完成付款動作。除了拉麵，像是粥品、一般麵店、飲料店其實都適合採用這樣的自動點餐付款設備。

3. 迴轉壽司：這種以盤計價的簡單營運模式以爭鮮迴轉壽司和藏壽司最具代表性。消費者於入座後可以自己拿取在軌道上行進的壽司享用，自己拿芥末醬、醬油、嫩薑、筷子、茶包、熱水，用完餐後也能透過人工，甚至是行動支付快速結帳，讓餐廳的座席迴轉率達到最高效率。

餐廳無人化的運動在日本和臺灣都愈來愈先進，除了消費者方便，餐廳也省卻了不少人事成本費用，和因為人為運作所造成的一些錯誤。由機器或電腦取代反而在營運上更具準確度，除了上述的餐廳可以利用機器或電腦取代外，**表5-6**裡的QR Code介紹各式無人化餐廳的運作和讀者分享。

表5-6　QR Code影片中各類餐廳無人化的運作與分享

刀削麵機器人影片介紹	機器人炒飯菜	ipad搞定收銀機退場點餐結帳
日式迴轉壽司盤子暗藏晶片	藏壽司你不能不知道的五件小事	牛肉麵機器人

四、Chatbot

　　Chatbot這個英文新詞其實是個複合字，它是Chat（聊天）和Robot（機器人）的複合縮寫字。以下引用維基百科的說明，簡略介紹何謂**聊天機器人**：

> 聊天機器人（Chatbot）是經由對話或文字進行交談的電腦程式。能夠模擬人類對話，通過圖靈測試❹。聊天機器人可用於實用的目的，如客戶服務或資訊獲取。有些聊天機器人會搭載自然語言處理系統，但大多簡單的系統只會擷取輸入的關鍵字，再從資料庫中找尋最合適的應答句。聊天機器人是虛擬助理（如Google智能助理）的一部分，可以與許多組織的應用程式、網站，以及即時消息平台（Facebook Messenger）連接。❺

　　一般常見的聊天機器人場景不外乎在網路購物平台、網路銀行、保險公司、餐廳、飯店、百貨商場的臉書粉絲團或購物平台裡的客服談話、發送訊息功能內。以餐廳粉絲團為例，粉絲團小編可以透過長期的觀

察找出消費者，透過粉絲團Messenger得知消費者所詢問的常見問題有哪些，這些通常不外乎是索取菜單、洽詢訂位、詢問最新優惠、餐廳地址和停車訊息、大眾運輸站名等。因此粉絲團小編就可以在聊天機器人的功能中建立「菜單」、「訂位」、「優惠」、「地址」、「捷運站」……這些關鍵字，然後賦予一串網址連結到官網相對應的資訊頁面，或是連結Google Map的導航功能。設置完成後，只要有網友在Messenger裡鍵入這些關鍵字，系統就會自動帶出對應的網址，通常這些可以解決80%網友的問題。而剩下的20%自然就是網友所鍵入的訊息無法讓聊天機器人找到關鍵字並做回答。這種情況下聊天機器人會自動回覆預先設定好的答覆，例如「您好！稍後將有專人為您服務。」接著再由粉絲團小編人工回應這剩下的20%問題，以大幅節省在客服作業上的人工（如**圖**5-39）。知名咖啡

圖5-39　聊天機器人自動回覆畫面

連鎖品牌路易莎咖啡在2018年推出黑卡給消費者，就是透過加入粉絲團後利用Messenger要求粉絲鍵入「黑卡」，聊天機器人讀取這個關鍵字後就會立即和粉絲有一串對話，協助消費者取得黑卡。這個活動可說是聊天機器人的一個成功案例（如**圖**5-40）！

圖5-40　路易莎咖啡在2018年利用聊天機器人推出黑卡的成功案例

註 釋

❶ 東森新聞（2013）。Yahoo奇摩新聞，臺灣人超愛拍　照片標籤全球第八，http://tw.news.yahoo.com/%E5%8F%B0%E7%81%A3%E4%BA%BA%E8%B6%85%E6%84%9B%E6%8B%8D-%E7%85%A7%E7%89%87%E6%A8%99%E7%B1%A4%E5%85%A8%E7%90%83%E7%AC%AC%E5%85%AB-070839602.htm。

❷ 同上註。

❸ CIIS電子報（2013）。「勞瑞斯牛肋排餐廳-蔡毓峰總經理」，http://www.YouTube.com/watch?v=5yMMyP4TjUQ。

❹ 圖靈測試（Turing Test）是艾倫・麥席森・圖靈（Alan Mathison Turing）於1950年提出的一個關於判斷機器是否能夠思考的著名思想實驗，測試某機器是否能表現出與人等價或無法區分的智慧型。

❺ 維基百科（2020）。聊天機器人，https://zh.wikipedia.org/wiki/%E8%81%8A%E5%A4%A9%E6%A9%9F%E5%99%A8%E4%BA%BA。

PART 3

餐廳規劃篇

Chapter 6

菜單架構規劃與設計

本章綱要

1. 導論
2. 何謂菜單
3. 菜單的重要性
4. 菜單的種類
5. 菜單規劃設計的評估

本章重點

1. 介紹菜單的結構及其如何提供資訊讓顧客瞭解一家餐廳,以及其所供應的食物、飲料和服務內容
2. 瞭解菜單的重要性,並從餐廳的經營理念陳述飲食的訴求、成本與採購、廚房的設備規劃與外場的服務流程
3. 介紹各式菜單的種類與需求設計
4. 瞭解規劃和設計菜單時應考慮的重點

第一節　導論

　　菜單對顧客而言是一份目錄，功能上提供顧客瞭解一家餐廳所供應的食物和飲料。然而對餐廳業者或經理來說，菜單是一份很重要的資料，它明確規範餐廳創立的目的和餐廳營運的層面。換句話說，菜單扮演兩種角色：其一，經理人可以依據菜單做組織的規劃與管理，並控制廚房的營運，菜單是採購的指標，也是廚房或吧檯運作的順序和餐廳各部門職責的依據（行銷、人事）；其二，菜單是公司的產品目錄、價位表，提供顧客選擇餐點和作為餐廳各項服務的宣傳單。

第二節　何謂菜單

　　Menu（菜單）這個字眼來自於法國，其字面上的意義為"a detailed list"（一個細節的目錄）。由此定義，餐廳菜單應提供以下資訊給顧客：

一、餐廳的命名

　　一家餐廳的開發固然需先考慮餐點的主題（如火鍋、牛排、義大利麵等），餐廳的命名更是後續決策的重頭戲。因為名稱可以呼應一家餐廳經營的理念和型態，而且能讓消費者記住，因此餐廳的命名相形重要。另外，有些餐廳業者也會敘述其餐廳名稱的由來，除了讓顧客體認業者的經營理念外，尚能加深顧客的印象（如圖6-1）。如「小貳樓餐館」的命名讓消費者認知到這應該是一家小型的樓層餐廳，雖然顧客無法得知這家餐廳的型態，但這個名稱很特別、而且很好記（如圖6-2）。又如另外一家餐廳——「十二籃」，名稱的命名引自《聖經》的典故。根據「十二籃」的網站資料指出，該餐廳名稱的由來如下❶：

圖6-1　Words from Founder

圖6-2　小貳樓餐館

資料來源：貳樓餐廳提供（2009）。　　　資料來源：小貳樓餐館提供（2009）。

不確定的，紛擾的大環境裡，

在敦化北路二二二巷，十二籃

三位好朋友，互相扶持，攜手共創的用餐場所，

十二籃，是豐富又豐盛，吃也吃不完的意義，

十二籃，也代表著滿滿的，來自於上天的祝福，

源自於聖經的故事，因著一個小孩樂意提供的五餅二魚，

不但神奇地讓五千人飽食，並且還有餘十二籃，

這樣的信心激發，讓我們願意努力再度出發，

將用心的、健康的粥品呈現在你面前，

只願獲得您十二萬分的支持！

　　另外，有些命名的用字在餐飲市場已成為專指某種餐飲消費型態。如消費者已經將麥當勞的名稱跟速食店聯想在一起，一些相同型態的店家

也會採用「麥」字作為命名時的首字，如麥味登；又如「記」字則與中式飲食聯想在一起，如「高記」。

其次，字數的多寡也會影響顧客的印象。例如中西式速食店大多採用三個字，如麥當勞、肯德基、頂呱呱；咖啡廳則介於二至三個字之間，如怡客、丹堤、星巴克等。至於其它餐廳的命名詞意則需要與其料理相配合，如日式料理（銀座、三井）、日式火鍋（太將鍋、關東）、義式（西西里、古拉爵、貝里尼）或美式主題餐廳（T. G. I. Friday's、Rainforest Cafe、California Pizza Kitchen）。

命名的主要原則是要符合餐廳的經營型態，並須能加深顧客印象。例如覺旅咖啡（Journey Kaffe）的命名與菜單設計內容呈現輕鬆感，讓消費者想去享受餐廳的氛圍與產品（如**圖**6-3）。

二、菜單的結構

菜單的結構應讓消費者瞭解餐廳的飲食文化和用餐方式，各式餐廳的菜單類別亦應依餐廳經營規模而有變化：

1. 中餐：冷盤、熱炒、大菜、點心、水果（如**圖**6-4）。
2. 美式餐廳❷：開胃菜、湯、沙拉、漢堡、三明治、義大利麵、雞肉與海鮮、炭烤牛排、德墨餐點、甜點、飲料。

圖6-3　餐廳命名應符合經營型態且要能加深顧客印象

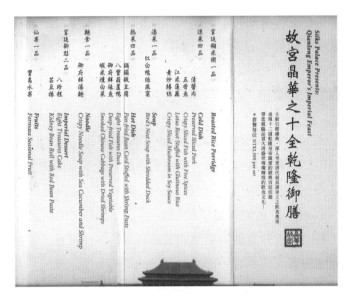

圖6-4　菜單的訴求應讓消費者瞭解餐廳的飲食文化

3.義式[3]：湯、開胃菜、義大利麵、比薩、主菜、甜點、飲料。

4.日式[4]：壽司、燒烤、生魚片、和風沙拉、手卷、鍋物與煮物、蒸物、炒物、炸物、酢物、飯類。

三、各種菜餚的名稱、食材、作法和口味

　　菜單為一家餐廳營運成功與否的要件。因此設計菜單的主廚必須對其工作領域有一定專業程度的知識涵養。廚師需對餐廳運作和潛在餐飲市場瞭若指掌。對於廚師來說，各項食材的特性、食材的搭配應用、食材的產地，以及食材的準備、擺盤與菜餚介紹等更是應備的工作技能。

　　餐廳業者除了表列出各種菜餚的名稱外，應該要說明每道菜主要的食材是搭配哪些配料和佐醬，利用何種烹調方式（炸、燴、燉、煮、煎、炒、烤、滷），哪種可以帶給消費者品嚐上的口感，如脆、嫩、綿密等。這些敘述可提供顧客在點菜搭配上的參考，以免客人最後點的菜都是

同樣的味道與口感。當然,業者也可以使用圖片呈現菜餚的面貌,加快客人點菜的速度,使餐廳的運作更為順暢。

四、各式菜餚的價位

　　羅列於菜單上各式菜餚的價位應使客人不管在點菜或用餐後都可以感受到是值得的花費。換句話說,就是要讓顧客感覺到物超所值。餐廳業者在為每道菜餚定價時,除了考慮食材成本外,亦需注重份量和品質。業者雖然可以將少份量的餐點價位調低,但顧客不一定能接受業者的定價;因此,餐廳業者的定價策略應與餐廳經營的定位符合,如此一來不論是第一次光臨的客人或熟客,都能對餐廳的價格有所認知。

　　至於菜單類別上的各項菜餚價位的順序編排則可依餐廳定位的高低來呈現,如套餐餐點價位由低至高呈現差別,或以平均價位標示,又或者以價位無太大起伏的方式呈現(如**圖**6-5)。

(a)套餐餐點價位多由低至高　(b)平均價位多用在飲料單上　(c)主餐以價位無太大起伏的
　呈現　　　　　　　　　　　　　　　　　　　　　　　　　　方式呈現

圖6-5　各項菜餚價位的定價原則

資料來源:貳樓餐廳(Second Floor Cafe)提供。

五、餐廳連絡資訊

菜單需列出餐廳的營業資訊，如地址、電話、營業時間和網址。現代網路及行動裝置普及，建議業者設立網址或QR Code，方便顧客使用手機即時掃描進入官網加入會員（有利於蒐集顧客資訊），後續亦可建立臉書、Line及Instagram等粉絲專頁，提供顧客餐廳多項促銷資訊，建立更多與顧客接觸、互動的機會。

以上是菜單在基本功能上所應該列出的資訊。一份菜單設計缺少其中任何一項，均會造成餐廳營運和顧客的不便。

第三節　菜單的重要性

菜單的規劃與設計是開發一家餐廳最重要的課題，它牽涉到：(1)餐飲市場的飲食概念（健康、養生、烹煮方式）與餐廳的經營方針及定位；(2)食材的採購與成本考量；(3)菜餚研究的資料；(4)廚房的設備規劃；(5)服務生與消費者溝通的橋樑；(6)外場服務流程規劃。

一、飲食概念和經營理念

餐廳業者在規劃菜單前，要瞭解目標市場顧客群的需求和口味，同時也要注意現代人的飲食趨勢。例如天鼎一鍋の殿（前身為「健康煮」）❺餐廳的經營理念是考慮到消費大眾的健康飲食概念，設計出多元化的功能性菜單來滿足消費者的需求。「天鼎」所使用的穀類、蒟蒻、菠菜、低脂牛肉和蔬菜熬製的湯底等菜單內容，都能符合市場健康飲食概念和餐廳的健康經營理念。

餐廳的經營理念與定位會影響顧客的認知。以某家知名連鎖加盟品

牌面對口蹄疫事件時的危機處理模式為例,由於其主要食材是豬肉,對這家連鎖餐廳來說是一重大挑戰。該連鎖餐廳的做法是大量推出「非豬肉系列」的商品,菜單上有牛腩、魚排、花枝捲、蝦捲、咖哩雞等多樣化產品,以應付口蹄疫危機。走多樣化策略確實讓該知名連鎖餐館安全度過了口蹄疫危機,但卻造成顧客對這間以專賣魯肉飯起家的店家,菜單上卻不是以魯肉飯為主力產品,對其核心主力產品產生失焦的經營危機。最後該餐館再度修正市場定位策略,重新定調修正菜單,再度以魯肉飯產品為店內主要核心競爭力,並為菜單上的配菜提供多樣化的變換,才又順利讓顧客再度認識到該餐廳的飲食概念和經營理念。

二、食材的採購與成本考量

食材採購的種類、數量、方式、通路與如何儲存材料的工作,都是依據菜單而定。餐廳多半會因應節令的變化或是特殊節日的到來,修改菜單上的菜色。例如情人節時餐廳多半會設計情人套餐;每年東港鮪魚季時,很多餐廳會推出生魚片及相關的鮪魚料理;盛夏芒果盛產期時,餐廳也會推出各式芒果沙拉、芒果醬汁的各色料理,甚至是芒果甜點或冰品。

藉由菜單的銷售數字可以發現某些食材的料理特別受到青睞,此時主廚不妨利用這些特別受到青睞的食材,另外開發出其他一系列的菜色;此舉不僅在食材的訂購上不會增加麻煩,也可以幫助食材做更有效率的流通,保持食材鮮美和易於掌控物料品質。特別節日時的菜單亦可斟酌使用既有的食材來作變化,並避免訂購平日無用的食材,以免節日過後剩餘的庫存造成食材處理不便。不僅浪費食材,也造成食物成本浪費,更使庫存食材產生資金上的壓力。

食材採購應注意時令,符合時令的食材在量的供應、價位、產品新鮮、品質穩定度等各方面,均是菜單規劃須考量的因素。因此,廚師應與相關人員(經理、採購)共同研究並設計菜單,按季節調整食令菜單。另

外，亦需審核市場行情，制定菜餚的標準份量，控制成本。

餐廳的定位亦取決於食材的品質好壞與等級。消費者往往將高價位的產品與高品質聯想在一起，業者要開發一家定位高級的餐廳，就必須注意食材的等級和新鮮度。只要消費者認知到餐廳供應食材的高品質和美味時，消費者便不會在意價位；反之，不管餐點價位多低，消費者都會覺得沒有價值。另外，油炸物的餐點也是目前消費者所注重的問題。好的食材需要好的烹調方式才能呈現美味佳餚。業者尤須注意到油品本身的品質和管理的制度，才能在提供消費者美食的同時，也能兼顧消費者的飲食衛生安全和健康。建議餐廳業者在採購炸油產品時，除成本考量外，亦應特別注重供應商油的品質。以下舉例說明其重要性：

> 「麥當勞土城市金城店、中央店，與達美樂永和市中正店等三家門市油品，被驗出含重金屬砷。北縣衛生局昨天（2009年7月20日）依違反食品衛生管理法，裁罰三家門市各十五萬元罰鍰，創下未從最低罰金六萬元開罰的先例，而直接加重處分。衛生局指出，炸過的油含有砷，而砷含量若超過人體每天的砷『容許攝取量』，就會對人體造成危害，依『食品衛生管理法』第十一條規定，食品製造業者『不得製造、加工、販賣有毒或含有害人體健康規定，違者得直接處以三萬以上、十五萬元以下的罰鍰，若一年內再次違反者，得廢止其營業或工廠登記證。』」❻

由上例可知，在餐點的量與質方面，需特別予以注意，以免店家錢是賺了但商譽也賠了。另一方面，餐飲店在擬菜單時，若要採多樣化、多品項時應注意，好看多品項的菜單，貌似會增加營收，但實際上多樣化的採購食材，很可能反而讓店家賺不到錢。表面上所增加的營業額，未必會反映在獲利的增加上，而採購多樣化食材，卻會實際讓成本支出增加不少，結果往往是毛利明顯下降，減少獲利。

三、菜餚研究的資料

　　餐廳主管可以依菜單銷售的狀況，瞭解消費者喜歡的菜餚。假設某餐廳正決定將菜單做結構性的調整時，可以檢視開胃冷盤、開胃熱菜、沙拉、湯品、麵類、飯類、比薩、肉類、海鮮類……每一類別的銷售狀況；再依每一類別所受歡迎的程度來做增減，以迎合消費者的需求。又如季節變化時，開胃冷盤及開胃熱盤的銷售勢必有明顯的消長，然而餐廳多半不會因為進入冬季，而將開胃冷盤的產品全數刪除，此時即可觀察某幾項銷售度較差的產品，並將之剔除，依舊保留較受歡迎的幾道開胃冷盤，以顧及菜單的完整性。

　　因應節令變化所做的商品調整是每一家餐廳所必須投注心力的功課。如蔬菜水果類因季節因素造成產量的變化，某些魚類因季節洋流的變化，而有漁獲量差異，以及因為餐飲流行趨勢的改變，造成某些菜色大賣或是滯銷。如葡式蛋塔、牛奶麵包、加州料理、日式義大利麵、蒟蒻綠豆冰等，都曾有過程度不一的流行風潮，這些流行風潮都會對菜單上的各個餐點的銷售情況有明顯的影響。藉由實際菜單銷售統計的數據，能幫助管理者精確瞭解餐廳的每一項菜色銷售的情形，有些菜色銷售量佳，可惜因單價低對業績的幫助不大；有些菜色銷售平平，但是因為毛利相對上高於食物成本或食材的流通性，對業績反而有一定程度的幫助；也有些菜色雖然銷售量不大，但是因為單價高，對於業績的貢獻度遠超過其他菜色。上述的各種情形都有可能發生，也就是說這些情形對於餐廳的營運均有一定程度的影響或幫助，何種菜色有留在菜單上的必要，就有賴管理者針對餐廳的客群消費力及餐廳本身的財務狀況，或是餐廳的主題訴求，採取不同的做法；而對於銷售差、成本高且單價低的菜色，盡速將其自菜單中刪除是無庸置疑的。

　　多數的餐廳（甚至是麵包烘培業者）對於銷售的產品都會做定期檢視，並設定產品刪除的標準，如將銷售量最差的20%的產品予以全數刪除，另行研發20%的新產品替補上市，待下次產品銷售檢討時再將銷售量

最差的20%予以刪除。採行此種方式可持續將銷售數量差的產品替換掉，迎合市場需求，增加消費者新的選擇。

四、廚房設備需求

廚房設備的採購需求須考慮廚房工作人員的能力，如他們能否製作某些菜餚、食物製作區域的面積大小和製作各式餐點的設備種類。而廚房要根據菜單採購相關的器材設備，例如：

1. 驗收材料的工具：溫度計、磅秤等。
2. 儲存食材的容器：冷藏冰箱、立式雙門冰箱等。
3. 準備區：三連式水槽、製冰機等。
4. 炊具設備：六口爐、炸爐等。
5. 盛裝菜餚的餐具：主菜盤、湯盅等。
6. 洗滌的設備：洗碗機、洗滌架等。

以上所列的各式器具設備依不同餐廳型態和菜餚的烹煮方式而有變化，如日式料理餐廳餐點內的蒸物就需要使用到蒸爐。至於詳細的廚房設備規劃流程，會在第九章設備器材規劃做詳細解說。

五、店家、服務生與消費者溝通的橋樑

菜單是餐廳的產品目錄，也是餐廳行銷上主要的宣傳文宣。一份製作精美的菜單傳達著業者對經營的用心，也反應出餐廳的格調，還能提高顧客用餐的情緒和氣氛，最終可以使客人對餐廳的佳餚留下深刻印象。

菜單架構規劃的完整性可使顧客瞭解該餐廳所銷售的餐飲產品。服務生亦可透過菜單，介紹和推薦給顧客，加強顧客對該餐廳食物的品質認知，及減少菜單目錄與實際餐點的落差。菜單也是用來訓練餐廳服務生的教材，服務生透過菜單與顧客清楚的溝通，可以減少點單上的錯誤和加快

服務的速度。對一些生意比較好的餐廳而言，點單的速度可以提高餐廳的
轉桌率，讓等候的客人能盡快入座享受美食。

六、外場服務流程規劃

不僅菜單與餐廳廚房具有重要的關係，餐廳業者在規劃菜單的過程
中，也要考量搭配哪種服務方式來供應餐飲（如**表6-1**）。

表6-1　各式餐廳型態與服務方式對照表

	速食店	早餐店	早午餐	Café	餐廳	火鍋店
櫃檯式	★	★	★	★	★	★
紙張點菜單		★			★	
餐桌點餐			★	★	★	★
全自助式					★	★
半自助式			★	★	★	★
外帶		★	★	★	★	★
外送		★	★	★	★	★
得來速	★			★		

(一)櫃檯式

櫃檯式（Counter Service）**服務方式**是客人以排隊方式從店家的菜單
板上點購餐點，並由櫃檯人員將客人所選購的餐點集合到托盤上，然後客
人自行拿取食物至餐桌。速食店和早餐店型態的店家大多採用此種服務方
式。此種服務方式適用於單價不高的店家，目的是可以節省人力成本，並
加快供應餐飲的速度。

(二)紙張點菜單

紙張點菜單（Order Sheet）**服務方式**，適用於一般餐館（鬍鬚張）
或早午餐（麥味登）型態的店家。採用這種點單方式是因為店家提供多

種類的餐點搭配,本身的
每項產品單價不高(如**圖
6-6**),不適合雇請服務生
幫顧客點菜(人力成本考
量)。此種點單模式有其
優缺點,如鬍鬚張魯肉飯
的菜單供應飯、青菜、肉
類、湯品、小菜、甜品等
餐點類別,顧客可依個人
的喜好自行在點菜單上勾
選餐點後,再交給服務人
員。接著餐點再由服務生

圖6-6 朱記中式紙張點菜單

送至顧客的座位。此種點單方式雖然可以節省人力成本,但是業者可能沒
有辦法統計各種菜餚的銷售資料。

　　紙張點菜單的另一項缺點是,當顧客要加點菜餚時,可能得再填寫
另一張點菜單。此種點單方式容易發生客人先後點單的順序無法確認的情
形,造成廚房工作人員上菜的先後順序亂成一團。此種店家的廚房人員
需兼顧店內、外帶或外送的客人,如果生意忙的話,客人就得耐心等候
了。一般採用這種點單服務的店家大多不會設定餐點類別的上菜順序。簡
單來說,客人所點的餐食上菜順序沒有規定,服務生端上什麼菜,客人就
只能先品嚐。換句話說,小菜的上菜時間有可能在主食之前或之後,湯
品也可能會在還沒上主食之前就端上桌,使顧客無法享受用餐該有的節
奏。

　　最後,服務生在結帳時要記得結算所有的點菜單,在過程中有可能
會漏掉張數而誤算消費金額。此外,萬一客人事後發現消費金額有錯誤而
回頭詢問店家時,服務生則有回去找尋單據等問題。還有可能的問題,是
服務生有可能會將認識的客人所點的單據隱藏或銷毀,而造成營業額的損
失。

為了防止以上所發生的營運問題，建議業者採用此種點單服務方式，要有系統的規劃設計點菜單和服務流程。

(三)餐桌點餐

　　餐桌點餐（Table Service）**服務方式**，適用於平均消費額稍高的餐廳經營型態。顧客在服務生帶位後參閱餐廳的菜單，服務生會在適當時機為客人點菜。餐桌點餐服務基本上會有上菜的順序，所以服務生會依序將餐點上桌。此種服務方式讓客人可以在座位上輕鬆等候餐點和享受餐桌服務，客人有任何問題只要找負責的服務人員即可。當然，此種服務方式也有其缺點，如服務生可能會有點錯菜、上錯菜或上菜慢等問題。但是只要有良好的服務流程管理，便會降低服務不周的狀況。

　　採用此種點單服務方式的店家，需要做外場座位的服務分區，接待員要分區帶位，協調各區服務人員的服務品質，以避免將客人帶到同一服務生的工作區域。Pasta Paradise義大利餐廳開發案例即是採用此種點單服務方式。

(四)全自助式

　　全自助式（Buffet）**餐點服務方式**是客人在接待員帶至座位後，自行至餐廳規劃設立的餐點區拿取餐食。客人可依個人的飲食喜好自行挑選，夾取食物與選用飲料後，再端盤至座位上享用餐點。

　　此種餐點服務方式在餐廳規劃上，著重廚房製作餐食的整合性和外場擺設食物餐檯的美學，所提供的餐點在料理種類、食材、菜色、口味上普遍多樣化，能挑起顧客的食慾，吸引客人再度光臨。特別要注意的是，這種型態的餐廳在食物成本必須要做好規劃和控制，才能提高利潤。目前在餐飲市場上有很多各式餐廳採用全自助式的餐點供應服務，如中西式、日式、甜點下午茶和火鍋店等。

圖6-7　Mo-Mo-Paradise半自助式點單價目表

圖6-8　IKEA半自助式餐廳

資料來源：Google網站圖片（2009）。

(五)半自助式

半自助式（Self-Buffet or Cafeteria）**餐點服務方式**有兩種。Self-Buffet，是指餐廳業者所供應的大多數餐點是採用全自助式的服務，只有一些食物成本比較高的食物是採用客人先點單，再依份數將食物送到客人的餐桌上（如**圖6-7**）。此種餐點的供應方式是考慮以食物成本的控制求取利潤；重要的是，餐廳業者如要採用此種供應方式，在設計菜單時就要考慮到廚房和外場的整體服務流程規劃。餐飲市場上很多餐廳採用全自助或半自助式的供餐服務，主要是顧客可以直接看到整個菜餚的樣式和口味，然後滿足地拿取佳餚食用（如**圖6-8**）。但這兩種餐點供應方式均容易造成顧客浪費食物的現象，業者也比較不容易控制食物成本。

(六)外帶與外送

一般市面上的餐廳業者很少只有提供**外帶或外送（To Go or Delivery）服務方式**。大多數的餐飲業者除了有實體餐廳提供客人在店內用餐外，也會提供外帶或外送的服務。目前比較常看到的餐廳型態只有Pizza店（必勝客與達美樂），會採用一些店面提供外帶和外送之服務。

(a)達美樂外帶外送菜單

(b)庫司庫司外送菜單

圖6-9　外帶外送點單

採用此服務方式考量的是店租和投資。業者也會利用網路訂購的方式，提供客人快速和穩定的服務。網路訂購的點單服務方式，讓業者可以先確認訂單而製作餐點，客人可以在預定時間內拿取或接收訂單，減少等候的時間（如圖6-9）。

(七)得來速點單方式

得來速（Drive-through, Drive-thru）點單服務方式是顧客開車至店家的服務窗口（不需要找停車位），點餐後付錢拿取所點的餐點服務。這種點單服務方式的優點是提供客人快速且方便的供餐服務；缺點是客人取得餐點離開店家後，有可能會發生服務生少放餐點的狀況。

另外一種得來速（Drive-in）的點單服務方式是顧客開車到店家的停車場後不下車，服務生會走到顧客的車旁服務顧客，之後再拿取客人所點購的餐食到客人停車的地方，而客人可以停留在車上用餐❼。

簡單來說，Drive-through是鼓勵客人拿取餐食到他處用餐，而Drive-

圖6-10　星巴克提供的得來速服務

in則鼓勵顧客於停車點餐後，待在車上用餐[8]。**圖6-10**是星巴克咖啡廳所提供的得來速服務。

第四節　菜單的種類

餐飲市場上有很多不同型態的餐廳，有些餐廳會將所有供應的餐食類別放在同一本菜單，也有的業者會將各類的餐食分別提供菜單。不管何種營運型態的餐廳，業者在設計菜單時需要考慮顧客的喜好、成本、餐廳識別和經營目標。菜單的種類可以依餐廳業者的經營型態、消費者飲食習慣和用餐目的等資訊來區分。

一、依餐廳營運需求設計

菜單可根據餐廳的經營運作需要進行設計，如單點菜單、當日特餐菜單、套餐菜單、自選搭配套餐菜單、合菜菜單及自助式菜單等，分述如下：

(一)單點菜單

單點菜單是提供多種菜餚且每項餐點都有不同的定價。顧客依菜單

上的各類餐食自行選擇搭配喜歡的菜色。此種單點菜單的設計，會列出各式各樣不同口味的餐點，藉以提高顧客的平均消費額，餐廳業者可以從這種單點的菜單規劃獲得較多的利潤（如**圖**6-11）。

(二)當日特餐菜單

　　當日特餐菜單是餐廳業者希望顧客能嚐試不同的餐食種類，進而設計的單項或一組餐點。業者藉由每日採購的特價食材，並利用廚師的廚藝製作出不同於製式化的菜單，來滿足顧客的新鮮感和提高回客率（如**圖**6-12）。

(三)套餐菜單

　　套餐菜單的設計模式是餐廳業者組合單點菜單上各式的菜餚，然後依不同的組合套餐種類（四至六個餐點）給予定價。此種的套餐菜單可迎合一些不熟悉該餐廳餐食的顧客。餐廳業者可藉由此套餐餐點，讓第一次

圖6-11　單點菜單

圖6-12　當日特餐菜單

光臨的客人瞭解該餐廳的美食，提高客人的滿意度和整體用餐經驗，讓客人能再度光顧（如**圖**6-13）。

(四)自選搭配套餐菜單

自選搭配套餐菜單的設計模式基本上與前一種類似。前項的套餐種類可能是餐廳業者將各式餐點固定，而無太多的選擇。自選搭配套餐的菜單比較有選擇性和彈性。消費者需先選購一項主食，然後依個人的口味和喜好，搭配各式的套餐種類（如**圖**6-14）。

(五)合菜菜單

合菜菜單設計的方式與套餐菜單的原則很類似（如**圖**6-15），都是根據菜單結構上組合出不同種類和口味的菜色提供給顧客。其中的差異是套餐菜單是供應給個人，而合菜菜單是提供給多人或團體的餐點設計。合

圖6-13　勝博殿的套餐菜單

菜菜單設計的份量基本上比套餐菜單來得大,才能使客人吃得飽,餐廳業者會根據人數多寡設計合菜菜單。

二、依消費者飲食需求設計

菜單可依消費者飲食習慣分類為早餐菜單、早午餐菜單、午餐菜單、下午茶菜單、晚餐菜單及宵夜菜單等,分述如下:

(一)早餐菜單

有些供應早餐的餐廳業者會將早餐菜單放入一般的菜單,或是分開獨立為單一本,但在菜單本的設計上仍需依據餐廳的經營方針和型態。例

圖6-14　古拉爵自選搭配套餐菜單　　圖6-15　古拉爵合菜套餐菜單

資料來源：義式屋古拉爵傳單（2009）。資料來源：義式屋古拉爵傳單（2009）。

如有些業者如要讓顧客瞭解該餐廳全天供應早餐菜單的食物時，則建議將早餐菜單也列在正式的菜單本上；那麼，顧客也會根據菜單本上的餐點供應來識別該餐廳是單純的早餐店還是咖啡廳。這樣一來，顧客在用餐時間上的認知選擇也將會有所改變。

　　早餐菜單的種類可以簡單的區分為中式和美式。中式早餐提供豆／米漿、蛋餅、燒餅、油條、鹹餅、甜餅、包子、饅頭、飯糰等各式餐點，美式早餐供應各式漢堡、果汁、冰／熱紅茶、冰／熱奶茶、冰／熱咖啡、薯餅、美式鬆餅（Pancake）、比利時鬆餅或格子餅（Waffle）、英式鬆餅（Muffin）、各式蛋的餐點（Scrambled Egg, Sunny-side Up）、歐姆

蛋（Omelette）、班乃迪克蛋（Eggs Benedict）、吐司搭配各式果醬、可頌麵包、餐包搭配奶油、歐式麵包、法式吐司、培根、香腸等多樣餐點（如圖6-16）。

(二)早午餐菜單

顧名思義，**早午餐菜單**供應早餐和午餐的餐點。一般來說，果汁和水果應該也要提供。主要的餐點需要豐富且有足夠的份量，例如早午餐可以供應歐姆蛋、雞肉、雞肝、小份量的牛排、培根、香腸、烤馬鈴薯、烤番茄等餐點，以及各式烘焙的熱麵包和多種飲料的提供，另外也可以準備

圖6-16　Bill's的早餐菜單

圖6-17　Atelier Bistro早午餐菜單

一些蔬菜和水果沙拉（如**圖6-17**）。

　　因應現代的生活方式，消費者在假日期間可能會晚一點起床，而起床的時間介於吃早餐和午餐的時段（如**圖6-18**）。因此，早午餐的菜單更能貼近顧客的需求，只要吃一餐早午餐就可以解決用餐時間的不穩定性，且消費者也可以在假日的時候獲得足夠的睡眠時間。

(三)午餐菜單

　　午餐菜單的餐點可包括多種類的食物。以西餐為例，開胃菜、湯、沙拉、三明治、主菜和甜點的食物都可以供應，顧客可以單點或做套餐的

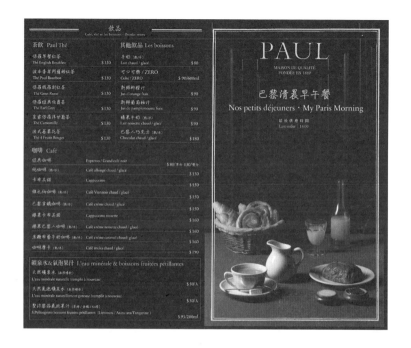

圖6-18　巴黎清晨（PAUL）早午餐菜單

資料來源：擷取自Paul小酒館美食。

選擇。**午餐菜單**在餐點設計上應以經濟價位為考量；換句話說，餐點的份量和價格應該比晚餐的餐點要來得少和便宜，但在食物的品質上仍應力求一致（如**圖6-19**）。

　　午餐菜單的餐食定價應以中價位為訴求，一來吸引顧客的光顧，二來也可以增加轉桌率。午餐菜單的餐食準備也需配合來客數，在餐點製備上要以快速為主，主要是因為上班族在中餐的用餐時間上有所限制。另外，業者也可在午餐菜單上規劃每日特餐（Daily Special）或便當的菜單，讓客人對店家在菜單食物的菜色上有新鮮感和多變化的認知（如圖6-20）。

(四)下午茶菜單

　　一般的餐廳在午餐的服務過後，很少供應其他餐點，如下午茶或

圖6-19　Second Floor Cafe商業午餐菜單

圖6-20　勝博殿商業午餐菜單

Happy Hour。然而因國人生活型態的改變,許多的消費者對下午茶的餐點趨之若鶩,成了一種生活飲食常態。提到下午茶的飲食文化,大多數的消費者應該都會聯想到英式下午茶。英國的約克(York)城市有一家享譽國際的下午茶餐館,店名為Betty's Café Tea Rooms(網址:www.bettys. co.uk)(如圖6-21)。下午茶的菜單會供應的餐點如三明治、甜點、糕

圖6-21　Betty's Café Tea Rooms下午茶菜單

資料來源:檢索自www.bettys.co.uk。

圖6-22　Betty's Café Tea Rooms的Montpellier Café Bar菜單

資料來源：檢索自www.bettys.co.uk。

點、餅乾和各種飲料（如**圖6-21**、**圖6-22**）。

　　由於市場競爭的關係，下午茶菜單應不單只是蛋糕或三明治類的食物，義大利麵的餐廳也會提供下午茶的餐點服務（如**圖6-23**）。

(五)午晚餐

　　現代人忙於工作，用餐時間點都不正常。因此有些店家為了滿足消費者各式型態的用餐時機點，也有推出精緻午晚餐（如**圖6-24**）與輕食午晚餐（如**圖6-25**）給消費者做另一選擇。

圖6-23　下午茶茶點與義大利麵下午茶菜單

圖6-24　精緻午晚餐

圖6-25　輕食午晚餐

(六)晚餐菜單

晚餐菜單是所有餐廳內各式餐點的主角。餐廳業者在設計晚餐菜單時，應該要有符合該餐廳的特別菜餚，以吸引顧客群。一般消費者在選擇餐廳時，都會先想到主食，如牛排或義大利麵等。接著消費者會聯想到哪家餐廳所供應的食物最特別，且美味好吃。所以，餐廳業者需在晚餐菜單的食材、餐點種類、烹調方式、口味、口感、食物擺盤上多花些心思（如**圖6-26**）。

目前臺灣餐飲市場上充斥著各種料理的餐廳。不管各自的晚餐菜單在食材、菜餚、份量、價位上的變化如何，各家餐廳業者應以符合其服務客群的需求，量身設計晚餐菜單。

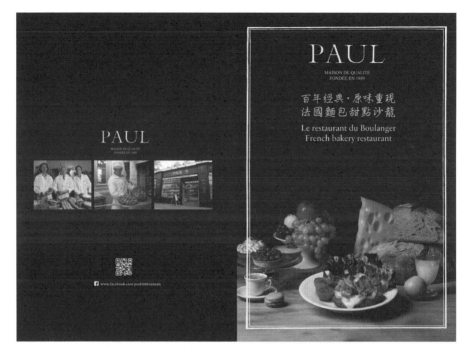

圖6-26　巴黎清晨（PAUL）正餐（晚餐）菜單

資料來源：擷取自Paul美食。

(七)宵夜菜單

在餐飲市場上，有些餐廳會提供宵夜菜單的服務。**宵夜菜單**的飲食訴求對象大多為看完晚場電影、表演，或從事晚間工作的顧客群。因此，提供宵夜菜單的經營型態多為夜店、舞廳和酒店。當然，一些簡易的用餐地方，如路邊攤或二十四小時營業的速食店仍是宵夜市場的龍頭（如**圖6-27**）。

以上各類菜單均可以選擇以單點、套餐，或自助式的供應方式來服務顧客。至於宵夜菜單的餐點供應則建議採用菜單點單、餐桌點菜，或半自助式等服務方式，而不適合全自助式供應方式。

圖6-27　宵夜菜單

三、依消費者用餐目的需求設計

　　菜單亦可根據顧客的用餐目的或其它需求來規劃設計，如特殊節日菜單、宴會和聚餐菜單（如圖6-28），以及兒童菜單、外燴菜單（如圖6-29）、素食菜單、年菜菜單（如圖6-30）等。一般來說，大多數的餐廳業者沒有特定在菜單本上列出以上四種菜單，而且也不太會列印出單獨的菜單本。畢竟比起主要的菜單服務內容（午餐、晚餐），這些特殊需求的菜單對店家的利潤貢獻比例上很低，充其量是在做服務性質。餐廳業者可依據客人的需求和預算來做客製化的菜單設計。

　　對任何型態的餐廳而言，菜單的規劃設計扮演著重要的角色，菜單關係著餐廳的定位、策略、市場、服務和營運主軸。餐廳業者藉由菜單的功能將其服務的角色銷售和推廣給特定的消費族群，最終目標要能滿足顧客在餐廳的飲食體驗。

(a)勞瑞斯牛肋排餐廳新春餐敘與晚宴菜單

(b)福華大飯店蓬萊邨的婚宴菜單

圖6-28　依消費者用餐目的設計的菜單

資料來源：勞瑞斯牛肋排餐廳與福華大飯店範例（2009）。

圖6-29　Cheesecake Factory外燴菜單

圖6-30　瓦城年菜菜單

第五節　菜單規劃設計的評估

本節提供一些在規劃和設計菜單時考慮的重點問項[9]。

一、菜單利潤

1.菜單內的各項菜餚是否有規劃設計一些高利潤的餐點項目？

2.菜單內的各項菜餚是否有規劃設計一些符合市場流行或受歡迎的產品？

3.菜單內各項菜餚的高低價位的平衡考量如何，會不會過於偏向某價位？

4.菜單內各項菜餚的價位是否具有競爭力？

5.菜單內的各項菜餚定價是否可彈性調整以反應成本？

6.各項菜餚的食材成本是否根據確實的成本資訊？

7.各項菜餚的份量是否足夠？

8.各項菜餚的食材選擇上是否有考慮如何減少成本，並考量到是否有其他使用上的風險？

9.各項菜餚的食材製作是否反應廚師人力的需求？

10.菜單設計的各項菜餚是否能提高平均客單價？

11.各項菜餚的食材成本是否能有效控制？

二、菜單內各項菜餚菜單的餐點敘述

1.菜單內各項餐點的描述是否正確和真實？

2.菜單內各項菜餚內容物的敘述是否避免使用一些重量或大小等的文字，以免造成顧客認知上的落差？

3.菜單內各項菜餚的敘述是否使用了能充分說明產品品質的文字？

4.菜單內各項菜餚的敘述是否選擇了能適當描述菜餚的文字？並注意到避免過於誇大，簡單而易於瞭解？

5.菜單內各項菜餚的敘述是否真實呈現實際使用的食材規格？

6.菜單內各項菜餚的照片是否與實際產品的真實面貌一致？

7.菜單內各項菜餚的描述是否能促進產品銷售？

8.菜單內各項菜餚是否以一致的大小和品質呈現於顧客面前？

三、顧客對菜單訴求的理解

1.菜單內各項菜餚是否能引人注目？

2.菜單本的印刷字跡是否清楚、易讀？

3.菜單本內的文字編排內容是否過於擁擠？

4.菜單本的內容編排是否能免於凌亂？

5.菜單本內各項菜餚是否合理地依食用的順序排列？

6.菜單本內的標價是否能清楚地呈現？

7.菜單本內各項菜餚是否容易找到？

8.顧客是否能依據菜單本的內容得到他們期待的餐點？

9.菜單本內的所有文字內容是否有無法解釋的外文？

10.菜單本內各項菜餚的表列行距是否有適當的空間，不會造成彼此的混淆？

11.菜單本的印刷字跡是否能自背景的顏色脫穎而出？

12.菜單本內各類菜餚標題大小是否合適和顯眼？

四、配合菜單服務的實際運作

1.菜單內各項菜餚的設計是否符合廚房設備生產的性能？

2.菜單內各項菜餚設計是否能讓服務生適當地執行服務？（如鐵板）

3.餐廳內外場的營運規劃是否適當地符合菜單服務的需求？（如牛排

保溫餐車、桌邊服務）

4.餐廳內外場規劃是否依據菜單服務內容提供足夠的儲存空間？

5.菜單內各項菜餚的設計是否能找到有能力製作的廚師人員？

6.餐廳廚房與外場用餐區的距離是否合理？

7.餐廳用餐區的燈光亮度是否足夠閱覽菜單？

8.餐廳外場是否提供舒適的用餐環境？

9.每位顧客是否有適當的用餐空間？

五、菜單本的使用設計

1.菜單本的封面套是否耐用、容易清潔，以及具有引人注目的外觀？

2.菜單本的內頁紙是否堅固耐用？

3.菜單本的整體性是否讓客人容易閱覽和瞭解？

4.顧客是否能輕鬆地從菜單本找到需要的訊息？

5.菜單本整體看起來是否既整齊又乾淨？

6.菜單本內是否有任何塗改和手寫的字體？

7.菜單本整體的顏色搭配應用是否讓顧客印象深刻？

8.菜單本整體外觀的形狀設計是否恰當？

9.菜單本的大小是否讓顧客容易拿取和操作？

10.菜單本的裝飾特徵是否適當？

11.菜單本的樣式和字體的選用是否與餐廳裝潢的氛圍和標識相融合？

12.菜單本看起來是否有勻稱、美好的外形？

13.菜單本整體設計是否專業？

14.菜單本是否有提供餐廳營運時間、地址、連絡電話，以及其他重要的訊息和聯絡方式？

15.菜單本上的商標是否顯眼？

六、菜單內各項菜餚的選擇

1. 菜單內各項菜餚的菜色是否均衡和多變？
2. 菜單設計上是否供應不同形式、顏色、口味和溫度的菜色？
3. 菜單設計上是否有提供季節性的食物？
4. 菜單內各項菜餚的製作是否充分利用蒸、煮、炒、煎、炸等多變化的烹飪技巧？
5. 菜單內各項餐點內容的準備和製作技術是否有合適的廚房和服務人員？
6. 菜單內各項菜餚的整體呈現是否保有簡潔的印象而沒有過多的裝飾？
7. 菜單設計上是否供應了足夠的餐點選擇來吸引客人？
8. 菜單內各項菜餚的銷售組合是否有效地吸引顧客？
9. 菜單內供應的特別菜餚是否顯眼而不會過於強調？
10. 菜單內各項菜餚的喜好度是否均衡？

七、菜單內各項菜餚的呈現

1. 菜單內各項菜餚在盛盤時所使用的盤子大小是否合適？
2. 菜單內各項菜餚的擺盤和裝飾是否恰當？
3. 菜單內各項菜餚的整體面是否吸引顧客？
4. 菜單內各項菜餚的價格是否以價位高低的順序排列？
5. 菜單內對於各項菜餚的過長敘述，句子是否都能一致的分行？
6. 餐廳業者是否有將主要銷售的菜餚放在菜單本明顯的地方？
7. 菜單本上提供的兒童菜單是否符合兒童的需求？
8. 夾頁或插入式的菜單是否正確的運用，且不會影響其他菜單本上的菜單內容？
9. 菜單內各項菜餚設計是否能反應可管理的存貨清單？

10.菜單設計上對於高風險的產品是否有程度的限制？

11.菜單內各項菜餚是否都能有高銷售量的潛力？

12.菜單內高利潤的菜餚是否有精美的擺盤技巧？

13.菜單設計上是否有注意到營養的面向？

14.菜單設計上是否有考慮到單點和套餐菜單的平衡？

15.菜單內各項菜餚的食材價格波動是否起伏過大？

16.菜單內是否有適當的飲料供應？

八、網路科技的應用

1.可結合更多科技軟體，如掃描QR Code找餐廳地點（如**圖**6-31）。

圖6-31　掃描Boudin SF的QR Code可找到該餐廳的地點

2.提供科技資訊，如下載線上點餐App（如**圖**6-32）可避免排隊等候，提供快速服務。

3.提供Twitter、Instagram、臉書等粉絲專頁資訊可與顧客保持互動（如**圖**6-33）。

4.下載集點App，顧客可記錄消費點數，提升消費忠誠度（如**圖**6-34）。

5.連結官方網站，提供促銷專案或徵才等資訊服務。

圖6-32　下載App線上點餐系統方便又快速

圖6-34　Jamba Blends的會員集點App

圖6-33　利用粉絲專頁可與顧客保持互動

註　釋

❶十二籃──健康美食新主張。http://www.12basket.tw/。檢索日期：2009年11月20日。

❷T.G.I. Fridays的詳細菜單內容，請參閱網址：http://www.tgifridays.com.tw/2013/include/index.php?Page=0。

❸Café Grazie義式屋古拉爵詳細菜單內容，請參閱網址：http://www.grazie.com.tw/。

❹桃屋日本料理詳細菜單內容，請參閱網址：www.momoya.com.tw/onweb.jsp?webno= 3333333331。

❺天鼎 鍋の殿（健康煮的前身）。請參閱網址：http://www.dadido.com.tw/。檢索日期：2014年4月24日。

❻整理修改自黃福其、羅建怡（2009）。〈炸油含砷　3門市重15罰萬〉，《聯合報》，2009年7月21日報導。

❼Checkers Drive-in Restaurants, Inc. 請參閱網址：www.checkers.com。檢索日期：2009年11月20日。

❽Rally's Hamburgers of Southern Indiana & Western Kentucky. 請參閱網址：www.ralleyburger.com。檢索日期：2009年11月20日。

❾參考自Kotschevar, L. H. & Escoffier, M. R. (1994). Management by Menu, 3rd eds. The Educational Foundation of the National Restaurant Association.

Chapter 7

食材採購與製備

本章綱要

1. 導論
2. 制度化的採購流程
3. 食材製備流程

本章重點

1. 認識食材採購與製備的重要性，瞭解食材與餐廳成功及獲利間的相互關係
2. 餐廳的採購工作是餐廳成本控制的重要環節，瞭解制度化採購流程的必要性
3. 瞭解採用標準食譜的重要性
4. 瞭解並能充分運用常用單位換算表
5. 個案討論與練習：學習如何製作標準食譜
6. 學會如何有效的進行成本控制，瞭解各項計算公式並認識各項報表的登錄與審查

🍜 第一節　導論

　　餐廳業者完成菜單的規劃與設計之後，接下來的工作是採購相關作業及每一道菜餚製作的標準化。餐廳業者設計精製菜單的目的在於吸引顧客的光臨，然而在提供顧客高品質食物的過程中，採購物美價廉的食材並配合精湛的廚藝是決定餐廳成功與獲利的一大關鍵。首先，採購作業需明確敘述各項食材及非食材的規格，並且能準時提供廚房生產及製作產品；其次，廚房的製備作業需將採購的原物料在依食譜規範的品質、安全及份量控管下，烹飪出美味的佳餚。本章討論的重點即在於制度化的採購及食材製備流程。

　　歸納以上的討論重點，餐廳食材採購與製備的規劃步驟如下所示：

　　1.制度化的採購流程：
　　　(1)根據餐廳定位及菜單內容決定食物標準。
　　　(2)建立食材產品採購規格。
　　　(3)尋找及評選供應商。
　　　(4)建立採購與驗收制度。
　　　(5)規劃食材儲存。
　　　(6)設定食材安全庫存量。
　　　(7)規劃發貨作業。
　　2.食材製備流程：
　　　(1)標準食譜與製作表。
　　　(2)生產控制表。
　　　(3)規劃食材盤點控制。
　　　(4)計算食材成本。

第二節　制度化的採購流程

餐廳的採購工作是餐廳成本控制的重要環節，任何採購環節的缺失均會影響餐廳追求利潤。採購的最終目標是餐廳業者在適當的時間，以最低的價錢從合適的廠商處買到適當之數量及最佳品質的產品，並且供應商能準時將採購物品運送到適當的地點。因此制度化的採購管理會影響餐廳經營之成敗，謹將採購制度化的流程分述如下。

一、根據餐廳定位及菜單內容決定產品標準

制度化的採購流程須根據餐廳本身的銷售營運政策擬定。任何型態的餐廳在著手規劃採購作業時，負責採購事務的人員需要瞭解該餐廳的市場定位和菜單的細節。更進一步來說，專業採購人員的主要職責是負責市場詢價和採買一家餐廳所需的物品，產品從小額的牙籤到高額的百萬設備都含括在內。

一般餐廳採購的類別大概可分為海鮮、肉（牛、羊、豬肉）、家禽（雞、鴨、鵝）、蔬果、乳製品、乾貨、飲料、酒類、辦公文具、餐具、各類生財器具、消耗品等。在市場上，這些採購物品的價錢和品質可說是千變萬化。因此採購員不只是一位訂購者的角色這麼簡單，一位專業的採購人員需要瞭解各項公材與菜餚口味的應用搭配，具有菜餚生產製作的知識，以及懂得為你的菜單訂價。要知道市面上每一種等級的肉品在品質上、價位上、產品生產上、烹調方法上與價位上都不一樣。舉例來說，業者想要開一家提供牛排的餐廳，採購員首先便需要瞭解該餐廳在市場上的營運定位，如路線是走高級或是中低等級。例如高級路線的牛排食材需要採購評選為最佳品質（Prime）等級的產品、生產製作採用新鮮或急速冷凍的產品、烹飪過程採用烘烤式作法，及目標市場的定價為一千元。故採購人員需依餐廳的定位走向訂定產品的標準。

二、建立食材產品採購規格

　　產品規格書（Product Specification），指敘述該產品所有的特質。產品的詳細描述可以瞭解是否符合生產及服務上的標準。簡言之，產品規格書是產品標準的詳細說明書。大型規模的餐飲機構都會制定採購規格。採購規格須由使用單位、採購員及供應商所提供的市場產品資訊來制定。採購規格書有其目的，並非只限於制定採購標準，它扮演的角色列舉如下：

1. 可用來作為採購的基準。
2. 是公司內部使用者、採購者及供應商合作溝通的橋樑。
3. 可使採購作業流程順暢簡易，減少詢價及下單的時間，提升工作效率。
4. 如果採購員有事請假，可找人根據採購規格書進行代理工作。
5. 可作為採購員的訓練教材。
6. 可作為招標或請廠商報價的準則。
7. 可避免以較高的價格購買超過規格要求的產品，使供應商在合理的價格下提供最合適的商品和服務。
8. 可作為進貨驗收的依據。
9. 可作為品質控管與成本控制的標準。
10. 可因應市場產品變動來調整採購規格書的內容。

　　根據以上所列舉的重點，餐廳業者應致力制定採購規格書；然而這項工作相當費時，且不能憑空捏造。因此採購員應該要瞭解各項產品特性的知識。產品規範等級（Grade）是一項品質參考的依據。國內行政院農業委員制定的CAS（Certified Agricultural Standards）為經驗證的優良農產品標準，CAS標章為國產農產品及其加工品最高品質的代表標章；其圖案為「🅐🅢」。

　　目前**CAS標章**適用之產品類別係以國產農水畜林產為主原料之產品

及其加工品。其類別包含十六類，分別為：

01 肉品	02 冷凍食品	03 果蔬汁	04 食米	05 醃漬蔬果	06 生鮮食用菇	07 即食餐食	08 冷藏調理食品	09 釀造食品	10 點心食品	11 蛋品	12 生鮮截切蔬果	13 水產品	14 羽絨（非食材）	15 乳品	16 林產品（非食材）

資料來源：財團法人臺灣CAS優良農產品發展協會（2018）。網址：http://www.cas.org.tw/cas家族。

　　至於各類別驗證產品品項請參考**表7-1**。其他相關參考資料亦可由供應商提供，進行採購規格書的編製。

　　瞭解制訂採購規格的重要性後，餐廳業者便可進一步根據產品規範編製細節。採購規格書一般可分為正式及非正式。通常大型的餐飲機構都會要求採購部制定詳細的內容；而非正式的規格書可以簡短，甚至可以只註明品牌名稱、重量及包裝大小。

　　基本上採購規格書沒有一個固定的規則。不同產品有其不同的採購規格注意事項。謹就制定採購規範時提出以下應注意的資訊：

1. 產品需求：如直接喝或用來調配雞尾酒的柳橙汁。
2. 明確的產品名稱：如採買玉米時應註明為新鮮、有機、罐頭，或冷凍產品。
3. 供應商：如葡萄酒供應商的名稱。
4. 品牌：如鮮乳指定的品牌林鳳營。
5. 政府品管標準：指定CAS認證的產品或HACCP管制檢驗。
6. 產品大小：需明確註明數量、長度、重量或容量，例如隻、份、條、箱、片、克、公分、公斤、盎司、磅、公升及加侖等單位名稱。這些單位的註明將有助於盤點表的設計。
7. 使用率：蔬果類在品質上及處理過程中可能會有損失。例如青花菜

表7-1　CAS類別產品

產品類別	1	2	3	4	5	6	7	8
肉品類	冷藏（凍）生鮮豬肉	冷藏（凍）生鮮牛肉	冷藏（凍）生鮮禽肉	豬（禽）肉加工製品				
冷凍食品類	水餃	包子	裹粉、裹麵炸雞	火鍋料理	中式菜餚	雲吞、餛飩、燒賣、珍珠丸、湯圓	主食：米飯／麵食／比薩	其他（湯、漢堡）
果蔬汁類	原料	產品						
食米類	食米	胚芽米	發芽米					
醃漬蔬果類	蜜餞	泡菜	醃漬蔬菜	醬菜				
生鮮食用菇類	金針菇、香菇	木耳、鮑魚菇	杏鮑菇、秀珍菇	洋菇、柳松菇	鴻喜菇、珊瑚菇			
即食餐食類	盒餐	菜餚	調理粥品	業務用炊飯	18℃恆溫製品	殺菌軟袋調理製品、速食製品	團體膳食製品、素食製品	
冷藏調理食品類	米飯	米麵點	蛋醬	即時菜餚	醃漬蔬果	素食類製品	餡料製品	組合食材製品
釀造食品類	釀造食醋	味噌	味醂、調理味醂	調味醬				
點心食品類	米漿製品	甜點製品（粥品、凝膠甜點、豆類甜點）	加工調理蛋製品（殼蛋製品、蛋加工調理製品、脫水蛋製品）	花生製品	米果製品	速食製品（速食湯類等）		
蛋品類	生鮮蛋品	殺菌液蛋	加工蛋（皮蛋）					
生鮮截切蔬果類	家庭用小包裝	團體膳食業務包裝	冷凍截切蔬菜	生菜沙拉	冷藏截切水果	熟食用生菜沙拉		
水產品類	超低溫冷凍水產品	冷凍水產品	冷藏水產品	罐製水產品	乾製水產品			
羽絨類（非食材）								
乳品類	鮮乳／鮮羊乳							
林產品類（非食材）	竹炭及竹醋液	木炭及木醋液						

資料來源：財團法人臺灣CAS優良農產品發展協會（2018）。網址：http://www.cas.org.tw/cas家族。

在處理後不可能100%使用，因此應訂出可接受的耗損範圍。

8. 包裝大小及型式：搭配食物時使用，可以購買小瓶玻璃罐或塑膠包裝，大量使用者應購買大容量罐頭包裝（十號規格）的產品，大小及型式須因應營運型態而制定，如番茄醬的包裝。

9. 保存與處理方式：需明確指示冷藏、冷凍、適溫，及使用後請密封、開封後冷藏、退冰後不可再次冷凍、禁用清潔劑清洗，並放置於冷藏／凍最內層等說明。

10. 生產地：如標明美國或法國出產的葡萄酒，不同產地或年份生產製造的葡萄酒，在味道、品質及口感上都有其差異性。

11. 分級：美國牛肉的分級為**Prime**、**Choice**、**Select**、**Standard**、**Commercial**、**Utility**、**Cutter**及**Canner**。

12. 品種：例如咖啡豆的品種分為**阿拉比卡（Arabica）**、**羅布斯塔（Robusta）**，與**利比利卡（Liberica）**。另外，咖啡豆的烘焙大致可分輕火、中火，及強火三大類，而這三種烘焙又可細分為八個階段，由淺烘焙至深烘焙，名稱為：**Light**、**Cinnamon**、**Medium**、**High**、**City**、**Full City**、**French**及**Italian**。

13. 顏色：有些產品的顏色種類很多，如青、黃與紅椒。另外，購買香蕉時要明確描述青、青黃或黃色的選擇。

14. 替代品：例如指定之美國牛肉等級或產地，可以在缺貨時採用澳洲相同等級之替代品。

15. 使用期限：特別是新鮮製或冷藏／凍之商品，需標註使用期限或最佳賞味期。

16. 化學檢驗的標準：產品有無化學添加物、色素、味素、防腐劑或抗氧化劑的限量標準。（詳細資訊可參閱行政院衛生福利部食藥署食品資訊網：http://food.doh.gov.tw/foodnew/Default.aspx）

採購員在完成規格書之後，仍然需要做市場調查來調整採購規格書上的內容，以便找尋符合採購規範的最佳供應商。**表7-2**為有鹽奶油產品

表7-2　有鹽奶油的比較

產品	依思尼頂級餐用有鹽奶油	艾許頂級餐用有鹽奶油
製造廠商	Isigny Ste-Mère	Échiré
商品產地	法國	法國（德塞夫勒省）
商品用途	餐用奶油	餐用奶油
商品特色	法國頂級乳源產區、遵循古法傳統製作、天然乳酸菌種發酵、獲世界智慧財產權組織認證	法國頂級乳源產區、遵循古法傳統製作、天然乳酸菌種發酵
商品成分	牛乳（脂肪82%、水分16%）、乳酸菌種、鹽	牛乳（脂肪80%、水分16%）、乳酸菌種、鹽
保存方式	攝氏2至6度，冷凍效果最佳	攝氏2至6度，冷凍效果最佳
營養標示	每百公克熱量713大卡、蛋白質0.7公克、碳水化合物0.5公克、鈉800毫克、鈣15毫克、脂肪82公克（飽和脂肪55公克、反式脂肪2.7公克）	每百公克熱量713大卡、蛋白質0.7公克、碳水化合物0.5公克、鈉780毫克、脂肪80公克（飽和脂肪53公克、反式脂肪2.6公克）
保存期限	冷凍狀態1年，冷藏狀態2個月	冷凍狀態7個月，冷藏狀態1個月
商品淨重	1盒25公克	1顆50公克
包裝方式	鋁箔盒裝（原裝）	鋁箔紙裝（原裝）
其他	pH值4.5至6.0	

資料來源：作者整理製表。

的規格說明，可作為採購人員建檔時的參考資料。

三、尋找及評選供應商

採購規格制定完成之後，緊接的工作就是尋找和評選符合採購規範的供應商。因此「買對廠商」的前提是除了要能從市場上挑選提供穩定品質標準及符合經濟價值的供應商之外，還需要選擇提供高品質服務的優良廠商。

(一)蒐集優良廠商的資料

市場上有很多銷售不同產品的供應商，但並不是所有的供應廠商都能符合該餐廳的產品採購需要。因此採購員可先從電話簿、商會名冊、拜

訪的業務員，或同業的協助中尋找提供該物料的廠商名單。由於網路的發達，採購人員也可以利用關鍵字搜尋廠商的網站。廠商大多會在網頁上提供該公司的營運理念、規模、產品介紹、服務客戶及資料索取等服務界面。採購員可以利用電子郵件、電話連絡，或電子商務平台快速取得相關產品或廠商的資訊。

　　一旦篩選出符合該餐廳需要的產品及採購規格的廠商後，應請這些供應商提供樣品作為測試。採購員也可以親自拜訪廠商，瞭解該廠商的實際狀況是否符合其網站所敘述的事實。採購員也可以打電話給該廠商所服務的客戶，詢問產品品質、聲譽、可靠度、交貨速度、售後服務，以及其它相關的資料。

(二)評選供應商

　　經過一連串的廠商資料收集，採購員應該具體地列出評選供應商的指標。以下列舉一些篩選優良廠商的基本指標：

1. 提供售前服務：一般餐廳採購在設定產品規格的過程中，供應商提供的諮詢服務會影響採購店家的印象。如在採購專業冷藏或冷凍庫時，餐廳採購人員會考量各家供應商除了銷售設備外，是否還提供相關的設備操作和維修等資訊，並幫忙規劃冷藏／凍庫內的層架規格。此外，供應商可提供店家免費試用樣品的服務。

2. 提供的產品品質一致：產品的品質好壞關係到餐廳的營運成敗，供應商應該力求提供符合店家的採購規格及一致的產品品質。退貨的次數也是評選供應商的因素。

3. 商品需求：供應商可以儘量滿足店家一次購足的採購需求，並隨時提供很難找到的產品資訊。

4. 價格合理：採購員在評估價格合理與否時，除了金錢的考量外，額外服務也是影響產品物超所值的因素。供應商應該提升商品和服務品質以增進整體產品價值，例如供應商並不會因訂購數量的多寡，而另行要求支付訂金。

5.交貨的穩定性：供應商要能在指定的時間內準時將採購的產品運送至餐廳指定的地方，並告知產品採購的購備時間。**購備時間**（Lead Time）為交貨期起自請購單位的請購之後，期間供應商須做產品的備貨和送貨的準備，而止於驗收後的儲存或使用。另外，供應商同時能因應店家的即時採購。

6.貨源充足／提供替代品的能力：供應商能在任何狀況下提供貨品。例如美國牛肉產品因為狂牛病的問題而無法供應時，供應商也會立即找尋替代品；又例如有些酒商無法提供同一年份的產區葡萄酒，而影響餐廳酒單Truth in Menu的問題。

7.退貨政策：供應商能與採購員訂定合理的退貨政策。

8.供應商的設備：好的供應商除了能提供品質好的商品外，也會注重倉儲設備、運送設備及衛生安全等問題。例如生鮮供應商運輸車的溫度是否符合保存產品的標準規定。

9.提供好的售後服務：供應商在銷售商品之後，仍可以持續提供後續服務。例如提供最新市場資訊或技術支援等服務。

10.聲譽：供應商有優良的道德標準及社會責任。不會供應來路不明的貨源給店家。

11.穩定的財務：財務穩定的供應商才能達到以上各項評估的標準。

12.電子商務的服務：供應商利用科技簡化採購作業流程的能力。不但可以增加供應商的競爭能力，同時也可以協助降低餐廳採購的運作成本。

四、建立良好的採購及驗收制度

經過評選並找到符合提供該餐廳採購規格的供應商，應該立即建檔並制定出一份「認可供應商名冊」提供各餐廳部門參閱。該名冊應記錄廠商的名稱、地址、連絡人及連絡電話。此外供應貨品的價格與規格也須列出。各部門只能根據該名冊提出訂購單。假如部門向任何採購名冊之外的

廠商採購商品，該公司不會付款。採購制度的建立可以避免採購舞弊的問題發生，並可維持一致的產品品質。一般中小型餐飲事業體之採購作業可區分五類，分別為**生鮮食材採購、緊急採購、一般食材採購、生財器具及消耗品採購、專案採購**。依採購品項之性質、價格、儲存空間不同會有不同之定義及採購時程（如**表7-3**）。

　　採購部需要根據各類商品採購來建立採購實施細則。以下為一般中小型餐廳的細則參考範例：

表7-3　採購品項歸類及作業時程表

類別	品名	作業時程
生鮮食材	1.新鮮海鮮 2.新鮮各式肉類 3.新鮮蔬菜水果 4.鮮乳 5.果汁 6.優酪乳 7.半成品，如濃縮洋蔥湯 8.加工品，如麵條 9.其他於冷藏環境下，保存期限少於10天之食材	每天採購，隔日送貨
一般食材	1.罐頭 2.瓶裝飲料或酒類 3.罐裝果汁、酒類、飲料或調味醬料 4.乾貨，如香菇 5.乾粉，如麵粉 6.冷凍蔬菜 7.冷凍肉品 8.冷凍海鮮 9.其他經適當儲存下，可存放10天以上之食材	每週採購1次，隔日送貨
生財器具及消耗品	1.辦公文具用品、名片 2.塑膠袋、外帶餐盒、保鮮膜等消耗品 3.布巾類 4.餐具 5.清潔用具 6.其他單價低於2,000元以下之生財器具	每月採購1次，送貨時間2至3天
專案採購品	1.機器設備、廚具 2.裝潢 3.空調、鍋爐、電腦等 4.其他不屬於常態性採購之物品或單價高於2,000元以上之物品	專案採購，視需要辦理

資料來源：作者整理製表。

(一)生鮮食材採購

1. 依肉類、海鮮、蔬果、乳製品、飲料、半成品，分類尋覓廠商固定供應。每類供應商至少二家以上，俾利調節替換，以確保貨源穩定。

2. 廠商之選定除公開招商或廠商主動登門拜訪外，亦可主動至傳統批發市場訪商。除告知所需品項、規格、粗略數量外，亦需告知希望之送貨方式、路線、時間、付款方式及緊急訂購配送辦法等相關細節，請供應商評估可行性後，提出正式報價。

3. 採購／倉管人員於報價截止日後，統一彙總廠商報價資料，填寫「採購報價彙總表」，交於廚房主管或店長核可後，即可實施生鮮食材之採購作業（如**表7-4**）。

表7-4　採購報價彙總表

有效期間：自＿＿年＿＿月＿＿日至＿＿年＿＿月＿＿日

類別：□海鮮　　　□牛、羊、豬肉　　□雞肉　　□蔬菜、水果　　□乳製品
□雜貨、南北貨　□飲料　　　　□酒類　　□辦公文具　　　□餐具
□各類生財器具　□消耗品　　　□其他

廠商A		電話		傳真		聯絡人	
廠商B		電話		傳真		聯絡人	
廠商C		電話		傳真		聯絡人	

品名	規格	單位	前次採購		報價			本次採購		備註
			廠商	價格	廠商A	廠商B	廠商C	廠商	價格	

營運單位主管：＿＿＿＿＿＿　　單位主管：＿＿＿＿＿＿　　採購員：＿＿＿＿＿

日期：＿＿＿＿＿＿＿

資料來源：作者整理製表。

4.自實施生鮮食材採購作業起，採購／倉管員每季應就供貨廠商之供貨品質、價格、貨源穩定性、送貨時效等各方面做分析檢討，提報於廚房主管或店長，並視需要予以更換淘汰。

5.採購／倉管人員於每日午餐尖峰營運時段過後，盤點各類生鮮食材，詳細登錄於盤點表上，並依盤點表上之前一日盤存量、今日進貨量及今日盤存量，計算今日使用量。

6.採購／倉管人員填寫「請購／訂購／驗收單」，將相關資料詳細填寫後，再依安全存量及現有盤存量，將欲請購的數量填寫於請購欄內，並呈廚房主管或店長核可後，以事先約定之電話或傳真方式向供應商訂貨（如**表7-5**）。

7.採購／倉管人員需每日實施盤點、填表、呈核，並訂購隔日所需之生鮮食材。供應商亦應於固定時間如數送達店內；唯遇有市場休市或停止交易日前，應主動提前告知店方。採購／倉管人員亦須及早因應，調整訂貨數量及儲存空間。

表7-5　請購訂購驗收單

類別：□海鮮乳製品	□牛、羊、豬肉	□雞肉	□蔬菜、水果	□
餐具　□雜貨、南北貨	□飲料	□酒類	□辦公文具	□
□各類生財器具	□消耗品	□其他		

項目明細					請購		訂購		驗收	
品名	規格	安全存量	目前庫存	單位	數量	單位	數量	單位	數量	單位

營運單位主管：＿＿＿＿＿　使用單位主管：＿＿＿＿＿　請購員：＿＿＿＿＿

訂購員：＿＿＿＿＿　　　驗收人：＿＿＿＿＿＿＿＿

資料來源：作者整理製表。

(二)緊急採購

1. 凡歸屬食材或營運所需之物品類，因先前訂貨不足、營運量激增或其他原因造成存貨不足，進而影響營運上產品或服務的提供時，得實施本項作業。

2. 若時間上尚能配合，採購／倉管人員得經口頭向值班主管報告獲准後，立即電告供應商，進行緊急訂貨及配送。

3. 若時間緊迫且數量不多時，採購／倉管人員得經口頭向值班主管報告獲准後，就近至附近傳統市場、超市或相關商店購買金額二千元（建議金額）以下之生鮮食材或營運所需物品。並必須取得收據或三聯式發票，合併「現金支出單」（一般文具店可購得），一併向店內出納請款。

4. 不論是以緊急訂貨配送或採現金外購方式進行緊急採購，均須於事後依照正常之訂購程序填寫「請購／訂購／驗收單」，並註明「已緊急訂購」字樣於備註欄，呈請事發時之值班經理簽字後，轉廚房主管或店長簽字，與其他循正常程序訂貨之單據一併歸檔備查。

5. 採購／倉管人員平日應謹慎訂貨，適時適量。如因實際需要，實施緊急採購時，亦需就時效及取得成本做評估，進而決定以「緊急訂貨配送」或「現金外購」的方式作業。

(三)一般食材採購

1. 採購／倉管人員應先分類尋覓廠商，固定供貨。

2. 廠商之選定除公開招商或廠商主動登門拜訪外，亦可主動電告相關經銷商或批發商。除告知所需品項、規格、粗略數量外，亦需告知希望之送貨方式、路線、時間、付款方式及緊急訂購配送辦法等相關細節，請供應商評估可行性後，提出正式報價。

3. 採購／倉管人員於報價截止日後，統一彙總廠商報價資料，填寫「採購報價彙總表」，交於廚房主管或店長核可後，即可實施一般食材之採購作業。

4. 採購／倉管人員固定每週一天進行一般食材訂貨，並必須於當天午餐尖峰營運時段過後，盤點一般食材，詳細登錄於盤點表上，並依盤點表上之前一週盤存量、進貨量及今日盤存量，計算本週使用量。

5. 採購／倉管人員填寫「請購／訂購／驗收單」，將相關資料詳細填寫後，再依安全存量及現有盤存量，將欲請購的數量填寫於請購欄內，並呈廚房主管或店長核可後，隨即向供應商訂貨。

(四)生財器具及消耗品採購

1. 採購／倉管人員應先分類尋覓廠商，固定供貨。

2. 廠商之選定除公開招商或廠商主動登門拜訪外，亦可主動電告相關經銷商或批發商。除告知所需品項、規格、粗略數量外，亦需告知希望之送貨方式、路線、時間、付款方式及緊急訂購配送辦法等相關細節，請供應商評估可行性後，提出正式報價。

3. 採購／倉管人員於報價截止日後，統一彙總廠商報價資料，填寫「採購報價彙總表」，交給廚房主管或店長核可後，即可實施採購作業。

4. 採購／倉管人員固定每月一天進行生財器具及消耗品採購，並必須於當天午餐尖峰營運時段過後，盤點一般食材，詳細登錄於盤點表上，並依盤點表上之前一月盤存量、進貨量及今日盤存量，計算本月使用量。

5. 採購／倉管人員填寫「請購／訂購／驗收單」，將相關資料詳細填寫後，再依安全存量及現有盤存量，將欲請購的數量填寫於請購欄內，並呈廚房主管及店長核可後，隨即向供應商訂貨。

6. 若本次採購之物品距前次採購間隔超過一百天以上者，則需先行電詢廠商價格是否調整。若報價調整，則需就此項物品請二家以上廠商作書面報價，重新選擇配合廠商。

(五)專案採購

1. 此項作業屬於非常態性質之採購，且單價超過二千元物品之採購。
2. 採購／倉管人員平日毋須對此項業務多做評估或訪商，惟可於平日對餐飲事業體所可能需求之機器設備、用具等建立商情資料，以備不時之需。
3. 由各單位向單位主管提出需求並經核可後，交由採購／倉管人員續辦。
4. 採購／倉管人員就欲採購之物品進行三家以上之訪商，並取得正式書面報價、售後服務細節，及樣品、試用品或書面簡介。
5. 採購／倉管人員待報價截止日時，必須取得三家以上廠商之書面報價及相關附件。填妥「採購報價彙總表」及「請購／訂購／驗收單」後，連同前述資料一併呈送單位主管及店長，經核可後辦理採購作業。
6. 本項採購之物品交貨時，採購／倉管人員、使用單位主管應同時在場，並於點交簽名驗收後，撥發使用。
7. 採購／倉管人員將相關書面簡介、保證書、說明書正本（影本交予使用單位）歸檔，並登入財產登錄卡。

　　驗收制度，指檢驗廠商運送的商品是否達到採購規格的標準。一旦接收產品之後，這些商品即成為餐廳要控管的資產。接收任何不符合採購規格的商品會影響產品的品質，並且浪費餐廳的成本。驗收的作業形式基本上可分為三種，見**圖7-1**。第三種的驗收模式有專職負責驗收的驗收人員、專設的驗收區及設備、固定的接收時間點，及與採購作業有關的請購單。這樣的模式可以防止驗收作業的舞弊、外人隨意進出，及順手牽羊的問題。

　　驗收單位的職責與作業流程順序如下：

1. 確認送貨時間：原則上，生鮮食材每日訂貨並於隔天上午十點以前送達（建議時間點）。一般食材則每週訂貨一次，並約定於非營運

圖7-1　餐廳驗收模式流程圖

資料來源：薛明敏（2000）。《餐飲採購》。臺北：明敏餐旅管理顧問公司，頁219。

尖峰時間送貨。

2. 驗收時應備妥先前傳真予供貨商的「請購／訂購／驗收單」原稿，實施逐項驗收。

3. 檢驗供應商代號名稱、送貨的品質、品名、重量、數量及份量。核對發票的單價及總金額須與訂貨單相同。將實際驗收明細填寫於驗收欄內，並於「驗收人」欄中簽名並加註日期時間。在供貨商所提示之簽收單中簽名及加註日期時間，唯若有數量不足之處，應加以註記，並於修改處簽名後，取得其中一聯存查。

4.將「請購／訂購／驗收單」與供應商之簽收單先行保留,待貨品入庫後,再行後續登錄工作。

5.整理驗收相關紀錄表,並將驗收單或發票送交會計部門。

餐廳實際採購與驗收的貨品種類眾多,以下謹列出一些商品驗收時的注意事項:

1.驗收時應確實過磅,並必須抽樣檢查「規格」:如青蔥之蔥白、蔥綠比例是否符合需求;檸檬、柳橙、鳳梨是否過大或過小。

2.驗收「海鮮」時:必須聞聞看是否新鮮,無濃重的魚腥味,魚的眼睛是否清亮,魚體是否結實不破碎,蝦頭不發黑不斷落,運送過程是否冷藏,過磅時冰水是否瀝乾等。

3.驗收「肉類」時:應注意是否新鮮,並聞聞看有無異(臭)味,肉體表面不黏稠,顏色鮮豔,油花紋路均勻,運送過程適當冷藏。

4.驗收「蔬果」時:應抽樣檢查是否品質完好。例如香蕉、奇異果等水果是否過青或過熟;蘋果外表是否結實完整無碰傷;蔬菜類是否發黃,必須丟棄之頭尾部分及外部葉片是否過多、過長。

5.驗收「冷凍及乾貨食材」時:應逐項清點檢收。冷凍食材尤其應注意是否適當冷凍儲存;品質、外觀是否完好,沒有解凍後再冷凍的跡象。乾貨應留意包裝是否完整無破損或洩漏;真空包裝品無洩氣情況;標示是否完整;乾粉類是否受潮;有效期限是否已逼近。

6.遇有「品質不符」的產品時:應嚴格把關拒絕簽收,並將情況告知廚房主管。

7.遇有「數量不符」時:若數量不足,應要求廠商立即補足;反之若數量過多,則可經廚房主管同意後酌量簽收,或將溢送部分退回。遇有數量不符之情況,簽收時務必將相關的數字修改後,再簽收。

8.平日應留心觀察廠商服務品質:舉凡送貨準時性、貨品品質、數量準確度、交易配合度等各方面均須留意。定期向主管報告,並保留相關資料於定期廠商檢討時,作為決定是否汰換的參考。

五、規劃食材儲存

餐廳在一連串的商品採購及驗收作業之後,倉儲的主要功能是保存任何產品免於敗壞及偷竊的狀況,而造成餐廳沒有足夠物料可供使用或導致成本上的損失。首先儲存作業之規劃應考慮下列因素:

1.倉庫之容量:倉庫大小適當,適量貯放存貨;過大會造成過多之存放,過小會造成營運之困境。

2.易腐敗品項:清楚瞭解各食材品項的貯存期,降低食材發霉、腐敗之機率,控制易腐敗品的存量,安排合理存量之計算,以求降低庫存量、降低庫存品金額。

3.供應送貨時間表:確定食品貯藏時間,規劃供應商送貨之頻率及數量,以求取最經濟實惠的送貨效率,降低運費轉嫁食材成本的機率。

4.大量採購所能節省的成本:大量採購因具議價之空間故可降低成本,但經理人應避免大量採購所造成之儲存問題,如食物腐壞、長蟲或偷竊等之浪費,造成食物成本不降反漲。

5.營運行事曆:採購及主廚得依據營運行事曆,規劃食材存貨量,並可據此先採購可儲存之季節品,以較低之進價降低成本。

6.品項存量不足的影響:依業務特性掌控庫存品項,如一般餐廳炸薯條存量不足可以用其它品項替代,但麥當勞漢堡若少了薯條,則是非常嚴重的庫存失誤,將影響營運收入。

7.存貨金額對營運的影響:存貨愈多,代表運轉的營運資金愈少,經理人必須掌控存貨所節省之成本,與對存貨所壓制資金間的機會成本做出正確之決定,以求達到最高營運效益。

如上所述,業者應規劃完善的倉儲作業準則,如:

1.將點交後之食材貨物,依所需不同之儲存環境,分別移入冷凍冷藏、乾貨倉或倉庫中。

2.入庫時務必將先前庫存之相同食材向前挪移，再將新品上架置於後側，確實做到「先進先出」之重要原則。

3.列入固定資產／財產者，不論是否隨即撥發使用單位或先行移入倉庫保管，均需詳實填寫於財產清單中，並將相關書面簡介、保證書、說明書原稿歸檔存查（影本可交使用單位人員參閱）。

4.適當的儲存貨物食材可以減少因腐壞所造成的損失，並可保持倉儲管理的效率及組織性。儲存的基本原則有：

(1)驗收後立即儲存。

(2)適當地加以儲存，如適溫、適所。

(3)將所有的生鮮食材貼上日期標籤。

(4)產品進銷存嚴守「先進先出」原則。

5.每項產品均以單位數量儲存，例如一箱啤酒應拆箱後陳列二十四瓶啤酒。每日訂貨的商品特別需要採取此種方式，因為這樣的儲存方式有利於領貨及盤點作業。

6.所有產品上架入庫前應拆箱，以符合上述以單位數量儲存之原則。特別重的物品儘量靠近門口以利搬運及發貨作業。

7.以每排的標準數量來計算產品，如此即使是頂層貨架上之食材亦能輕易盤點（如每排擺放六包）。

8.所有陳架均應貼上標籤，以固定物品擺放位置，並可視需要加註理想儲存量。

9.為方便清潔並避免蟲害及受潮，建議最下層之陳架應距離地面約十五公分。

10.每天定時清潔乾貨倉、冷凍及冷藏冰箱之地板；每週固定一天清潔所有陳架。

11.將拆封之食材產品，確實封好以避免氣味交叉污染。

12.勿將易腐壞的肉類海鮮產品，堆疊放在擁擠的冷藏冷凍庫中，如此冷空氣無法流通，食物易腐壞。

13.在儲存新鮮蔬果時，應先將包裝塑膠袋拆除，改以大型保鮮容器盛

裝，包心菜、蘿美生菜等多層次且屬於較大型的蔬菜，應儘量使其保持站立，以延長保鮮時日；其他蔬菜儘量先行初步沖洗泥沙瀝乾後儲存，避免過度重壓，並可以濕布覆蓋，避免水分流失。

14.在儲存肉類或其他易腐壞的產品前，應將包裝紙箱拆掉，因為厚紙箱會妨礙適當的冷凍冷藏溫度。

15.冷藏庫中應把握「上熟下生」的擺放原則。因為若將之對調位置，易造成生鮮肉類之血水滴落至熟食之中。

16.牛奶或乳製品及雞蛋應與醃肉、臘肉或其他味道濃厚之食材分開擺放，避免氣味交叉污染。

17.清潔時，應避免將拖把等清潔用品留置於倉庫中。

18.冷凍冷藏室的溫度並不等於產品食材的溫度，要以食物測溫計插入食物中測量所得的溫度為準。

19.冷凍冷藏庫內的風扇主機周圍應保持三十公分以上的空間，以利冷空氣對流，增加冷房效果。

六、設定食材與非食材的安全庫存量

　　正確的安全庫存量也是倉儲作業管理的重要關鍵，如果冷藏、冷凍以及乾貨倉庫沒有根據合理的訂購量與訂購時間的運作來保持適當的存貨數量，將嚴重影響餐廳營運。設定安全庫存量的目的在於維持餐廳服務所需的食材與非食材的存貨量，避免庫存量太多造成食材成本的損失，或庫存量太少而無法提供餐點服務。

　　事實上，沒有一個標準公式可以準確的估算出安全庫存量或存貨需求量。每家餐廳安全庫存量的設定依其菜單內容、烹飪方式、送貨次數、訂購量、食材特性、保存方式（如冷凍、冷藏、真空包裝）、保存期限、存貨成本、銷售多寡、週轉率或倉儲空間的大小而有變動及差異。因此有效的做法是靠不斷的嘗試與修正。

　　理想需求量，是指在一段時間內，某個特定的項目所需使用的數

表7-6　產品銷售統計表

海鮮義大利麵								白酒蛤蜊麵								○○○○○							
一	二	三	四	五	六	日	TTL	一	二	三	四	五	六	日	TTL	一	二	三	四	五	六	日	TTL
3	4	4	1	5	7	5	29	3	4	4	4	5	7	5	32								
2	3	4	3	6	6	5	29	2	3	4	3	6	8	6	32								
2	4	3	3	7	8	6	33	2	4	3	3	7	8	6	33								
2	2	4	2	9	8	4	31	2	2	4	2	9	8	4	31								
3	4							3	4														
AVG	2.4	3.4	3.8	2.3	6.8	7.3	5.0	30.5	2.4	3.4	3.8	3	6.8	7.8	5.3	32								

資料來源：作者整理製表。

量。正確的理想需求量可以確定營運時有足夠的數量（而非被濫用的數量）。理想需求量可由盤點表上每一週期的平均使用量及銷售統計表（如**表7-6**）上的每週銷售量及平均銷售量參考得知，而且要持續地覆檢、修訂。為了設定正確的理想需求量，除了上述表單供參考外，過去的使用量、營業額，及預估營業額亦需一併考量，如此方能在採購作業進行時得到最理想的採購數量。另外一方面，廚房人員亦須根據產品銷售統計表來設定、製作各項菜餚的原物料及半成品安全存量。

第三節　食材製備流程

　　餐廳在整體規劃完善的採購流程制度下運作，可以有效確保餐廳各部門的配合。完整的採購制度建立需要完善的生產部門來配合，而硬體的廚房動線規劃需要整合軟體的食物製備運作。其兩大步驟的整合將使餐廳達到成本控制和利潤的營收。謹將食材製備的流程分述如下：

一、標準食譜製作表

　　餐廳業者需要確認生產部門瞭解菜單內每一道菜餚的內容物和製備方

法。因此建議餐廳最好能建立一套屬於自己的標準食譜,並且將材料、配方、作法均標準化,使用的人只要依循相同的程序就可製備出一定品質的食物。為使食物製程標準化,控制食物品質並掌控成本,唯有依賴標準食譜之正確製作方能達成。採用標準食譜的重要性如下:

1.沒有標準食譜則無法進行採購。
2.可清楚列出配料細節。
3.告知顧客食物的內容配料及份量。
4.提供成本及定價的標準。
5.製訂銷售成本。
6.訓練工具。
7.提供資料供財務資訊系統分析比較。

標準食譜的建立須經由生產部門的烹調測試,才能根據正確的標準量和製作流程烹調出最佳口味的菜餚(如**表7-7**)。標準食譜的內容應該包括下列幾項資訊:

1.菜單名稱。
2.食譜編號與菜單類別:將食譜按廚房工作站或菜單類別來分類,依**Pasta Paradise**餐廳作為範例可分為準備區、開味菜、湯、沙拉、主菜、義大利麵等,以及其他海鮮類別,再於每一類別中將食譜加以編號。
3.份數、成品重量與每份份量均有詳細的紀錄。
4.製作過程中所需的烹調時間、設備及用具須寫清楚;若需事先準備的步驟(如微波解凍或半成品)可先列於食譜的前面。
5.材料方面:材料可依操作程序來書寫,液體材料的數量應用容積單位來表示,固體材料的單位則用重量單位來表示,常用單位換算可參考**表7-8**。
6.製作程序方面:使用統一的烹調詞彙,將同一操作程序的材料列在一起,並以條列方式來區分,儘量以簡潔明確的文字來描述製備程

表7-7a　標準食譜製備──牛肉汁

食譜編號：Sauce-01
設備及工具：烤箱、烤盤、斗形濾器、砧板、刀、木鏟
儲存：冷凍PC盒
口感度：豐富的牛肉汁帶點濃稠深褐色。　　　　　　　　　　　　　　　　　　　保存期限：冷凍30天

產量	30份	份量大小
內容物	重量／容量	製作方法
菲力牛排	500克	1.將牛肉切丁放入烤盤。
牛肉湯	400盎司	2.放入烤箱烤約2小時，直到肉呈黑褐色後將油瀝乾。
		3.準備可蓋滿牛肉的牛肉湯，放入可蓋到三分之一的牛肉湯，開火將湯汁煮乾。
		4.加入第二次的三分之一牛肉湯，將湯汁煮至濃稠，須不停的攪拌，避免黏鍋。
		5.最後將剩下的三分之一的牛肉湯加入，煮至剩下原來的三分之二份即可。
		6.將濾汁濾下，冷卻。
		7.貼上日期標籤，並先進先出。

資料來源：作者整理製表。

表7-7b　標準食譜製備──茄汁野菇義大利麵

食譜編號：Pasta-08
設備及工具：六口爐、平底鍋、長夾
服務容器：12吋盤
口感度：茄汁鮮紅、細稠且帶有番茄的酸甜及香料的口味。野菇和麵條的色澤亮麗，麵條吃起來有彈性。香氣濃郁的帕瑪森起司味道。
裝飾：帕瑪森起司、巴西里碎　　　　　　　　　　　　　　　　　　　　　　　保存期限：當日

產量	1份	份量大小
內容物	重量／容量	製作方法
義大利麵	180克	1.橄欖油倒入平底鍋，用中火熱5秒，加入洋蔥碎及蒜頭碎，炒出香味。
番茄沙司	50克	2.放入洋菇、香菇及鮑魚菇，並將三種菇片炒半熟（約15秒）。
洋蔥碎	10克	3.加入番茄沙司及義大利麵半成品包（準備區製作），拌勻調味。
蒜頭碎	5克	4.將成品裝盤後，灑上帕瑪森起司及巴西里碎。
洋菇	30克	
香菇	20克	
鮑魚菇	20克	
橄欖油	10克	
帕瑪森起司	10克	
巴西里碎	5克	
鹽	1撮（Pinch）	
胡椒	1撮（Pinch）	

資料來源：作者整理製表。

表7-8　常用單位換算表

容量	重量
tsp=tea spoon（茶匙） Tbs=table spoon（湯匙） oz=ounce（盎司） gt.=guart（夸特） pt=pint（品脫） fl oz=fluid ounce（容量） gal=gal（加侖）	KG.=公斤 ET OZ=（盎司）重量 bl.=磅 g=公克
	1 KG=2.2 bl.=35.2 OZ 1 KG=1,000g=1.6667公斤X16兩=26.6667兩
3 tsp=1Tbs 2Tbs=1 fl.Oz 4 Tbs=1/4 cup 8 Tbs=1/2 cup 16 Tbs=1cup or 1/2 gt. 1 cup=8 fl. Oz. 2 cup=1 pt. 1 gt.=32 fl. Oz. 4 cups	1 bl.=16 WT. OZ 1 OZ=28g

資料來源：作者整理製表。

序。

7.容器及盛裝：提供半成品及成品製作後儲存或服務的器具。

8.裝飾物：提供廚師或出菜區人員擺放裝飾物料的資訊，使成品看起來有吸引力。

9.成品口感度標準：以茄汁野菇義大利麵為例：(1)茄汁鮮紅、細稠且帶有番茄的酸甜及香料的口味；(2)野菇和麵條的色澤亮麗，且麵條吃起來有彈性；(3)散發出香氣濃郁的帕瑪森起司味道。

10.保存期限：提供半成品及成品完成後可保存的期限以確保品質。

二、生產控制表

餐飲業的服務有生產上的特性。餐廳很難準確預估來客數及餐點，因為銷售的餐點要等客人進入餐廳點菜後才能製作，而且廚房的烹調時間短，餐廳必須備有充足的原料與專業的廚師才能因應。因此廚房生產控制表的目的在於有效地控制生產餐廳每日營運所需的食材，其主要功能為確

保廚房能製備足夠的食材備料來供應客人,並且不會生產過多的食材造成浪費。**生產控制表**(如**表7-9**)的規劃運作要經由營業額的預估,經理人員方能精準算出存貨需求量來供應廚房的生產運作。

為了達成以上所述目的,生產控制表的內容應該包括下列幾項資訊:

1. 工作站:餐廳廚房工作站的設置是根據菜單內容的烹飪方式。各工作站的區分規劃可使廚房運作順利。例如菜單上供應義大利麵,廚房內就應該規劃煎炒區來因應生產該餐點的備料。

2. 產品名稱:各項餐點製備的前置作業是由廚房預先準備已採購儲存的原物料。生產控制表內列出每個工作站應該負責製備的產品名稱,各負責的廚房人員便可以將原物料做清洗、處理,及製成半成品。

3. 產量單位:根據餐廳銷售統計的資料來設定各產品製備的產量。例如海鮮麵的星期一銷售量平均為十份,生產控制表則設定搭配烹調海鮮義大利麵所需的海鮮包為十份。各產品的產量單位依產量多寡而有不同的包裝份數與容器儲存量。

4. 保存期限:保存期限根據各產品名稱的食材特性及儲存方式而有不同。例如海鮮包內只是先依標準食譜分裝蝦、蛤蜊或花枝等食材,而沒有經過烹飪,因此其保存期限會比一般其它有經過烹煮調理的產品來的短(如義大利麵)。業者應該要針對比較容易腐壞的食材做有效的處理流程。廚師一旦領到生鮮物料時應該立即處理,並盡速入庫儲存以保持新鮮度和延長保存期限。這樣的規劃一來可以製作出新鮮美味的餐點,也可以有效地控制食材成本。

5. 每日生產控制量:各工作站的準備工作要根據經理人或主廚依生意量所設定的最佳生產量來製備。生產控制表內的**OH**(On Hand)表示餐廳在早上的半成品存量;**PAR**表示標準生產量;**PRE**(Preparation)代表當日製備量。餐廳經理人或主廚在餐廳每日營

表7-9 生產控制表

烤區

產品名稱 Product	產量單位 Batch	保存期限 Shelf Life	Mon.(一)			Tue.(二)			Wed.(三)			Thu.(四)			Fri.(五)			Sat.(六)			Sun.(日)		
			OH	PAR	PRE	OH	PAR	PRE	OH	PAR	PRE	OH	PAR	PRE	OH	PAR	PRE	OH	PAR	PRE	OH	PAR	PRE
鳳梨沙拉	1/9pan	7天		1			1			1			1			2			2			1	1
檸檬碎	小白盒	3天		1/3			1/3			1/3			1/3			1/2			1/2			1/3	1/3
墨西哥番茄辣醬	1/9pan	3天		1			1			1			1			2			2			1	1
青蔥香菜絲	1/6 pan	2天		1			1			1			1			2			2			1	1
西班牙香腸（35克 0.1公分）	Each	4天		30			30			30			30			40			40			30	30
義大利香腸（0.1公分）	Each	4天		20			20			20			20			30			30			20	20
烤雞翅300克	Each	3天		20			20			20			20			30			30			20	20
雞翅醬	1/6 pan	14天		2			2			2			2			3			3			2	2
雞湯	D Lexn	7天		1			1			1			1			2			2			1	1
切花枝圈120克	Each	2.5天		20			20			20			20			30			30			20	20
小黃瓜青蔥	1/9pan	2天		1			1			1			1			2			2			1	1
醃製雞肉4盎司	Each	1天		20			20			20			20			20			20			20	20
雞肉切絲3盎司1/4"	Each	3天		50			50			50			50			50			50			50	50
海鮮湯用海鮮包	Each	3天		20			20			20			20			20			20			20	20
醃雞肉片1片55克	Each	3天		7			7			7			7			7			7			7	7
牛排蔬菜包	Each	3天		6			6			6			6			6			6			6	6

吧檯區

產品名稱 Product	產量單位 Batch	保存期限 Shelf Life	Mon.(一)			Tue.(二)			Wed.(三)			Thu.(四)			Fri.(五)			Sat.(六)			Sun.(日)		
			OH	PAR	PRE	OH	PAR	PRE	OH	PAR	PRE	OH	PAR	PRE	OH	PAR	PRE	OH	PAR	PRE	OH	PAR	PRE
水果盤	9"盤	2天		2			2			2			2			2			2			2	2
水果冰沙	冰沙桶	2天		1			1			1			1			2			2			1	1
烤麵包丁	大白盒	7天		1			1			1			1			2			2			1	1
咖啡奶油	1/6pan	3天		2			2			2			2			3			3			2	2

資料來源：作者整理製表。

業之前會先查驗各工作站內所剩的半成品存貨量，再根據各產品的安全量去算出當日各工作站所需製備的數量。生產控制表雖然有設定安全生產量，但有經驗的管理人員應該要隨時注意當日有無大型團體訂位，或有無任何其他因素（如展覽、熱門電影上映、天候狀況）而需增減當日準備量。

三、規劃食材／非食材的盤點控制

餐廳成本控制除了要有標準食譜和生產控制表的配合運作，還需要有定期的盤點統計資料才能有效控制生產成本。盤點作業基本上可分為訂貨盤點及期末盤點。各家餐廳有其符合營運需求的盤點制度（依需要而定，每日、週、一個月、兩個月或一季）。一般餐廳的盤點要求如下：

1. 採購／倉管人員應於每日尖峰營運時段過後，進行各類生鮮食材的盤點作業，並將盤點結果詳實記錄於盤點表上。針對每日採購進貨的貨品，每日盤點作業有利於每日採購新鮮的物品。
2. 採購／倉管人員應於每週固定一日於午餐尖峰營運時段過後，進行各類一般食材的盤點作業，並將盤點結果詳實記錄於盤點表上。此盤點紀錄也可以參考日採購單的統計資料（如**表7-10**），可用於統計使用量來調整安全庫存量。
3. 採購／倉管人員應於每月固定一日於晚上結束營業後（採月盤點，如**表7-11**），進行各類食材或消耗品的盤點作業，並將盤點結果詳實記錄於盤點表上之後，送交會計部門計算當月的實際使用成本。
4. 採購／倉管人員應於每年固定一日於晚上結束營業後，由店長陪同進行年度財產盤點。作業完畢後，除應詳實登錄於「財產登錄卡」上（如**表7-12**），並可視需要於財產品上加貼「年度完成盤點標籤」。

盤點的注意事項有：

表7-10 每日蔬菜採購量及安全量表

商品	PAR	單位	1	2	3	4	5	6	7	8	9	10	11	12	13	14	15	16	17	18	19	20	21	22	23	24	25	26	27	28	29	30	31
綠蘆筍	1	Kg																															
九層塔	0.5	Kg																															
青江菜	1	Kg																															
紅蘿蔔	3	Kg																															
西洋芹	3	Kg																															
韭菜	1	Kg																															
香菜	1	Kg																															
玉米粒	2	Kg																															
小黃瓜	1	Kg																															
白蘿蔔	3	Kg																															
雞蛋	1	籃																															
茄子	2	Kg																															
小魚乾	1	Kg																															
去皮蒜頭	2	Kg																															
子薑	1	Kg																															
薑絲	0.35	Kg																															
長江豆	2	Kg																															
蒜苗	1	Kg																															
蓮藕	1	Kg																															
蘑菇	2	Kg																															
生香菇	2	Kg																															
草菇	2	Kg																															
中華豆腐	10	盒																															
青蔥	3	Kg																															
剝皮紅蔥頭	2	Kg																															
洋蔥	1	袋																															

資料來源：作者整理製表。

表7-11 Food Cost庫存月報表

庫存月份：＿＿＿　　　　　　　　　　　　　　　　　　　　　　所屬庫存類別：＿＿＿

所屬廠商	產品名稱	產品規格	盤點單位	產品單價	期初數量	採購數量	期末數量	使用量	實際使用成本
	起司、蛋奶、麵粉（包）								
H001○○	動物性奶油	1L	LB	95					
H001○○	Mascarpone Cheese Italy 500克	PC	PC	250					
H001○○	BL/Unsait Butter 無鹽奶油500克	KG	KG	104					
S001○○	安佳無鹽奶油塊	1LB/40	LB	57.2					
S001○○	80片起司（安佳）	990克／12條	條	175					
S001○○	起司粉（Kraft）	8oz/24／罐	罐	120					
S001○○	BL/Unsait Butter 無鹽奶油500克	KG	KG	58.5					
S001○○	雞蛋（洗選）	中／20	盒	28					
S001○○	PIZZA起司絲	1KG/10	包	175					
○○	低筋麵粉	22KG	KG	16.2					
○○	高筋麵粉	22KG／包	KG	16.13					
K003○○	奶油10克	盒	盒	360			-	-	-
F001○○	無鹽奶油454克	1,560/CS	盒	52			-	-	-
F001○○	莫扎瑞拉刨絲乳酪-M(G)-L	12KG/CS	KG	123.81			-	-	-
合計							-	-	-

部門主管：＿＿＿　　　　　　　　　　　　　　　　　　　　　　　盤點人：＿＿＿

資料來源：作者整理製表。

表7-12　財產登錄卡

日期：＿＿＿＿年＿＿月＿＿日

類別：□餐桌椅		□外場設備	■內場設備	□空調設備	□廣播音響
□辦公設備		□消防設備	□車輛	□店外設備	□其他

編號	內-001	品名	微波爐	品牌	國際牌	規格	PN203W
單價	12,000	供應／維修商	○○電氣量販店			擺放位置	廚房六口爐左側工作臺上方平台
運費	0	聯絡電話	2700-0000				
裝置費	0	聯絡人	維修部　陳主任 業務部　李小姐			保固年限	一年
總計費用	12,000	進貨日期	○○年○○月○○日				
備註	年度盤點紀錄： ＿＿＿＿＿年度，盤點人＿＿＿＿＿；＿＿＿＿＿年度，盤點人＿＿＿＿＿ ＿＿＿＿＿年度，盤點人＿＿＿＿＿；＿＿＿＿＿年度，盤點人＿＿＿＿＿						

營運單位主管：＿＿＿＿＿　　使用單位主管：＿＿＿＿＿　　採購／建卡人：＿＿＿＿＿

資料來源：作者整理製表。

1. 為提升盤點效率，盤點表上項目順序應與庫存現場的擺放位置，有一定程度的配合，以提升動線的流暢性。例如，乾貨倉擺放時可以用物品名稱筆劃順序來擺放，或依體積重量大小來做擺放安排；而盤點表上的順序則儘量依庫存擺放順序來表列。

2. 盤點時以單位數量作盤點單位。例如一箱汽水應登記為二十四罐汽水，以避免因不同產品裝箱數量的不同，而造成盤點錯誤不實。

3. 盤點生鮮蔬果或肉類食材，若以重量為盤點單位時，應確實過磅記錄。

4. 加工切片好的漢堡肉或牛排，因規格一致且為販賣單位時，可以「個」或「片」來作為盤點計數單位。

5. 進入冷凍庫或冷藏庫進行盤點時，為避免食材失溫影響品質，可暫時關閉冷凍／藏風扇，並著大外套、頭套、口罩等禦寒衣物進入盤點。盤點作業進行中，因風扇已關閉，所以務必將庫門確實關好，避免冷凍／藏庫溫度上升過快，且盤點完畢務必記得立刻恢復電源。

6.盤點前可事前與單位主管討論是否將半成品及已開封但尚未用完之
食材計入盤存數量。一旦決定後，往後盤點便必須遵守此一法則，
保持一致性，提升盤點準確度。

四、成本控制

本章所強調的採購和生產製備規劃流程的最終目標是要在有效的成
本控制下提供顧客最佳的餐飲服務品質。透過期末盤點作業（如**表7-11**）
可以計算出總體營運下所使用的總食物成本，檢驗餐廳的營運管理績效是
否達到標準。**期末存貨盤點的計算公式**為：

$$期初存貨數量＋採購數量－期末存貨數量＝使用量$$
$$使用量×產品單價＝實際使用成本$$

餐廳業者可以採用日、週或月盤點作業來追蹤食物及飲料的銷售成
本百分比（％），**食物成本的計算公式**如下：

$$每日食物成本百分比（％）＝今日食物使用成本÷今日食物營業額$$
$$累計食物成本（週、月）百分比（％）＝累計使用成本÷累計營業額$$

至於**飲料成本的計算公式**如下：

$$每日飲料成本百分比（％）＝今日食物使用成本÷今日食物營業額$$
$$累計飲料成本（週、月）百分比（％）＝累計使用成本÷累計營業額$$

以下列舉各式營運統計表幫助餐廳瞭解詳細的成本控制流程。

每日驗收報表

每日驗收報表的內容應包括下列幾項資訊；此外，採購項目報表主
要是記錄餐廳每天驗收各家廠商進貨的資訊，如A、B、C三家廠商各別
供應蔬菜、奶油、起司及麵粉等產品：

1.單位：單位名稱根據各產品的採購規格來制定。例如台斤、個、盒，及公斤。

2.採購量：採購量根據產品進貨單位來記錄實際驗收的數量或重量。

3.單價：此欄位記錄驗收產品的規格單價。

4.總價：該欄位的金額計算為採購量乘以單價。例如採購青花菜2斤，單價為35.5元，則總價為71元（2×35.5）。

5.驗收單據總合：記錄餐廳實際驗收各廠商進貨的金額總合。例如A菜商進貨單據總合為561元、B菜商2,216元，及C菜商620元。

6.總計：該欄位計算出餐廳採購進貨的總金額。如金額為3,397元（561＋2,216＋620）。

如上所述，假設3,397元是期末盤點後的使用成本，而餐廳的食物營業額為12,000元；則食物成本百分比為28.30%（\$3,397÷\$12,000）。透過成本分類法，餐廳業者便可瞭解其成本28.30%是分別由蔬果的4.67%（\$561÷\$12,000）、乳製品的18.47%（\$2,216÷\$12,000），及乾貨的5.16%（\$620÷\$12,000）所組成。

Chapter **8**

餐飲設備與器材採購規劃

本章綱要

1. 廚房設備
2. 吧檯設備
3. 器材、器具與餐具的選購規劃
4. 餐具器皿的種類
5. 常用器具與餐具的介紹

本章重點

1. 認識並瞭解餐廳廚房設備器材的挑選及採購
2. 個案討論與練習：認識並瞭解餐廳吧檯所規劃的設備及其器材的挑選與採購
3. 認識器材、器具與餐具的選購並進行規劃
4. 認識並瞭解餐具器皿的種類
5. 認識餐廳常見的各項營運器具、工具、器皿與餐具的種類

第一節　廚房設備

　　開設籌備一家餐廳，在進行裝潢工程之前，就必須要開始進行餐廳所有設備器材的挑選及採購。餐廳在設計師規劃整個空間藍圖時應先和業主、餐廳主管、主廚，以及選定的廚具設備業者進行細部的討論，並將廚房的空間、管線、電力、排煙及空調設施預留下來，讓廚房設備的廠商能夠做後續的規劃。

一、廚房設備挑選的考量因素

　　在這個階段所必須注意的細節相當繁瑣，畢竟廚房是餐廳的生產重心。廚房內舉凡動線規劃、設備挑選及擺放位置、空氣品質、照明、溫濕度控制、衛生控管等等都關係著整體的生產品質和效率。而廚房設備的挑選則有以下幾個考量因素：

(一)餐廳型態

　　餐廳型態可分為工廠、學校、軍隊的大型團膳餐廳，或自助式餐廳、一般餐廳、簡餐咖啡廳、速食店、便當店等各種營業型態。不同的營業型態除了直接關係著用餐人數的多寡外，也會因為營運型態的不同而有不同的設備採購考量。例如大型團膳餐廳著重各種設備的生產量，除了能夠同時製備大型團體用餐所需的份量之外，能源及設備效率的考量也不能忽略。而一般的簡餐餐廳可能因為多屬於半成品餐點，例如引進調理包讓現場人員只做加熱或最後的烹飪動作，因此採購的設備也多屬於小型且功能簡單的烹飪設備。

(二)餐點型態

　　餐點型態指的是菜單內容，除了可概略分為中式、日式、西式等餐點外，也會因為菜單上的產品組合而有所不同。因此在採購廚房設備時就

應將功能性是否能滿足需求，或是設備未來的擴充性考量在內。像現在坊間多數的便當店都習慣將雞腿飯、排骨飯、魚排飯等熱賣商品以油炸的方式進行烹調，建議在油炸爐的選擇上必須更加謹慎，以免因為產能不足或故障頻繁而影響營運。

(三)能源考量

設備的能源主要為電力及瓦斯兩種，各有其好處和缺點。坊間各種廚具生產多半同時設計有電力系統或瓦斯系統，供餐廳業者選擇。

■ 電力系統

1. 優點：乾淨、安全，無燃燒不完全的疑慮，能源取得容易。
2. 缺點：加熱效率較不如瓦斯火力，電費較昂貴，且容易因颱風期間、地震，或鄰近區域的各種因素造成斷電或跳電，而影響廚房生產；此外，電線亦容易遭蟲鼠嚙咬破壞，或者因線路受潮，頻頻發生跳電。

■ 瓦斯系統

1. 優點：便宜，加熱效率高。
2. 缺點：容易造成燃燒不完全，引起安全疑慮。有些地區因無瓦斯管線配置而需採購瓦斯鋼瓶，易有瓦斯能源中斷及更換瓦斯鋼瓶的麻煩。

(四)空間考量

大部分的廚具尺寸在設計時雖會盡可能縮小（多半是在寬度上縮小，因為高度和深度仍必須符合人體工學的舒適度），但尺寸會間接影響設備的生產效能。例如冷凍冷藏設備尺寸的規劃自然會直接影響內部的存放空間，爐具也有可能因為尺寸的不同，而有二、四、六口，甚至八口爐的規劃，所以在選購時要兼顧空間和製作量的需求，才不會浪費空間，造成生產效率過低或閒置的情況發生。

(五)耐用性及維修難易度

　　耐用性可以說是所有採購者和使用者最關心的一件事。頻繁的故障或壽命過短的設備除了耗錢之外，還徒增許多困擾。因此，在可接受的預算下採購品質信譽良好的品牌是必須的，而後續維修及零件取得的效率也是重要的考量因素。因為整體經濟環境不佳，再加上競爭激烈，造成許多廠商因為業績不佳歇業，發生後續維修求救無門的窘境；有些廠商不斷壓低材料庫存量，同樣會造成等待維修期間的拉長，這些都是在採購時須預先瞭解的部分。

(六)安全性

　　安全性的確保有兩個重要的關鍵因素：一是設備設計上的安全措施，這是在採購時要留意的項目之一，也是廠商設計開發時很重要的一個課題；另外一個關鍵因素則有賴餐廳業者透過持續性嚴謹的教育訓練，來避免意外發生。

　　以瓦斯能源的設備來說，多半會有瓦斯滲漏的偵測器。一旦發現瓦斯燃燒不全或外洩時，通常會自動關閉設備及瓦斯開關，直到狀況排除為止；又如食物攪拌機，為避免操作人員的手尚未完全離開機器就開始運作，造成傷害，也多半有安全設計，例如加蓋後並且放上電磁開關，才能安全啟動，這類的設備設計通常可以完全杜絕意外發生。

　　教育訓練的確實執行也是重要的一環。對於較複雜或危險性較高的設備，可指定少數經過完整訓練的專人或主管才能操作，以避免憾事發生。

(七)零件的後續供應

　　要想避免將來零件供應中斷，造成設備無法繼續沿用的最有效方法莫過於購買市場占有率較高的知名品牌。只要市占率高，設備供應廠商的營運自然較為穩健，能夠永續經營的機率也相對較高。即使將來廠商不幸結束代理，這些知名的設備品牌也較容易再找到新的代理廠商，讓後續的維修服務及零件供應不易受到影響。再者，就像汽車零件或各式套件一

樣，愈是暢銷的品牌愈容易在市場上發現副場的零件。選用副廠的零件雖然保障較不如原廠來得穩當，但在品質上尚還能有一定水準，價格上也有很好的競爭力，故副廠的零件也可以是一個選項。

(八)衛生性

要能確保食品在製作烹飪的過程中保持不被污染，除了工作人員確實勤於洗手，穿戴符合規定的制服、廚帽、口罩等，烹飪設備的清潔維護也是很重要的一環。因此，在選擇各項廚房設備時除了要考慮設備的功率、效率、功能，甚至外型等各項因素之外，表面的抗菌性，設備外觀設計是否沒有死角，方便擦拭消毒，內部角落是否易於清洗，不致藏污納垢等也是非常重要的考慮因素。此外，重要的核心零件是否防水，或是否有經過適度的保護，讓機器容易沖刷也是考量的因素。

綜上所述，餐廳在進行空間規劃時，除了把議定的廚房空間預留出來之外，很重要的幾個工程界面的問題也必須一併探討，尤其是管線的預留規劃。無論是瓦斯、電源、水源、網路線（餐廳POS系統使用）、消防灑水等多種的管線，都必須在廚房做配置，這些管線多少也會和外場有所連結，因此事先的細部討論就顯得相當的重要，如：

1.用電量，包含了千瓦數、安培數、迴路的數量、電壓的大小（110V、220V、380V）。
2.瓦斯管的口徑和壓力。
3.水管的口徑和壓力、冷熱水及生飲水的供應。
4.消防灑水頭的數量和消防區域的畫定等。
5.網路線的走向應遠離微波爐，避免電磁波的干擾。

上述這五項主要是數量與供應能力的安排，當然配置的位置也相當重要。工程界面與管線預留的問題端賴和設備廠商間的協調，甚至進行現場的放樣，以確保所有的瓦斯管、電源、水源等都能被配置在所需設備的就近地方，並且能夠遠離地面，方便日後廚房的清潔。如果這些管線未能

經過事先的放樣就隨意設置，很可能造成日後管線距離設備過遠，而另須配置延長管線，徒增困擾與危險性。

二、廚房規劃平面圖範例說明

以下參照**圖**8-1廚房規劃平面設計圖，依圖面上的數字代號，逐一做設備的說明介紹。

①油脂截流槽

油脂截流槽，或稱截油槽，其功能是將廚房所要排放出的廢水都先導引至此，經過截油槽的過濾和篩油，將菜渣廚餘進行過濾，讓沒有菜渣廚餘的廢水作進一步篩油的動作，將水中的油脂截留下來，之後才能將不含油脂及廚餘的廢水排入下水道。

為了因應環保法規的限制，現今餐廳業者都會在餐廳規劃時，一併建構截油槽的設備。也因為市場有了這樣的需求，所以坊間也逐步開發各式的截油設備，滿足餐飲業者及環保法規的需求。這些截油設備不論形式為何，主要功能不外乎就是：過濾廚餘菜渣、將油水分離、截流油脂並收集、排放廢水這幾個主要的動作。以下僅針對常見的截油設備作介紹：

■簡易型截油槽

簡易型截油槽（如**圖**8-2）為最簡易、經濟的截油設備，既不需要任何能源，也無需任何耗材，可說是最早被開發設計出來的截油設備。作用原理是在廚房排水管末端建構一個不鏽鋼截油槽。

簡易型截油槽的內部構造甚為簡單（如**圖**8-3），大致可分為三槽：廢水經由排水管進入第一槽後，就會經過第一個簡易的去除廚餘菜渣的動作，利用提籠放入水槽中將菜渣截流下來。過濾過的廢水在積滿第一槽後就會溢流到第二槽去。廢水到了第二槽後再利用簡易的油水比重不同原理，讓油脂自然浮於水面上。第二槽與第三槽間的隔板則須建構得較高，且在下方做開口讓水可以直接流到第三槽去。如此可讓廢水順利排入

①油脂截流槽
　　W127*D71*H94
②平頭湯爐
　　W60*D65*H45
③義大利麵煮麵機
　　W80*D90*H85
④立室冷藏冷凍庫
　　W198*D66*H189
⑤工作臺冰箱
　　W142*D66*H85
⑥不鏽鋼上架
　　W142*D30
⑦工作臺（上為不鏽鋼吊櫃）
　　W240*D76*H85
⑧油炸機
　　W40*D90*H85
⑨煎板爐
　　W80*D90*H85
⑩排油煙機
⑪碳烤爐
　　W80*D90*H85
⑫排水溝
⑬工作臺冰箱
　　W190*D75*H85
⑭明火烤箱
　　W65*D40*H46.5
⑮工作水槽
　　W75*D60*H85

⑯不鏽鋼上架
　　W75*D30
⑰排油煙機
⑱六口爐
　　W98*D99*H90
⑲醬料保溫槽
　　W61*D75*H85
⑳工作臺
　　W234*D75*H85
㉑出菜口
㉒工作臺冰箱（上為不鏽鋼吊櫃）
　　W142*D66*H85
㉓不鏽鋼工作平臺（上為不鏽鋼吊櫃）
　　W60*D60*H85
㉔四層組合棚架
　　W153*D76*H189
㉕不鏽鋼工作水槽
　　W60*D60*H85
㉖不鏽鋼完成工作平臺
　　W70*D76*H155
㉗不鏽鋼上架
　　W52*D30
㉘殘菜收集孔
　　W60*D60*H85
㉙高溫掀門式洗碗機
　　W70*D76*H155
㉚高壓清洗噴槍
㉛不鏽鋼工作水槽
　　W70*D76*H85

圖8-1　餐廳廚房平面設計圖

資料來源：作者規劃位置，泓陞藝術設計股份有限公司繪製。

第三槽，並進入排水管往餐廳外排放；而浮於水面上的油脂則會一直停留在第二槽中。換言之，第二槽的用意就是在截油。

　　這種簡易型的截油槽結構雖然簡單，卻不失為是一個處理餐廳廢水的好方法，缺點是截油率無法提升，僅約60%，另外需藉由人工每天定時清理第一槽的提籠，並且以手工的方式撈取浮在第二槽水面上的油脂。若未能定期撈除，油脂會逐日愈積愈厚，最後隨著廢水由下方空隙流入第三槽，進而隨之排入排水孔中造成阻塞。滯留的油脂有時甚至結塊，造成淤塞和衛生惡化。

1.三孔洗水槽
2.碗盤預洗槽
3.沖洗槽
4.排油煙機
5.複合爐
6.鍋爐

油脂截留器機型

A-流理臺下型
油脂截留器

B-中央集中型
油脂截留器

圖8-2 截油槽安裝示意圖

資料來源：麗諾實業有限公司（2010）。網址：www.lee-no.com.tw。

不含菜渣的油水
溢流入第二槽

廢水排入截油槽

流出濾過的油脂及菜渣的廢水

油脂

廢水

菜渣廚餘

第二槽
利用油水比重不同
的原理。油脂會浮
在水面上，廢水則
經由隔板下方流入
第三槽

第一槽
利用濾網過濾菜渣，讓廚餘沉澱。
廢油水滿後會溢流至第二槽

圖8-3 簡易型截油槽剖面圖

資料來源：作者整理繪製。

(b)矮湯爐

(a)平頭爐

圖8-4 平頭湯爐

資料來源：冠今不鏽鋼工業股份有限公司提供（2009）。

②平頭湯爐

和一般中式炒爐不同的是，平頭湯爐（如**圖8-4**）沒有鼓風馬達的設計，因此在火力的表現上顯得溫和許多。湯爐通常拿來熬煮大量的高湯湯底或是醬料，因為有慢火熬煮的特性，所以火力上必須溫和，且需配置有小母火方便點燃。因為熬煮時多半需要利用大型的湯鍋，為考量使用和搬運上的安全性，平頭湯爐通常設計的高度較矮。以圖右的矮湯爐為例，高度僅四十五公分，大約是一般成人膝蓋左右的高度，擺上大型湯鍋後不會有不符合人體工學過高的問題產生，方便師傅放料、調味。為了方便加水，平頭湯爐旁邊的牆上通常會配置水龍頭，讓工作更方便而有效率。

③義大利麵煮麵機

義大利麵煮麵機（如**圖8-5**）同樣可以選擇以電力或瓦斯為熱源，內部建構二個水槽，分別為二十四‧五及四十公升，方便同時架上多個煮麵杓。兩個水槽各配備有獨立的溫控開關。本機的特色是能源提供穩定，讓水能保持在所需的溫度，不因麵條的大量置入而讓煮水過度冷卻，確保麵

圖8-5 煮麵機

資料來源：詮揚股份有限公司提供（2009）。

圖8-6 立式冷凍冷藏冰箱

資料來源：詮揚股份有限公司提供（2009）。

條的品質及口感。

④立式冷藏冷凍庫

　　立式冷藏冷凍庫（如圖8-6）可自行選購冷凍或冷藏，亦或上下層分別設定為冷凍及冷藏，方便餐廳自由選購使用。此種立式冰箱的壓縮機及散熱設備都建置在機器頂端，因此要確保上方空氣能自由流通，以利散熱和效率的提升。因此在規劃之初就應確認這臺冰箱的擺放位置，以和空調廠商做協調，將廚房空調的迴風口設置在冰箱上方，讓冰箱散熱和運轉都能更有效率，且能節省電源消耗。門片的設計也可選購透明玻璃或是不鏽鋼面板；透明玻璃的好處是人員在開啟冰箱前就能看清所需物品的所在位置，減少冰箱門開啟的時間以節約能源，避免冰箱內溫度因為開門過久而過度上升。不鏽鋼面板的冰箱門雖然沒有視覺穿透的好處，但隔溫效果較佳。不論玻璃門或是不鏽鋼門板，都可選購正面及背面雙向都有設置門板，方便工作人員可以由兩邊開關冰箱。

圖8-7　工作臺冰箱

資料來源：詮揚股份有限公司提供（2009）。

⑤工作臺冰箱

　　工作臺冰箱（如**圖8-7**）是最常見的廚房冷凍冷藏設備（**圖8-1**中的第⑬、㉒項設備在此一併說明），因為所需空間小且保留完整臺面供工作人員自由使用，不論是食材的儲存或拿取都相當方便。由於壓縮機安裝的不同，選購時也可以有冷凍冷藏的選擇。整體的高度為八百五十公釐，深度則依業主的需要或現場空間的規劃考量，設定在六百六十至七百五十公釐之間，符合國人的身材。寬度則可以自由依照廚房的實際空間選購適合的尺寸，甚至訂作，讓廚房空間發揮到最大效益。門板的選擇亦有不鏽鋼板及透明玻璃兩種款式可自由選擇。

　　工作臺冰箱也可做另一種型式的規劃，如將冰箱臺面局部挖空並配置調理盒。調理盒下方與內部的冷藏空間相通，讓調理盒仍可以有冷藏的效果。此種設備的設計非常適合三明治、薄餅、沙拉及甜點工作臺使用（如**圖8-8**）。

圖8-8　食物冷藏切配臺

資料來源：詮揚股份有限公司提供（2009）。

⑥不鏽鋼上架

　　廚房工作區域的醬料、乾料、器具器皿相當多樣，烹調人員工作時為了能加快工作效率，必須在其工作區域就近規劃置物空間和平臺。因此舉凡是壁掛式的平臺或壁櫃，或是由天花板上垂吊下來的吊櫃或層架，或是直接從工作臺上往上架上去的層架等，都是不錯的選擇。

　　不鏽鋼上架（如圖8-9。圖8-1中的第⑯、㉗項設備在此一併說明）在設計上為了避免物品的掉落，可以在邊緣處設計矮牆或是橫桿，降低意外的發生。至於規格大小則因為是量身訂作，無論長寬高都能依照現場工作人員的需要及人體工學原理進行訂製。

圖8-9　不鏽鋼上架

資料來源：右圖為詮揚股份有限公司提供（2009）。

⑦工作臺

　　餐廳廚房工作臺（如圖8-10）的臺面可選購現成品（圖8-1中的第⑮、⑳、㉓、㉕、㉖、㉛項設備在此一併說明），或是依照餐廳的需要及現場的空間量身訂製。主要的考量有：

　　1.力求穩固不晃動，特別是將來臺面上如果放置攪拌機、切肉機等各項桌上型設備時，具絕對穩度的工作臺面是必須的。

　　2.高度應符合人體工學，避免長期的工作造成腰部、背部、頸部的工

圖8-10　工作臺

資料來源：詮揚股份有限公司提供（2009）。

作傷害。如果預先已規劃將來臺面上將會放置桌上型設備，建議將設備高度一併考量進去，以免因設備高度過高，影響人員的操作效率及舒適性。

3. 材質主流為不鏽鋼臺面，盡可能抓出一個略微傾斜的臺面水平，讓水能快速排洩，避免桌面積水影響工作衛生。此外，轉角應採一體成型，避免兩片銜接點焊造成清潔上的死角；轉角處也應折出一個圓弧的角度，以易於清洗沖刷。

4. 背擋板（矮牆設計）可讓工作臺靠著牆面擺設，讓物品食材水分不致滲流或掉落到牆縫裡。

5. 不鏽鋼板厚度需能有足夠的支撐度，以避免過軟影響工作。

6. 抽屜設計必須附有滑輪方便開關，並應有四十公斤的承重量。

7. 水槽採一體成型，轉角圓弧設計方便刷洗。排水孔配有濾杯。

8. 如果採可隨時移動工作桌的活動輪設計，則必須附有煞車裝置。

9. 吊櫃、陳列架應留意承載重量。轉角焊接處應平滑不割手。吊櫃內的層板及陳列架的層板都應採可調整高度設計，方便物品放置。

⑧油炸機

油炸爐具（如**圖8-11**）可以選擇以瓦斯或電力為熱源，尺寸容量非常

(a)落地型油炸機　　　　　　　(b)桌上型油炸機

圖8-11　油炸爐具

資料來源：詮揚股份有限公司提供（2009）。

多樣化，小至如本書頁面大小，常用於早餐處點少量油炸時使用。大型的甚至配有兩槽油炸槽來應付大量的營業使用，如速食店。設計上可分為落地型（如**圖**8-11a）及桌上型兩種（如**圖**8-11b），業者可依照自身營運上的需求及空間選購適當的機型。

油炸籃的選擇則可以依照餐廳油炸的餐點來做考量。少量多樣的油炸食物可以選擇小容量的油炸籃，方便做區分。同時也因為各種食物所需的油炸時間不同，小容量的油炸籃有其優點，方便不同時間點從油炸爐中取出；反之，對於單項且多量的油炸食物則可考慮選購大容量的油炸籃，方便使用，也因為內部容量大，食物在油炸籃中受熱較均勻，可提升品質穩定度（如**圖**8-12）。

餐廳業者可視需要添購濾油設備，透過濾紙、可食用性的濾粉及專用的過濾設備，延長炸油的使用壽命。連鎖速食業者應避免因炸油換油頻率過低，造成酸價過高，致影響消費者健康的情形產生。這類新聞事件時有所聞，衛福部也因為怠於針對炸油設定清楚的規範及管理，遭到監察

院的糾正。這類事件可說是層出不窮，後續效應已逐漸散開，政府部門也開始著手進行相關法規的訂定，並且考慮全面禁止使用濾油粉。建議業者在開設餐廳著手規劃採購油炸設備時，應同時瞭解最新的相關規範以免觸法。

圖8-12　大容量的油炸籃

資料來源：詮揚股份有限公司提供（2009）。

⑨煎板爐

煎板爐（如**圖8-13**）的設計日新月異，主要的改良重點是在煎板本身，除了有傳統光滑平板的煎板之外，也有廠商開發菱紋表面的煎板，讓煎過的食物看來有類似碳烤的視覺效果。同時，現今的煎板多半有表面處理，不易產生燒焦後難洗的焦痕，所需食用油也少很多。

煎板爐同樣可選擇電力或瓦斯作為熱源。煎板爐後背及兩側可以搭

(a)落地型煎板爐　　　　　　　(b)桌上型煎板爐

圖8-13　煎板爐

資料來源：詮揚股份有限公司提供（2009）。

配矮牆避免油汁噴濺到旁邊。配備的兩個溫控開關需要做不同區域的溫度設定，方便操作人員使用。

⑩排油煙設備

就餐廳廚房而言，**排油煙設備**（**圖8-1**中的第⑰項設備一併討論）的種類選擇、規格大小都須經過專業人士的計算評估，其主要考慮的重點包含了餐廳整體的空調規劃、餐飲項目種類、烹調設備，及廚房的大小與動線規劃等。不論最終的規劃為何，目的不外乎以下幾點：

1. 有效控制廚房的溫度、溼度（事關環境舒適度及食品衛生安全疑慮）：餐廳的各項設備在烹飪食物時會引發各種不同的效應，例如對流式烤箱會產生熱氣、油炸爐會產生水氣、燒烤會產生油煙、煎炒也會產生油氣。這些都會間接提升廚房溫度和濕度，使得冷廚部分在製作沙拉、生食時或多或少會產生不好的影響，對工作人員也產生了不舒服的工作環境。良好的排油煙設備規劃除了將油煙及異味排出廚房的同時，其實也帶走了熱氣和溼氣，讓廚房維持在一個舒服的環境溫度，對工作人員和食材都比較好。

2. 有效控制廚房的氧氣、一氧化碳、二氧化碳濃度（事關工作人員健康）：良好的排油煙設備是需要經過精密的空氣力學的計算，確認排煙設備每秒鐘帶出多少立方公尺的廢氣，並且配合冷氣空調的出風量，計算出最好的空氣進出流量，讓氧氣濃度不致降低。因為爐火燃燒也需要氧氣，燃燒不完全會造成一氧化碳濃度提高，以及工作人員呼吸會產生二氧化碳等，這些都有賴冷氣空調（含戶外新鮮風引進）和排煙設備的完美搭配，來排除不好的空氣（一氧化碳、二氧化碳），並引進新鮮空氣提高氧氣濃度。

3. 形成廚房空氣壓力保持負壓狀態，避免油煙及異味向外場飄去（事關企業形象及顧客感受）：在餐廳初步規劃時，設計師應與餐飲設備廠商做密切的溝通，瞭解餐飲設備的規劃有哪些，進而規劃空調

的規模,以創造出一個良好的空氣品質。一般來說餐廳的外場用餐區必須保持在空氣正壓狀態,亦即外場的空氣壓力要大於廚房及餐廳外的環境。這樣的規劃會造成:

(1)當餐廳大門開啟客人進來時,因為餐廳外場的氣壓較大所致,客人會感受到餐廳空調所創造出來的涼爽;反之,如果餐廳外場的氣壓小於餐廳外的環境氣壓,則當大門打開時,餐廳內的用餐客人就會感受到戶外的熱空氣,甚至戶外的異味(如汽機車廢氣排放)、塵埃會隨之進入餐廳,讓清潔工作加重。

(2)如果餐廳外場的氣壓小於廚房,當餐廳廚房門打開時,隨即會飄出油煙氣味,造成外場用餐客人的不舒適;反之,如果廚房處於負壓狀態,當廚房門打開時,外場的冷氣會進入廚房,讓廚房的空氣舒爽適宜。

4.確保經過排煙設備處理後的廢氣排出能符合環保法規,並且儘量降低廢氣的異味及油煙度(事關適法性、企業形象及周圍居民感受):近年環保法規日趨嚴格,加上民眾更懂得主張自我權益,如果餐廳未能有效將排油煙做適度的處理,勢必會遭到抗議,不斷遭到環保單位的舉發,對於企業形象和鄰里關係都會有負面的影響:

「臺北市以鰻魚飯聞名的日本料理店肥前屋,被樓上鄰居指控排煙風管太吵,告上法院,求償五十萬元的精神撫慰金,法官實地測量,發現噪音並沒有超過標準,希望雙方和解;肥前屋表示,為了降低噪音,花了好幾百萬換最好的排煙機,開機時只比沒開機多一分貝,甚至願意買下鄰居的房子,但對方堅持提告,很無奈。

用鐵皮包覆的排煙管,從一樓延伸到五樓,但四樓鄰居嫌它太吵,要求樓下的餐廳肥前屋賠償精神撫慰金……面對鄰居指控,肥前屋很無奈。」(楊致中,2009)❶

三、排油煙設備的種類

(一)擋油板濾油法

　　擋油板濾油法是一種原理較簡單、效果也較不理想的傳統做法。其工作原理是在排油煙罩上安裝擋油板。擋油板是利用不鏽鋼或鍍鋅材質製作，並具有抗高溫及耐腐蝕的特點。經由高速鼓風馬達將油煙強力吸入擋油板內，油煙會順著擋板的角度引導氣流不斷的轉彎，讓油煙不斷撞到擋板而轉向，進而誘使油污附著在擋板上（如**圖8-14**）。

　　擋油板濾油法油脂的補集能力約在60%，搜集下來的油脂會導流到污油收集盒中，方便工作人員定期回收。此外，這種濾油法也需要清潔人員至少每週將擋油板拆卸下來浸泡鹼性藥劑，清洗附著在擋油板上的油漬，以免影響日後的集油能力。

(二)水幕式分離法

　　水幕式分離法（如**圖8-15**）又稱水洗分離法，和上述擋油板濾油法的不同在於擷取油漬的工具由金屬面改為水面。當油煙被強力吸入油煙罩後隨即會遭遇到一道「水牆」，油煙必須穿過水牆後才能自煙罩的排氣管

圖8-14　擋油板氣體流向

資料來源：詮揚股份有限公司提供（2009）。

圖8-15　水幕式分離法

資料來源：城昌企業股份有限公司提供（2009）。網址：www.belega.com.tw。

排出。在穿過水牆的過程中藉由水分子與油脂的比重不同，以及水幕所造成的氣泡來截取油漬，使油漬從油煙中脫離出來，而能順利穿過水牆的只有去除過油漬的廢氣，而不再是油煙。

　　水幕式分離排煙罩內設置排油及排水口，利用水和油的比重不同，將排油口設置在排水口的上方，能讓截流下來的油漬浮於水面上，並經由排油口溢流排出。此種油煙分離方式的截油率可高達90%以上，但是在規劃時應注意安裝各項攔水設備，避免因為水幕揚起而被抽到排煙管，造成排煙管積水的情況（設備規範說明書見**表8-1**）。

(三)靜電分離法

　　靜電集油原理和靜電集塵的原理相同，都是利用電荷異性相吸的原理，與外加高壓形成兩個極性相反的電場，在庫倫力❷的作用下使油煙粒子荷電後，向集塵板移動，進而附著在集塵板上，達到淨化空氣的目

表8-1 水洗式油煙罩設備規範說明書

品名	防火型水洗式油煙罩	項次	B55
尺寸	1150 x 140 x 60 公分	數量	1
廠牌	Local Made		

材質說明：
1. 本體使用SUS 304 1.0 m/m 厚不鏽鋼板製作。
2. 內部設置擋板及擾流板，當風車開始運轉時，煙罩入口處自然形成一道均勻的水幕，當油煙通過此道水幕時，將比重較重之油脂清洗掉。
3. 罩內設置防爆燈1φ110V，每米設置一只。
4. 所有油煙須經水盤，始能排放出去，故本設備可防止火苗蔓延，亦可降低油煙排放溫度。
5. 電源：1φ110，1KW。
6. 抽風口施作調節風門。

資料來源：蔡毓峰著（2009）。《餐飲設備與器具概論》。臺北：揚智。

的。（作用原理請參考**圖8-16**）工業製程或餐廚烹飪時，因高溫會導致油類揮發或裂解為油煙，此油煙具有黏滯性，一般過濾式裝置之濾材，因無法循環再生使用，濾材消耗大，而其油煙粒徑又分布在〇‧〇一至十多微米之間，一般機械式集塵裝置，對一微米以下粒徑多不易捕集，而靜電集塵可處理一微米以下微粒，其除油效率高達95%以上，還可以在靜電機下方加裝清洗設備，其內部包括清洗水槽、抽水馬達、加熱器及必要的配

前置濾網　　高壓電極區　低壓電極區　可外裝除臭系統

油壓氣體

清新空氣

註：可處理粒徑0.3um以上之油煙粒子

(a)

濾網　　　　　　　　　　　　　集塵板　　　　　濾網

前置處理
較大微粒物

髒空氣

乾淨空氣

電極線高壓放電，
使空氣中微粒物帶正電荷

帶正電荷之微粒物附著在
帶負電荷之集塵板上

(b)

圖8-16　靜電除油原理

資料來源：友信不鏽鋼工程有限公司（2009）。網址：www.yu-shin.com.tw。

管，利用加熱氣將清水加熱至七十度之後，透過水管及噴頭均勻的噴灑在集塵板上，達到自動清洗油垢的目的。

　　機體的主要構造除了排煙罩、風管之外，另有三氧化二鋁、變壓器箱、清洗水箱、高壓泵浦、電控箱、電極板組（如**圖8-17**）。其中三氧化鋁是一個重要的零組件，它的結晶體硬度接近鑽石，是一種非常優異的絕緣材質，用於靜電機，可以避免高壓穿透甚至擊碎或融化，確保靜電機效率高、穩定性高，同時避免故障產生。

| 三氧化二鋁 | 變壓器箱 | 清洗水箱 | 高壓泵浦 | 電控箱 | 電極板組 |

圖8-17　靜電除油機內部圖解

資料來源：友信不鏽鋼工程有限公司（2009）。網址：www.yu-shin.com.tw。

四、除味設備

　　廚房烹飪所產生的油煙在經過排油煙設備的過濾之後，能夠有效的將油漬截取下來，排放出去的為一般廢氣。這些廢氣帶有異味令人不適，尤其是某些食物的烹煮所帶來的異味特別容易引起反感，例如臭豆腐的臭味、麻辣鍋底熬煮的辛辣味……這時候餐廳業者便可以考慮在排油煙設備的末端加裝除味設備，以減低異味造成左鄰右舍或過往行人的不滿（如圖9-18）。

　　現今的除味設備多以活性碳除味為大宗。活性碳具有多孔性的結構，每一公克的活性碳大約有好幾個籃球場的大面積，因此可提供許多污染物停留在表面上（稱之為吸附）。

　　工作原理是以吸水性佳的長纖維板製作成結構的交換器，該纖維板內添加有微粒高效率活性碳。在蜂巢纖維板頂端以微量活性水噴灑，順著

圖8-18　靜電式油煙機風管圖解

資料來源：作者整理繪製。

纖維板均勻分布成水膜活化界面，形成一個交換界面，當具有異味的空氣通過活性碳纖維板時，與水膜界面接觸活化空氣去除異味，形成人們比較可以接受的空氣。

⑪碳烤爐

　　碳烤爐（如**圖**8-19）為西式餐廳及牛排館的必要配備，主要的功能是將各式肉類，例如牛、羊、雞排，甚至魚排等海鮮及蔬菜（瓜類或彩椒），以碳烤的方式烹煮。

　　碳烤爐上最容易辨識的就是表面上一根根的鑄鐵（如**圖**8-20）。圖右為一般正常的碳烤架，適合肉品排類的碳烤，

圖8-19　碳烤爐

資料來源：詮揚股份有限公司提供（2009）。

也可以用一部分空間選購如圖左型式的碳烤架，套痕較寬適合海鮮類碳烤所使用。

　　碳烤食物除了焦香的味道令人垂涎之外，也能藉由食物被碳烤爐所烙印上的烙痕來增添賣相（如**圖**8-21）。碳烤爐烤架下方配備有抽屜，方便置放烤肉夾或清潔烤架的鐵刷等用具。（如**圖**8-22）

　　近年來隨著市場對碳烤爐的效益需求日增，廠商無不積極開發各式

圖8-20　碳烤爐上一根根的鑄鐵

資料來源：詮揚股份有限公司提供（2009）。

圖8-21　食物經由碳烤爐上所烙印的烙痕增添賣相

圖8-22　碳烤爐烤架下方配備有抽屜

資料來源：詮揚股份有限公司提供（2009）。

更具碳烤效率、更能鎖住肉汁增添風味的頂級碳烤爐，滿足餐廳業者和饕客的需求。

目前最廣為高價牛排館所採用的超級碳烤爐（Super Broiler）更是最具代表性的碳烤爐（如**圖**8-23b），他內部設計除了配置八排瓦斯孔出火之外，內部還吊掛著許多特殊陶瓷用以聚熱保溫，而且利用它每小時高達四萬二千英熱（BTU）能量所創造出華氏二千五百度的高溫，讓牛排的表面在進入烤爐後迅速熟化，鎖住肉汁，並且達到內嫩外焦香的程度，成為老饕的最愛（如**圖**8-23）。

⑫排水溝與廚房的防水排水

廚房地板因為沖刷頻繁的緣故，對於壁面的防水措施和地面排水都要有審慎的規劃（如**圖**3-7，見第68頁）。一般來說，壁面的防水措施應達三十公分，如此可以避免因為長期的水滲透導致壁面潮濕，或是樓面地板滲水的問題。

廚房的地面水平在鋪設時就應考量到良好的排水性，通常往排水口或排水溝傾斜弧度約在百分之一（每一百公分長度傾斜一公分）。而排水溝的設置距離牆壁須達三公尺，水溝與水溝間的間距為六公尺。因應設備

(a)

(b)

圖8-23　廣為高價牛排館所採用的超級碳烤爐（Super Broiler）

的位置需求，其排水溝位置若需調整則需注意其地板坡度的修正，切勿因疏忽導致排水不順暢。設備本身下方通常有可調整水平的旋鈕以因應地板傾斜的問題，讓設備仍能保持水平。

　　同時排水溝的設計應儘量避免過多彎曲，以免影響水流順暢度，排水口應設置防止蟲媒、老鼠的侵入，及防止食品菜渣流出的設施，如濾網。排水溝末端須設置油脂截油槽，具有三段式的過濾油脂及廢水的處理功能，並要有防止逆流的設備。一般而言，排水溝的設計多採開放式朝天溝，並搭配有溝蓋，避免物品掉落溝中。

⑭明火烤箱

　　明火烤箱（如**圖8-24**）採電力為熱源，電熱設備配置在明火烤箱的上半部，而下半部就是放置食物的平臺。其中上半部的主要電熱設備採可調整高度的設計，將食物擺上後可依照需求將上半部的高度降低，使熱源更貼近食物以增加效率。這項設備最大不同的特色在於它是採壁掛式的設計，距離地面高度約在一百六十公分左右，而非一般採桌上型或落地式的設備，它是一種開放型的烤箱，沒有烤箱門的設計，亦無旋風或蒸汽裝置。功能是將起司熔化，例如將煎好的漢堡肉再鋪上一整片起司，然後放

圖8-24　明火烤箱

在明火烤箱下烘烤，讓起司片在短時間內溶化，隨即可將肉片和起司片夾入漢堡麵包內，再搭配其他蔬菜或佐料即可出菜。也有些餐廳在廚房餐點出菜前，會再做一次最後的增溫，使表皮更增酥脆，並使食物溫度不致冷掉。

⑱六口爐附爐下烤箱

　　瓦斯爐是廚房必備的烹飪設備之一，結構原理及構造都簡單，和一般家庭用瓦斯爐具並無太大不同，主要差別在於表面設計符合餐廳商業用量，並且在表面的抗菌處理及材質選擇上，以耐用、方便清洗為訴求。一般可選購單口、兩口、四口、六口（如圖8-25）甚至八口爐頭，每具爐頭旁都配有母火方便使用。

　　爐下烤箱設置在熱灶區的瓦斯爐或電爐，甚至油炸鍋下方，這在西式的廚房非常普遍（如圖8-26）。例如在上方的瓦斯爐上用煎鍋將牛排或其他肉類外表煎熟後，就直接打開下方的烤箱，連肉帶鍋一起送進烤箱，將肉烤到需要的程度再取出。在選購這類熱灶下方烤箱時要注意到幾

圖8-25　瓦斯六口爐

資料來源：詮揚股份有限公司提供（2009）。

圖8-26　瓦斯爐附爐下烤箱

個要素：

1. 可以選購有透明玻璃視窗的烤箱並附有內部照明，方便從烤箱外觀察，不需要頻繁的開關烤箱門。

2. 烤箱的腳可以進行微調，以適應廚房地板為方便排水而設計的坡度，讓烤箱既可穩固又可以維持上方臺面水平，才能架上瓦斯爐等設備。

3. 內部底板與壁面無死角，方便清潔易於排水，且下方最好配備有接油盤方便清洗。

4. 烤箱門的絞鏈必須強固，當烤箱門打開放平和烤箱底盤在一平面時，可以將食物或烤盆直接擺放在門板上再順勢推入，如此較不會發生燙傷的意外事故。因此，烤箱門的承重度就顯得非常重要，通常要有二百磅重的安全承重度。

■數位蒸烤箱

數位蒸烤箱的價格遠比一般中式蒸爐昂貴數十倍，也比西式一般烤箱來得昂貴許多，主要的原因在於它有多重功能，能蒸、能烤、能蒸烤、能舒肥等（如**圖8-27**）。數位蒸烤箱蒸煮白飯香Q，清蒸海鮮能保留食物的水分和鮮甜，拿來烤雞也能烤出皮脆肉嫩多汁的好滋味，功能可說是琳瑯滿目。

現今的蒸烤箱在設計上相當精良，操作面板不但已經能進化到觸控螢幕，還具有多重記憶功能，能查詢歷史烘烤紀錄並下載報表，又有多重功率、箱體冷卻系統、可控制旋風風量、多種自體清洗程序等等，電腦管理軟件，如歷史紀錄、

圖8-27　數位蒸烤箱

菜單、使用手冊、HACCP烹飪數據紀錄、水垢檢測及除垢（如**圖**8-28附掛之清潔劑容器，提供蒸烤箱自行抽取完成機體內部清洗作業）、多重語言切換、自體保護功能，並附有感溫探測針（如**圖**8-29）及自動伸縮噴水槍……，功能之琳瑯滿目，令人目不暇給，更不用說還有比起傳統烤箱的體積來得小、效率高等優點了。**圖**8-30為簡介蒸烤箱完整功能的YouTube影片，感興趣者可自行掃描QR Code觀賞影片。

⑲醬料保溫槽

　　簡單說來，**醬料保溫槽**（如**圖**8-31）是一個屢空的工作臺，係利用

圖8-28　蒸烤箱內附掛之清潔
　　　　劑容器

圖8-29　蒸烤箱內附有探測針
　　　　偵測溫度

圖8-30　蒸烤箱完整功能的YouTube
　　　　影片欣賞

臺面的空間，規劃成一個大小可任意訂製的水槽，水槽裡有注水口，下方有排水孔、加熱管等排水及保溫設備。在營運時可以透過保溫槽存放合適水位的清水，並予以加熱，再利用各式各樣的桶或盆容器來盛裝各式醬料，並透過隔水加熱的方式來保溫。如此，廚房工作人員可以一次準備多量的醬料放置在保溫水槽中，隨時備用。

晚上打烊時，只要將加熱電源關掉，打開排水孔讓熱水排出並加以清洗擦拭乾淨，原有的水槽空間又可以成為夜晚打烊時一些廚房器皿器具的存放空間，是個非常實用的廚房設備。

圖8-31　醬料保溫槽

醬料保溫槽的大小可以配合廚房空間及實際需求做規劃訂製，並且設置在廚房內靠近出菜口的位置，或是靠近爐灶附近，方便烹飪的師傅就近取得各式醬料。加熱的方式通常以電力進行。水槽下方可以規劃置物櫃放置餐盤，相當的實用。

㉑出菜口

出菜口（如圖8-32）說穿了就是內外場溝通的一個主要窗口，因此也有同業直接將出菜口以"window"來稱呼它。通常出菜口會有內外場的幹部，或是指定的人員來坐鎮，主要的工作職掌就是擔任內外場溝通的角色，並且將廚房送出的餐點做最後的裝飾，以及品質、色澤、餐盤潔淨度的確認，類似一個品質管制員的角色。

就硬體來說，出菜口也可以架在醬料保溫槽的正上方。出菜口為一個平整的不鏽鋼臺面，並且配置有保溫設備讓餐點能持續保持熱騰騰的

保溫燈

出菜臺

保溫槽

圖8-32　出菜口

溫度，同時出菜口內外也都會配置單夾（如圖8-33），方便廚房師傅及出菜口外的品管員將印表機列印出來的單子，夾在上面進行整理、匯整與提點。因此出菜口可以說是廚房的心臟，兼負起營運時最重要的角色。

圖8-33　出菜口內外所配置的單夾

圖8-34　商品置放棚架

資料來源：Cambro產品目錄（2009）。網址：www.cambro.com。

㉔四層組合棚架

　　四層組合棚架（如**圖8-34**）主要的材質有塑鋼或鍍烙鐵，特性是耐潮濕不生鏽，而且不受溫差影響而變形。棚架最重要的就是耐重穩固，並且能夠通風透氣。因此以波浪架的方式建置棚架是最受歡迎的式樣。大型的儲物乾倉或是冷凍冷藏室在置放商品時應將常使用的物品存放在水平視線及腰線之間的高度，讓工作人員受到傷害的危險減到最小。如果必須使用到活動梯、臺階、梯子等攀高器材，其設備必須加裝扶手、欄杆等安全措施。

　　食材的擺放方式有幾個重要的原則：

1. 熟食在上、生食在下，如此可避免生食的肉汁血水滴落在熟食上。
2. 重量重或體積大的東西應往下擺放，避免頭重腳輕造成物品掉落。
3. 乾倉內如果物品規格大致相同，也可考慮以筆畫順序（A至Z）的方式排序，或是以取用頻率的高低來決定物品擺設的位置。

(a)　　　　　　　　　　　　　　　　(b)

圖8-35　殘菜收集孔

資料來源：圖右為詮揚股份有限公司提供（2009）。

㉘殘菜收集孔

　　殘菜收集孔（如**圖**8-35）其實是一個挖了個洞的工作臺，下方放置廚餘桶接收殘菜，通常建置在洗碗區的水槽旁（如**圖**8-35b）或是準備區。建置在洗碗區的用意是讓從外場收進來的餐盤，可以就近將廚餘直接刮入桶中；建置在準備區也是為了方便工作人員進行前製作業的洗菜、切菜，或修肉時可以隨手將不要的部分直接丟入桶中，也因此殘菜收集孔的工作臺旁通常還會配置水槽，讓整體工作更順暢。有些餐廳為了方便工作人員將餐盤上的廚餘甩落或抖落，會在收集孔的孔緣配置大型防水橡膠圈，既避免噪音，也方便工作人員直接用餐盤敲打橡膠圈震落廚餘，增加工作上的效率。

㉙掀門式洗碗機

　　掀門式洗碗機又稱為上掀式洗碗機或全罩式洗碗機。全罩式的洗滌機在設計上將所有的灑水裝置、進水排水裝置都設置在機器的上下端，並

且將左右及前方的機體壁面都改為可往上拉起的設計。藉由這樣的設計讓碗盤架能夠直接自機體的左右兩邊滑入機體中，再將機壁降下關閉後自動進行洗滌工作。這種全罩式設計的洗滌機市占率很高，主要原因是節省空間且使用方便。

洗碗機須搭配各式的洗滌架來將送洗的餐具有效率的做擺放，並且透過專業設計的角度讓餐盤的每個角落都能清洗乾淨。洗滌架有很多種類，有用來放置餐盤的豎盤架，也有用來放置各種杯具的杯架。

洗滌架看似簡單，其實在材質和設計上有諸多巧思，在用途分類上可分為：(1)多用途；(2)刀叉筷專用；(3)咖啡杯、湯杯用；(4)玻璃杯用；(5)大盤專用。至於設計上有些值得一提，例如：

1. 洗滌架封閉式的外壁和開放式的內部分隔可以確保水分和洗滌液都能完全流通，並且徹底的清潔和乾燥。
2. 洗滌完成後可以搭配推車方便運送，並且可以套上專屬的罩子，避免外部污染。
3. 採用聚炳烯材質製造，在耐用度和耐摔度上都有一定的水準，而且能夠忍受化學洗滌劑和高達九十三度的高溫。
4. 特殊的設計，能夠平穩的往上堆疊而不致傾倒。
5. 多向軌道系統設計是為了配合履帶型洗滌機的牽引，讓洗滌機更有效率的勾附到洗滌架，進行有效率的洗滌。
6. 外觀巧妙的把手設計可方便操作人員徒手搬運，減少手部割傷的風險。

㉚高壓清洗噴槍

噴槍通常被裝置在水槽上方，並且具有冷熱水源及足夠的水壓，才能將餐盤上的菜渣及油漬徹底沖刷下來。在進入洗滌機前愈是將餐盤沖洗得愈乾淨，進入機器後的洗滌效果就愈好，清潔劑的使用也愈節省。因此，千萬不可忽視利用噴槍沖洗餐盤的這個動作。

第二節　吧檯設備

　　圖8-36為餐廳的吧檯規劃平面圖，以下依照圖面上的數字代號，逐一做設備的說明介紹。

①木作高檯

　　木作高檯主要是讓吧檯能將製作好的飲料放置在此，讓外場的服務

①木作高檯
　W270*D40*H220
②不鏽鋼上架
　W180*D30
③不鏽鋼雙連水槽及工作臺
　W180*D60*H85
④工作臺
　W200*D70*H85
⑤立式冷藏冰箱
　W73.7*D81.5*H197.5
⑥沙拉臺
　W150*D75*H80
⑦工作臺水槽
　W140*D75*H85
⑧出菜臺
　W360*D30.5
⑨冰槽
　W65*D70*H80
⑩置瓶槽
　W70*D10*H40
⑪製冰機
　W60.3*D71*H64
⑫工作臺冰箱
　W142*D66*H85
⑬不鏽鋼上架
　W142*D30
⑭洗杯機
　W57.5*D63*H83

圖8-36　餐廳吧檯平面圖

資料來源：作者規劃位置，泓陞藝術設計股份有限公司公司繪製。

人員能夠在此取走飲料，旁邊不外乎配置托盤、吸管等營運器具。因為是放置飲料的地方，故容易濺濕或受潮，木質的選擇應格外小心，最好能夠採用人造木皮，或是美耐板等耐水性的表層，較適於營運上的使用。當然，如果不在客人視線範圍內也可考慮最耐用的不鏽鋼表面。有些高檔餐廳吧檯會提供座位給客人入座，甚至會考慮天然或人造石材，增加裝潢的豪華性。

②至⑦的說明

1.②不鏽鋼上架：可參考上述廚房設備⑥。

2.③不鏽鋼雙連水槽及工作臺與④工作臺：可參考前述廚房設備⑦。

3.⑤立式冷藏冰箱：可參考廚房設備④。

4.⑥沙拉臺：可參考廚房設備⑤。

5.⑦工作臺水槽：可參考前述廚房設備⑦。

　　除了上述的說明外，或可因應不同的實際營運需求和彈性運作，僅先採用普通的工作臺冰箱，再另外採購桌上型調理盒冰箱（如圖8-37）做搭配，方便隨時因應工作上的需要做位置的調整，既方便搬運也好清洗。

圖8-37　桌上型調理盒冰箱

資料來源：詮揚股份有限公司提供（2009）。

⑧出菜臺

　　出菜臺可參考**圖**8-1的廚房設備㉑，主要的差異在於和吧檯設置在一起的是冷廚，主要的餐點是開味菜、沙拉、水果和甜點，既沒有加熱保溫的設備需求，也不需要在出菜口旁配置保溫醬料槽等設備，整體來說簡單許多。主要是方便冷廚的人員能夠有足夠的工作空間平臺、水槽方便洗滌，以及有一個可以出菜的檯面搭配單夾即可。

⑨冰槽

　　良好的**冰槽**（如**圖**8-38）設計除了選擇使用上開式對拉門板，方便拆卸和打烊後的關閉，良好的排水也是必須考量的。過細的排水管，尤其是軟管經過若干年的使用後，容易在管內產生黴菌或水苔，除有衛生疑慮也容易造成排水堵塞，故應選用較堪用的PVC水管甚至金屬管，若有需要使用通樂等常見的鹼性水管疏通劑時才不致於遭到腐蝕。再者，若有需要長時間儲放冰塊或碎冰，則可考慮採用有保溫效果的冰槽。這種保溫冰槽為兩層式，中間填塞保溫隔熱棉，讓冰

圖8-38　冰槽

塊不會太快溶解，同時也可以避免冰槽外體表面有水滴產生。

⑩置瓶槽

　　置瓶槽（如**圖**8-39）常會建置於美式餐廳等具有正式吧檯調酒功能的吧檯內，為的是將最常用到的一些基酒、糖水瓶子放在調酒員隨手可以取得的置瓶槽內，以提高工作效率。在規劃時，通常是直接將不鏽鋼材質的置瓶槽焊接在工作臺，靠近吧檯內部的立面上。寬度可以依照每家餐廳

圖8-39　置瓶槽

的實際需求製作，深度就以普通瓶身的基礎再多加個幾公分作為間隙，以方便拿取。置瓶槽底部的高度離地面約四十公分，方便工作人員不需彎腰即可取瓶。置瓶槽的底部可以考慮不完全封死，改採條狀鏤空的方式，讓酒瓶不會掉落即可，如此較方便日常的清潔，並可保持槽底的乾燥。

⑪製冰機

　　製冰機採用電力作為能源，通常會在製冰機的進水口前先安裝淨水器，確保製作出來的冰塊沒有食用上的安全疑慮。餐廳可以依照自身的營運量和對於冰塊的需求程度選擇機型的大小。置冰機的規格主要是以冰塊的日產能來作為依據，小則六十磅，大則高達五百磅。冰塊製作完成後會自動掉落到儲冰槽內，而在槽內的上方靠近製冰處設有一個感應器，透過調整設定可以讓冰塊在儲存到一定的存量後，暫時停止生產冰塊以節省能源。

⑫工作臺冰箱與⑬不鏽鋼上架

　　工作臺冰箱可參考前述吧檯設備⑥或廚房設備⑤。另外也可以考慮擺設冰杯機，如**圖8-40**。其特色是可以將整個洗杯架連同杯子一併放入冰杯機內，再由上方直接取用冰鎮過的杯子來盛裝飲料，或者也可以考慮配

圖8-40　冰杯機

資料來源：詮揚股份有限公司提供（2009）。

圖8-41　開口式飲料櫃

資料來源：詮揚股份有限公司提供（2009）。

置開口式的飲料櫃（如**圖8-41**），將各式瓶裝飲料冰鎮其中，飲料櫃的溫度可自由設定在三度至十度之間，並且在冰櫃的外面配置有營業用的快速開瓶器及瓶蓋收集盒，營運起來相當有效率。

⑬不鏽鋼上架可參考**圖8-1**的廚房設備⑥。

⑭洗杯機

目前市面上業者所推出的洗碗機和**洗杯機**（如**圖8-42**），在內部原理構造上並無不同（可參考**圖8-1**的廚房設備㉙），只是在藥劑上做不同的使用。但是為何還有業者要將機器區分成洗杯機或洗碗機呢？主要是洗滌餐具髒物的情況有所不同。例如，餐盤上的菜渣及油膩的程度遠超過一般的杯具，而杯具對於水質軟硬度的要求則較為敏感，經過軟化的水進入洗杯機後，除了

圖8-42　洗杯機

資料來源：詮揚股份有限公司提供（2009）。

能夠有效降低洗潔劑的使用量之外，軟水對於水漬留在杯具上的機會也會大幅縮小。

第三節　器材、器具與餐具的選購規劃

由於餐廳內外場所使用的各式器具工具，以及客人使用的餐具、餐盤等項目相當的繁多瑣碎，在選購的品質要求和數量規劃上就必須花點功夫去思考，除了成本須能被接受，材質還要耐用好看，增加客人用餐的質感，當然花色、款式等這些細節的選擇也都是學問。在選購上大致可以分為以下幾點：

一、視覺效果

中國人對於飲食講究的程度可以從古人常說的「色、香、味」來看出端倪。其中「色」，指的除了是菜色本身，在食材顏色及盤飾藝術之外，餐具的搭配更是具有畫龍點睛的效果。再說視覺傳達到顧客的大腦速度，遠比聞到香味以及親自嚐上一口所感受到的美味來得快許多。因此，視覺印象就成了饕客們享用美食的第一印象，在餐具選擇上自然需要多費些心思了。目前坊間的餐具供應商除了一些最基本款的實用餐具外，也樂意引進國外名師設計的高價餐具，就是為了迎合餐廳業者及用餐顧客的喜好與需求。這些極富設計感的餐具，除了能滿足基本的餐具實用功能之外，線條唯美立體，甚至用色大膽都是其特色。餐廳業者不妨在預算能夠負荷的前提下多做比較，審慎選擇，用以呼應餐廳布巾、陳列擺設藝術品及裝潢基調，讓整體的氛圍能更有加分的效果。

二、材質與耐用度

材質的選用脫離不了採購成本的變動，但是卻不見得與耐用度有等比的變動。也就是說好的材質確實對耐用度多少有提升的效果，但是好的材質對於採購成本的提高，倒是有明顯的影響。

舉例說來，瓷器餐具除了一般瓷器之外，強化瓷器近年成了最受歡迎的材質。強化瓷器可維持瓷器與生俱來的美觀質感，密度更高也更堅固，不易破損是其優點，合理的價格更是它歷久不衰成為受歡迎商品的原因。骨瓷雖然具有更高的硬度及優雅的質感，但是價格偏高，往往只有相當高級的餐廳才會考慮採購。至於美奈皿，雖然價格便宜、耐摔、好看，但是人造塑膠的材質畢竟難登大雅之堂，只有一般簡餐餐廳或經濟型餐廳才會考慮採用。

三、廠商後續供貨能力

賠錢生意是無人做的。餐具廠商費心設計開發出來的餐具，如果無法獲得市場的青睞，通常會有兩個後續的做法：一是停止生產，讓生產線改生產其他受歡迎的產品，提高工廠產能；二是將既有滯銷的庫存品以低價出清，減少庫存所帶來的資金壓力，並提高庫房的儲存效能。

餐廳在選購餐具時如果挑到這種停產的餐具，固然在採購成本上可節省不少的預算，但是換來的是日後買不到同款商品的困擾。除非餐廳在選購之初就已經知曉餐具停產，並且早已有因應對策（例如屆時打算全面更換餐具款式），否則仍應三思而為。

四、實用性

湯碗及飯碗碗口的幅度收得是否恰當，及湯匙、刀叉的把手幅度是否合宜，會直接影響客人用餐時就口性的適切與否，喝湯時湯是否容易沿

著碗緣流下，會直接讓顧客輕易感受到碗口設計的幅度是否恰當。西式餐具把柄是否好握、餐刀是否方便施力，這些問題都與用餐客人息息相關，謹慎而仔細的選擇是對用餐客人的一種尊重與體貼。餐具弧度的恰當直接影響到洗碗機洗滌效果的好壞，對倉管人員及廚房工作人員來說，方便堆疊也是一個考慮，故不妨在選擇餐盤、湯杯或咖啡杯具時，試試看能否多個堆疊起來。很多日系及南洋料理的餐具常會有不易堆疊而浪費擺設空間的情況產生。

　　餐具選錯了會造成顧客及工作人員的不便，也間接埋下日後全面更換餐具款式的因素之一，形成了將來全面換購餐具，造成預算必須提高的事實。

　　綜上所述不難發現，除了第一項所提的視覺效果之外，其他要素都與預算編列產生程度不一的影響關係。不論是餐廳的籌備或是營運後的年度預算編列，補充餐具布品的合理數量都必須審慎為之。在數量上首要確認的就是「安全庫存量」的訂定。每一間餐廳依據營業的型態、消費客層的設定、餐桌／座椅數，以及主廚在考量菜色與餐具的搭配時，是否考慮同一款餐具與其他餐點的相通性，這些都會影響安全庫存量的設定必須拉高或降低。一般而言，餐具可設定在座位數的兩倍，這是基本的安全庫存量；布巾類因為損耗快，又通常外包給專業的洗衣工廠清洗漿燙，因而多出了二天往返的工作天數，必須將布巾類的安全庫存量拉高至五倍較為妥當。

　　有了這樣的安全庫存基礎後，到了年底要補足年度損耗的餐具時，就能很快的擬定合理的採購數量，稱之為「務實作法」，務實作法公式如下：

年度預計採購數量＝安全庫存量－既有庫存量

　　如果餐廳資金及庫房空間充裕，或因為擔心花色後續供貨能力而

提高了未來採購時的難度，也可以採用下面另一種計算方式，在此稱它為「理想作法」。兩者的不同點在於，「務實作法」為補足安全庫存量後，隨著營運正常損耗而持續降低既有庫存量；換句話說，餐廳的既有數量一直都處於安全庫存量以下，到了年度採購時再補齊到安全庫存數量。這樣的方式嚴格說來，等於餐廳的既有數量隨時都低於安全庫存量，徒增營運上的不便。除了在遇到大型餐會時必須緊急採購，或向同業調度商借之外，平常營運時倒還未必會有大的問題產生。對於餐飲事業近年高度競爭，業績難以維持以往的情況下，在資金調度或現實考量下，此種務實的採購方式被多數餐廳所採用。而「理想作法」的公式則是讓既有庫存量隨時高於安全庫存量，在年度採購之前餐廳的庫存數量都還能維持在安全庫存量之上，屬於較耗費資金及庫存空間，但也是一種趨於保守的做法。理想作法公式如下：

> 年度預計採購數量＝安全庫存量－既有庫存量＋年度預計耗損數量

第四節　餐具器皿的種類

餐具的分類可以依據其功能或材質來做簡單的分類，其中涵蓋：

一、盤碟器皿

盤碟器皿（Plateware），泛指所有盛裝餐點菜餚湯品的容器，材質包括陶器、瓷器、玻璃、美耐皿等為大宗。有時我們也稱這類器皿為「用餐器皿」（Dinnerware），或是把陶瓷類的餐盤器皿稱之為「陶瓷器皿」（Chinaware）。

餐盤結構並非只是一個平整的盤子，它仍有基本的設計結構，並且在外型上有多樣的變化，例如圓形、橢圓、長方、正方、六角、八

角……在餐盤邊緣上也可以是平整的，或是規則或不規則的鋸齒狀，稱之為「貝殼邊餐盤」（Scalloped Edges）。這種餐盤設計上具巧思且較不易產生裂痕，但是並不是所有餐廳都是用這種餐盤，不屬於大宗產品。至於它的基本結構，則可分為盤界（Verge）、盤肩（Shoulder）、盤面底（Well）、盤邊（Rim）、盤緣（Edge），以及盤底柱（Foot）（如**圖8-43**）。

陶瓷類餐具約略可分為陶類、陶瓷、骨瓷。

(一)陶類

陶類（Pottery）是經由陶土原料混合之後加以塑型，再經過燒烤即可製成。新北市鶯歌區是臺灣的陶器重鎮，當地近年來已經發展成陶瓷觀光主題的城鎮，每逢假日遊客人潮不斷，許多商家除了販賣各式陶瓷類餐具器皿及裝飾品之外，也有提供遊客體驗DIY手拉胚塑型，再由店家代為燒烤後供遊客帶回，成為獨一無二的陶器作品，相當富有趣味及紀念價值。

(二)陶瓷

選用**陶瓷**（Ceramic, China）的主要原因有：

圖8-43　餐盤的部位說明

資料來源：Irving J. Mills (1989), *Tabletop Presentations: A Guide for the Foodservice Professional*, John Wiley & Sons.

1.耐高溫，因此與高溫食物接觸時不易發生有毒物質釋出的疑慮。

2.油污不容易附著，方便洗滌。

3.耐磨損，不易被刀叉刮花盤面，或因用力切割而造成裂縫。

4.表面光滑潔白，洗滌員及服務員方便檢視是否髒污。

5.具時尚品味，對於餐廳氛圍創造有加分效果。

6.製作成本較低廉，適合商業使用。

7.外型變化多樣，少數強調品味的餐廳甚至可以訂製符合需求的餐
　盤。

(三)骨瓷

骨瓷（Bone China）或稱英式瓷器（English China），淵源於18世紀末，英國人在製作類似中國瓷器的過程中加入了焙燒過的動物骨灰燒製而成，因此稱之為骨瓷或英式瓷器。根據英國所設的骨瓷標準為含有30%來自動物骨骼中的磷酸三鈣，且成品需具有透光性，而美國的標準則稍低為25%。以著名品牌Royal Bone China為例，骨粉比例甚至高達45%，相對的在燒製的過程中陶土比例也隨之減少，成型的難度自然提高，也就需要更縝密的燒製技術，因此還被泰國皇室指定為御用餐具，並獲得多項國際認證及獎項。

骨瓷的特性為強度高不易破損，外型看起來雖然非常細緻，但是因為品質結構縝密完整，且完全不吸收水分，所以強度約為一般瓷器的二‧五倍，尤其盤緣不易缺角破裂[3]。

(四)美耐皿

美耐皿（Melamine）是一種高級耐熱的塑膠製品，原料是三聚氰胺，多半是用來製造樹脂等相關產品，用途相當廣泛。在臺灣，臺肥公司於1979年引進國外的技術，並且生產開發出純度高達99.8%的三聚氰胺，並將之製作成餐具器皿。因為美耐皿同時具有瓷器的優美質感，並同時具有耐摔不易破且耐高溫的特性，所以被稱之為「美耐皿」。它可以承受

一百二十度的高溫與零下二十度的低溫且不易燃，缺點是無法適用在微波爐及烤箱內。

　　市場上美耐皿分有兩個等級，次級的價格僅約一般美耐皿的一半價格，但是材質較薄也容易退去光澤，表面容易刮花，耐溫度也較差，僅約八十度，較不適合餐廳採購來作為商業使用。每年總會聽聞幾則新聞播報美耐皿餐具因接觸高溫食物容易釋出三聚氰胺的疑慮，也讓許多餐廳業者在餐具選購上有了多一層的思考：

「去（2008）年爆發了三聚氰胺毒奶事件後，雖然政府單位進行一連串的三聚氰胺檢測行動，但檢測範圍仍僅限於食品，並未擴大至食品容器。

消基會表示，三聚氰胺不只可能存在於食品中，更可能從食品的容器中溶出而危害身體健康，因此在今（2009）年4月間，於大臺北地區的量販店、生活用品雜貨店等地，採樣二十件美耐皿餐具進行檢測。

由於國內並無美耐皿餐具的三聚氰胺溶出試驗的相關檢測方法，消基會因此依『日本衛生試驗法』進行實驗，將美耐皿碗盤盛裝濃度4%的醋酸，以九十五度維持三十分鐘，檢測三聚氰胺溶出的情形。

消基會調查結果指出，二十件美耐皿碗盤，都有三聚氰胺溶出的情形，最高將近20ppm，相較於衛生署針對奶精、奶粉所訂出極限值0.05ppm的標準，足足超出四百倍之多。

消基會秘書長吳家誠表示，美耐皿餐具只要超過四十度或添加醋等酸性物質就會溶出三聚氰胺，但在抽檢的二十件樣品中，有八件樣品沒有任何警語，提醒消費者勿用於微波加熱，有的樣品雖然標示可以接受至一百二十度的溫度，但這只是指餐具不會因加熱產生變形。」❹

二、玻璃器皿

(一)一般玻璃

　　玻璃的製作是利用矽砂、蘇打以及石灰石一起放在高溫的爐子（約一千二百至一千五百度左右）裡混合溶化而成的。矽砂可說是玻璃的主要原料，至於加入蘇打的用意只是在降低矽砂的熔點。但不論是否加入蘇打，做出的玻璃均會溶於水中，這也是為何需要再加入石灰石的原因。經由石灰石的加入讓玻璃能夠成為硬質。有了這樣的概念之後，就不難察覺，其實只要調整玻璃的成分就可以有不同的效果。舉例來說，市面上常見又厚又重的生啤酒杯，就是在製作過程中少了石灰石，取而代之的氧化鉛讓玻璃達到又重又厚的外觀效果。

(二)水晶玻璃

　　水晶玻璃與一般玻璃的主要差異在於含鉛量的多寡。通常水晶玻璃的含鉛量約在7%至24%之間。有趣的是，各國對於水晶玻璃的含鉛量標準略有不同，例如歐盟是10%，捷克則高達24%。最簡單的辨別方式有兩種：

1. 折光率：含鉛量愈高的水晶玻璃杯，其折光率就愈好。散發出來的純淨晶瑩程度會與一般玻璃的低折光率有很大的差異。
2. 敲擊聲：對於愛用水晶杯品嚐紅酒的人來說，其中一個莫大的享受就是在交杯敬酒時，聽著酒杯相互碰撞所發出來的餘音繚繞的聲音，久久無法忘懷；反之，一般的玻璃杯相互碰撞只會發出沉悶短暫而沒有迴音的玻璃碰撞聲。兩者間的差異頗大。

三、刀叉匙桌上餐具

　　很多人認為用餐時的餐具，不論是中西餐在餐具的選擇上，重量和

材質都最能彰顯氣派和奢華。在早期,較具重量的餐具甚至代表著社會地位的崇高。然而就西餐而言,一般人較不會有機會去把餐盤端在手上,於是刀叉匙餐具(Flatware)的重量就愈容易被用餐的客人注意到。沉甸甸的手感加上貴金屬的感覺,讓人用起餐來心情感覺特別的好。

　　刀叉匙通常是鍍銀或由不鏽鋼材質所製成,故也可通稱為銀質餐具(Silverware)。不鏽鋼材質因為造價較便宜,而且耐用,外觀明亮容易保養,所以一直深受餐廳業者的喜愛。而對於客人來說,不鏽鋼製刀叉整體的質感也多半能夠欣然接受;對於高級餐廳而言,不鏽鋼餐具可能無法滿足頂尖消費客層的心理需求,而必須改採鍍銀的餐具。畢竟,這些鍍銀餐具擺在桌上搭配雅緻的餐盤再配上典雅高貴的燭臺,確實能把用餐的好心情推到最高點。

(一)不鏽鋼

　　不鏽鋼俗稱白鐵,擁有耐酸、耐熱、耐蝕性,而且有明亮好清潔的特性。擁有許多的種類系列,分別代表著不同的特性,大致可分為300系列及400系列。300系列屬於鎳系特性,成型性較佳,通常被使用在廚具、建材、製管、醫療器材及工業用途,其中又以304較具代表性。而400系列則因為材質較硬,通常被製成不鏽鋼刀器、餐具或機械零件。

　　不鏽鋼製造業在臺灣是相當成熟的產業,早在民國70年代末期臺灣生產出口的不鏽鋼餐具就已經超過全球的50%。除了技術純熟之外,產品良率高並且具有設計質感是主因。《商業週刊》第1021期甚至專題報導過臺灣知名的不鏽鋼餐具製造業者,以攝氏八百度的高溫將不鏽鋼軟化後重新塑型。這個看似簡單的動作其實是全世界第一家以鍛鑄方式生產餐具的工廠,就如廠長在接受《商業周刊》記者訪問時所說的:「鍛鑄過程,就像古代製作寶劍一樣,不像是生產餐具,更像是生產藝術品。」❺

(二)鍍銀

　　鍍銀的餐具往往只出現在高級的餐廳或是一些奢華的晚宴上。其製

作的方式主要是以不鏽鋼或合金（通常是鎳、黃銅、銅或是鋅），在高溫的環境下燒溶之後的混合物，再利用電鍍的方式將銀附著到餐具的表面上。在電鍍的過程中，銀的多寡直接影響到電鍍上去後的厚度，也直接牽動著餐具的成本。電鍍過程如果控管不佳容易造成日後銀質表面脫落，造成外觀上的缺損而上不了餐桌。此外，隨著經年累月的使用、洗滌、保養，自然的銀質脫落是必然的，因此在壽命上較不如不鏽鋼餐具。反之，餐廳業者也千萬不要採購了卻捨不得使用而束之高閣，這樣只會讓銀質餐具的外觀更易氧化，唯有經常性的正常使用，並且完善的定期保養才是上策。

四、其他金屬

除了上述所提到的幾種餐具的主要材質之外，在餐廳廚房還存在著多種不同金屬製作成的各式鍋具。不同的材質各自擁有自己的物理特性（如**表8-2**、**表8-3**與**圖8-44**）。

(一)鐵質

鐵質的物理特性為導熱均勻，因此常被製作為煎鍋或炸鍋，缺點是容易生鏽，誤食生鏽鍋具所烹調的食物容易引起噁心、嘔吐及腹瀉的症狀。

表8-2　金屬導熱比較表

金屬	導熱速度（W/M°C）
銅	386
鋁	204
鐵	73

單位說明：W/M°C：在相同時間且溫差相同的環境下，每單位時間（秒）所通過的焦耳數。

資料來源：俊欣行（2009）附屬門市iuse餐具專門店門市公告資料。

表8-3　鍋具物理特性分析表

鍋具	硬度	導熱度	抗氧化性	抗酸性
鋁鍋	★	★★★	★	★★
銅合金	★★★	★★★	★★	★★
不鏽鋼	★★	★	★★★	★★★
鑄鐵	★★	★★	★	★★★

說明：因合金實際的成分比重會有不同的表現，本表僅供參考。
資料來源：俊欣行（2009）附屬門市iuse餐具專門店門市公告資料。

圖8-44　常用金屬導熱率比較

資料來源：俊欣行（2009）附屬門市iuse餐具專門店門市公告資料。

(二)鍍金、鍍銅

　　鍍金或鍍銅可以解決上述的問題，並帶來美觀和耐用的優點，由於具有耐腐蝕性，價格自然昂貴許多，通常出現在高級餐廳飯店的自助餐臺上，以及一些較奢華隆重的宴會，或是一些設有開放式廚房的高級餐廳。

　　銅為人體中不可或缺的元素之一，銅鍋的使用也是攝取銅來源的方法之一。除了它良好的物理特性，例如導熱快、保溫佳之外，銅的微量元素也有殺死大腸桿菌的作用。

(三)鋁

鋁的來源是來自於黏土從電鎔爐中所提煉出來的。鋁用來製鍋具有導熱快、重量輕、價格便宜的優點。鋁的金屬質地較軟，碰撞容易變形是它常見的缺點。此外，亦常有聽聞鋁鍋容易有毒的說法，這是經過多次使用的鋁鍋由於頻繁接觸高溫，並且因為食物中的酸、鹼、鹽度變化，造成金屬溶解而釋放出毒素，使食用者神經系統受到傷害。

(四)鋁合金

利用鋁合金材質的目的是為了克服上述鋁製鍋具的問題，近年來鋁合金的接受度逐漸提高。它同樣保有重量輕、導熱快的優點，表面經過陽極處理後又讓美觀性大大提升，鋁合金在耐熱度上也有不錯的表現，約在四百二十七度。

🍜 第五節　常用器具與餐具的介紹

餐廳的各項營運器具、工具、器皿、餐具種類繁雜且數量龐大，本節將從廚房器具、外場餐具及餐盤做範例說明。

一、廚房器具——不鏽鋼調理盆

調理盆對於餐飲業界來說是再熟悉不過，而且是非常依賴的容器之一，除了方便堆疊外，其材質可以是不鏽鋼、強化塑膠或鐵氟龍，可用來冷藏冷凍食材，或採隔水加熱方式保溫。強化塑膠也兼具微波盒的功能，而不鏽鋼及鐵弗龍的材質又可直接進入烤箱進行烘烤。其周邊的配件也相當多樣，除了上蓋之外，也可在盆內放置隔水盤、滴水盤等讓食物的湯汁可以瀝乾。而最重要的一點是其規格早已統一化並且通用於世界各國。舉例來說，最大的調理盆其尺寸為一分之一（如**圖**8-45），而其他較小的尺

圖8-45　最大的調理盆：一分之一尺寸

資料來源：Cambro產品目錄（2009）。網
　　　址：www.cambro.com。

圖8-46　調理盆：二分之一尺寸

資料來源：Cambro產品目錄（2009）。
　　　　　網址：www.cambro.com。

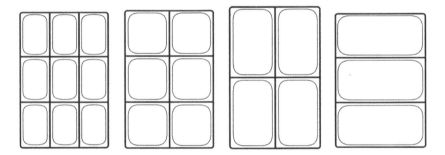

圖8-47　調理盆：三、四、六、九分之一尺寸

資料來源：Cambro產品目錄（2009）。網址：www.cambro.com。

寸則依照一分之一的尺寸來劃分成五種尺寸（如**圖**8-46、8-47），餐廳在選購時可以自由依照其營運需求，以及各式醬料在工作臺面上所需的多寡程度，來決定各種尺寸的採購數量，然後在工作臺上進行拼湊組合。

二、外場餐具──餐刀、餐叉

餐刀、餐叉系列餐具（如**圖**8-48）除了造型、價格、後續供貨情況令人滿意之外，一系列十四項產品的完整組合也是被考量的原因之一，主

New Line系列

編號	品名	尺寸
24823	大餐刀(HH) table knife	L240mm
24824	大餐叉 table fork	L205mm
24825	大餐匙 table spoon	L213mm
24833	牛排刀(HH) steack knife	L237mm
24826	點心刀(HH) dessert knife	L216mm
24827	點心叉 dessert fork	L187mm
24828	點心匙 dessert spoon	L187mm
24832	奶油刀 butter knife	L171mm
24003	魚刀(SH) fish knife	L198mm
24004	魚叉(SH) fish fork	L179mm
24829	沙拉叉 salad fork	L157mm
12879	小叉 small fork	L126mm
24830	茶匙/咖啡匙 tea/coffee spoon	L136mm
24831	迷你咖啡匙 mini coffee spoon	L116mm

材質：18/8 Stainless Steel
品項：空心握柄餐刀

圖8-48　餐刀餐叉系列餐具

資料來源：俊欣行業務用綜合目錄2009年版。

要是可以避免掉後續要採購其他功能餐具時卻發現不是這系列餐具，而發生兩種花紋系列的餐具同時出現在餐桌上的窘境。

三、餐盤

大同磁器為國產餐具最具規模的品牌之一，旗下有多種系列產品，尤其以「無國度」系列最被餐飲業界所廣泛使用（如**圖8-49**）。分析其原因有以下幾點：

1.價格合理。

2.系列產品組合齊全，餐盤系列共設計近百種產品，且尺寸分布齊全

圖8-49　大同磁器餐盤

資料來源：俊欣行業務用綜合目錄2009年版。

（參考大同磁器網站www.tatungchinaware.com.tw）。

3.產品設計感強烈。

4.產品設計符合各式料理，通用性高。

5.因廣泛為餐飲業界採用，生產線持續生產，後續供貨無虞。

註釋

[1] 楊致中（2009）。TVBS新聞網，「嫌排煙管吵　男子告肥前屋求償50萬」。網址：http://tw.news.yahoo.com/article/url/d/a/090918/8/1rcp6.html。

[2] 庫倫（Charles A. de Coulomb, 1736-1806），法國物理學家。因為庫倫發現了靜電，人們便將相斥相吸的電力也叫做庫倫力。重力不管物體性質，一律相吸，但庫倫力則要視兩物體的電性、電量而定。二者最大的差異是，重力只有正值，也就是相吸，而庫倫力則有相吸或相斥的不同。

[3] 俊欣行官方網站：www.justshine.com.tw；Royal Porcelain Public Company Limited官方網站：www.royalporcelain.co.th

❹卡優新聞網（2009）。美耐皿餐具好毒！100％溶出三聚氰胺。網址：http://tw.news.yahoo.com/article/url/d/a/090602/52/1khjx.html。

❺胡釗維（2007）。〈貨櫃工變不鏽鋼餐具王〉，《商業周刊》。臺北：商周集團，第1021期。

餐飲資訊管理系統

本章綱要

1.科技產品對餐飲業的影響
2.餐飲資訊系統──跨國連鎖餐廳的震撼
3.餐飲資訊系統被國內業者接受的原因
4.顧客關係管理與餐飲資訊系統
5.餐飲資訊系統對使用者的好處
6.餐廳安裝餐飲資訊系統應注意事項
7.軟體及系統架構
8.餐廳企業資源規劃（ERP）
9.餐廳其他常見的科技設備

本章重點

1.敘述資訊系統對餐飲業所帶來的震撼與影響
2.介紹餐飲資訊系統對各個使用者的好處有哪些
3.說明餐廳業者在安裝餐飲資訊系統時應注意的事項
4.瞭解如何建構一套完整的餐飲資訊系統
5.瞭解何謂餐廳「企業資源規劃」（ERP）系統

第一節　科技產品對餐飲業的影響

　　科技的力量帶給每一個人在生活上有了重大的轉變，也帶給每一個人工作上的重大挑戰。產業要轉型，效率要提升，資訊產品在這個過程中絕對是一個不可或缺的角色。於是，消費者享受到科技所帶來的便利，而業者也必須跟緊腳步擴充設備，提升人員素質及訓練時程，以駕馭這些資訊設備，提升工作的效率及企業的形象。

　　餐飲業這個古老卻又一直必須存在的產業，除了透過師傅們精巧的廚藝來展現出中國人最講究的色、香、味俱全的一手好菜，以吸引顧客之外，雅緻的用餐環境、親切的餐飲服務、合理公道的價位、環境的衛生、地點的好壞、品牌的口碑等，這些都是餐廳能否成功經營的要素。然而，這些話套在過去的年代或許是對的，但是以現今的科技時代標準來看，它似乎還必須再加上專業的經理人，及一套實用的餐飲資訊系統來做搭配。曾幾何時，愈來愈多餐廳的服務員不再以三聯單來為客人點菜，廚房的師傅也不再需要忍受外場人員用潦草的字跡寫下菜名及份量；當然，出納結帳時面對著一張張工整清晰的電腦列印帳單，出錯的機率自然也大幅減少許多。於是，大家的工作效率提升了，心情自然變好，微笑多了，服務自然也好了。

第二節　餐飲資訊系統——跨國連鎖餐廳的震撼

　　在1980年代，跨國速食業者陸續在臺灣相繼成立，並大張旗鼓的在各個角落開啟分店，用令人咋舌的預算大作廣告，一時之間麥當勞成了速食業的代名詞，肯德雞、德州小騎士、漢堡王、必勝客比薩這些跨國的餐飲集團幾乎顛覆了臺灣社會千百年來的餐飲習性及餐飲業界的生態。接著，跨國的美式餐廳—T.G.I. Friday's、Ruby Tuesday、Tony Romas、

Planet Hollywood、Hard Rock Café等相繼在北中南等都會區開立分店，更改變了消費者對飲食的價值觀。這些大型跨國餐飲集團所帶給臺灣業者的震撼不小，除了是另類的餐飲食品也有其忠誠的消費客群、龐大的行銷預算、美式的專業經營管理、標準作業程序的建立、大量的引進工讀生以節省人事成本、餐飲資訊系統的導入，增加工作的效率及管理者在發覺問題能見度上的提升等等，都是過去本地餐飲業者所不曾做過的事。

標準作業程序讓人瞭解到餐飲業其實是可以被資訊化的，不論是在採購的流程、餐點的配方、人員出勤紀律的考核、分層負責的管理、菜單的設計與更新等，都是可以藉由資訊科技予以透明化及效率化的。

科技讓每個月到了發薪日，員工及主管不用拿著打卡鐘的出勤卡，為了追究工作多少時數爭得面紅耳赤，客人不再在出納櫃檯為了結帳人員一時的計算錯誤，造成溢付餐點金額而不悅，外場經理也不用再與主廚一起憑「感覺」瞎猜究竟是哪一道菜賣不好，而哪一道菜賣得最好……這就是科技。

管理，本來就是一們學問、一種科學，而資訊系統藉由其龐大且快速的運算統計及分析彙整的能力，適時正確的提供了使用者最正確的資訊，進而做出最正確的決定，隨之而來的是更低的成本、更高的業績、更符合市場需求的行銷活動及產品，以及更強大的企業競爭力。

第三節　餐飲資訊系統被國內業者接受的原因

一、餐飲業經營者及經理人的管理素養提升

近十年來，多數的本土餐飲業者及經理人漸漸接受了餐飲資訊系統。有了這共同的認知才有付諸行動的可能。他們逐漸感受到原來有了餐飲資訊系統之後，業主對廚師的訂貨議價、對現場管理者的正直誠信度、對出納人員的信任度都提升了，減少了許多不必要的猜忌，自然能將

更多的心思花在正確的面向。這些資訊軟體忠誠地提列出各項報表，少了筆誤，也少了欲蓋彌彰的修正；自然地，這些報表也有了可信度，不合理的數字隨即成了問題產生的風向球。管理者有了它能更有效率的去發現問題並解決問題，而業主也能由這些報表中看出經營的體質，以及管理者的管理績效。

二、餐飲從業人員的優質化

臺灣社會的工作人口雖然隨著前幾年經濟衰退而停滯不前，失業率居高不下，卻也連帶造成目前界業人口素質的提升。常常在新聞報導中看到某某縣市環保局招考清潔人員，或是某某小學招考工友數名，吸引成千上百的求職者前往報名應試，其中不乏具有碩士學位甚至是留學背景的知識分子。

餐飲業界也不例外，1980年代臺灣地區約略有文化大學觀光系、世界新專（已升格為世新大學）觀光科、銘傳商專（已升格為銘傳大學）觀光科、醒吾商專（已升格為醒吾技術學院）觀光科等少數幾所大專院校設有觀光科系，並連帶幾門餐飲管理的相關學分課程。之後不到二十年光景，全臺有數十所大專院校及高職設有餐飲管理科系（已與觀光科系或旅館管理科系有所區隔），且位於高雄市的國立高雄餐旅學院，更成了有心從事餐飲行業的學子們的首選學校之一。近年來更有許多年輕學子遠赴美國、瑞士或澳洲接受食品科學、餐飲經營、財務管理、成本控制、採購、行銷、消費心理、人力資源等專業課程，希望能提高自己在職場的競爭力。

業界樂見這個行業有更多的年輕人能帶著學校所學踏入職場，一來提高業界的競爭力，二來也連帶提升餐飲管理專業經理人的社會價值與地位，而不再像過去總是被譏笑為不過就是一個穿著體面還是得端盤子的資深服務員。

三、資訊軟體直覺化操作介面

1980年代，跨國餐飲集團陸續進入臺灣市場，同時導入餐飲資訊系統。在當時如此陌生的「機器」或許已經在物流業、製造業被臺灣業者導入，但是對於習慣以三聯單來做各部門溝通及稽核的餐飲業，卻是一個全新的課題。本地業者遲遲無法導入的原因在於以下幾點：

1. 介面：既然是國外的軟體當然是以英文的介面為主，單單是操作者的英文能力即是一個考量。既然不懂英文，不論電腦設計得如何人性化、簡單化，操作上仍舊有盲點。況且對於中式餐廳，菜名的鍵入也是問題。
2. 單價昂貴：在當時的時空背景下，Microsoft系統可說是在美國最具權威的餐飲資訊系統，因屬小眾市場致產品價格一直居高不下。較大型的餐廳若配置六至十台POS（Point of Sales銷售點）機，可能就必須花費近百萬元購置。
3. 操作畫面生硬：當時的餐飲資訊系統多半以專業電腦程式語言寫入，直接在DOS模式下執行，容易造成操作者的抗拒及不適應。
4. 訓練時程長、成本高：正因為屬於英文介面而且在DOS模式環境下執行操作。一名服務員需要花上數週進行訓練，衍生出來的訓練成本，如訓練員及被訓練者的薪資、不當操作的潛在損壞、鍵入錯誤進而造成食物成本的浪費或營收的短少等，都是業者裹足不前的原因。

現今之所以可以本土化主要的原因乃是國內業者研發類似軟體，功能甚至更強，並以中文作介面、Windows作業環境、人性化的觸控螢幕搭配防呆裝置、簡易的操作引導及合理的價格，完全解決了上述的四個原因，自然也就能夠普及化、本土化了。

四、資訊設備的簡單化

　　過去從國外進口的餐飲軟體多半屬於專利商品，連帶其外觀、零件、體積及工作環境都有較高的規格。而現今許多國內業者也都早已具備成熟的生產技術，開發生產類似的電腦硬體，例如單一機體的電腦，並附有觸控式螢幕搭配熱感紙捲印表機，或視需要再加裝個主機伺服器即可操作運用。而比較值得一提的是，因為中華民國政府設有統一發票的制度，因此在軟體設計之初便將統一發票的管理納入其下的重要功能之一，這是國外軟體所沒有的，也間接協助餐廳會計人員在申報營業稅時有了更方便的軟體作為協助。避免早期國外的資訊軟體偶有發生與發票機無法連動或同步的問題，造成出納人員、財務稽核人員與稅捐單位之間的困擾。

五、資訊設備的無線化

　　隨著週休二日制度的實施，臺灣地區各個風景休憩場所每逢週休假期總是擠滿休閒的民眾及消費者。包廂式設計的KTV、大型的餐廳、木柵貓空地區的戶外露天茶莊、北投溫泉，或是陽明山上的土雞城、國父紀念館廣場的大型園遊會等都是樂了消費者，卻苦了腿都快跑斷的服務人員。除了體力上的負擔外，也間接影響了服務品質。若能導入無線化的設備，例如服務員配備無線電對講機、服務方塊搭配智慧手環（如**圖9-1**的QR Code影片介紹）、平板電腦搭配WiFi與餐飲資訊系統做無線數據傳輸，效率不但提升，對服務品質與企業形象亦多有幫助。

圖9-1　服務方塊搭配智慧手環的新聞影片觀賞

六、資訊軟體的低價化

隨著國內業者潛心研發，適合國內餐飲環境所設計的軟體在近幾年來如雨後春筍般的不斷推出。相較於國外進口產品，國內自行研發的軟體最大的特色就是貼近使用者的需求。同文同種的國人在同一個環境下生活，其思考邏輯自然是較近似於使用者。不斷的溝通修正改版，促使這些本土產品深受國內餐飲業者的青睞，銷售量提升的同時自然使得單位成本得以下降。就筆者瞭解，目前一套簡易的國產餐飲資訊軟體連同周邊硬體設備，可能只需原先進口國外餐飲資訊系統三分之一的價格即可購得。最近甚至有業者規劃將餐飲資訊軟體以盒裝的方式透過電腦賣場通路販售，餐廳業者只需依照操作說明將軟體安裝在電腦中，並添購其他必須的硬體設備即可上線使用。

近年來更因POS機廠商競爭激烈，而有出現租賃取代購買的新模式。透過每月的固定小額支出讓廠商直接到餐廳建構相關軟硬體，並且定期維護保養和備份，對餐廳商家來說既可減少餐廳開辦預算費用，也更能確保每月系統設備能按月確實進行維護備份。

七、維修無界化

在過去的經驗中，餐飲業者如果不幸發生軟硬體的故障而無法使用時，可以利用維修專線，請工程師儘速到場維修，做零件的更換或是軟體的調校修改。然而現今因為網際網路發達，以及軟體的自我偵錯能力不斷提升，除非是硬體零件更換需到場進行修護之外，很多的軟體修改設定均能透過簡易的對話窗口，引導使用者自行維護，或是利用網際網路讓工程師連線後進行遠端維護。這些功能大幅降低了餐廳業者的不安全感，進而增加使用接受度。

八、資料庫雲端化

隨著雲端科技的不斷提升，餐廳只要能夠建置網路設備即可將資料庫進行自動排程，雲端備份可避免現場設備因老舊，或是人為破壞，而造成營業資料的損壞或遺失。同時在雲端和餐廳現場的硬碟內做備份不失為好選擇；再者，對於管理者而言，只要透過行動裝置甚至家用電腦進行登錄後，就可以隨時查閱所有的營運資料，相當方便與即時。

第四節　顧客關係管理與餐飲資訊系統

餐飲資訊系統未來的趨勢發展將與顧客關係管理（Customer Relationship Management, CRM）有更緊密的結合，也是很熱門的一個行銷課題。主要的意義是更深入瞭解顧客的消費習性、更貼切的去迎合滿足顧客需求的一種一對一式的行銷概念。餐廳如果能確實建立顧客資料，除了生日、地址、電話外，舉凡客人用餐的口味需求、飲食習性、座席偏好，甚至結帳方式，將來在行銷策略的規劃上就更能貼近顧客需求，得到最好的顧客滿意度。

餐飲管理資訊系統最大的功能之一就是龐大快速的計算、統計、篩選序列的能力。例如透過它的強大功能，使用者可以在彈指之間得到依照生日月份所排列出來的顧客名單，進而對生日顧客進行貼切的問候，並提供顧客來店慶生的優惠；篩選女性顧客並針對粉領階級的顧客規劃下午茶的優惠；篩選出特定職業的顧客，並在其專屬的節日裡提供貼心的問候及用餐的優惠，例如護士節、秘書節、軍人節……。

第五節　餐飲資訊系統對使用者的好處

一、餐飲資訊系統對業主的好處

　　對於餐飲業主而言，餐飲管理資訊系統除了能夠提供自己一份完整的營業紀錄之外，對於各項成本的控制也有相當大的監督作用。透過餐飲資訊軟體所預設的分層授權功能修改及折扣的設定，能讓餐廳內的營收、折扣、食材物料的進銷存有一定的管制，避免人謀不臧或浪費的情事發生。

　　業主對於報表數字上的變化，亦能作為對現場管理者的管理績效進行最客觀的解析。這正是人們常說：「數字會說話」的道理所在。藉由歷史資料的回顧比對，可以剖析現場管理者的經營管理能力。

二、餐飲資訊系統對營運主管的好處

　　對於餐廳現場的營運主管而言，餐飲資訊系統能提高營運的順暢度。例如讓廚房與外場的溝通更順暢、結帳及點菜的出錯率可以降低、減少客人不必要的久候，以及餐廳形象的提升等等。對於一位專業經理人而言，餐飲資訊系統所扮演的角色絕對不只單單如上所述，其真正的價值乃是這套餐飲資訊系統所提供的各式報表功能。有了這些報表就如同船長有了羅盤及衛星定位系統，可以帶領這艘船駛往正確的方向。經理人可以藉由員工出勤紀錄瞭解員工的出勤是否正常；藉由銷售統計報表瞭解哪些菜色熱賣，又有哪些菜色不受青睞而可以考慮刪除；藉由折扣統計報表瞭解哪些促銷活動方向正確，獲得顧客青睞，提高來店頻率或消費金額。

　　經理人必須發揮所學專長，從數字去發現問題並瞭解每一個數字背後所延伸的意義，進而去發覺問題核心，解決改善問題並創造最大利潤。

三、餐飲資訊系統對財務主管的好處

　　財務主管雖然不在餐廳現場參與營運事務，但是經由每日的各式報表能為業主提供正確的資訊及建議。不論是在現金的調度、貨款金額的確認與發放、年終獎金的提列，或是折舊的分期攤提等都能提供業主一個思考的方向。

　　當然，有了這些報表對於現場的現金、食材物料及固定資產等也能發揮稽核的功能。對於每週、每月或是每季所召開的例行營運會議、股東會議也能藉由餐飲資訊軟體，提供第一手正確的各式報表進行檢討。大量節省財務主管製作各式報表甚至以手工登錄製作報表的冗長作業時間。

四、餐飲資訊系統對百貨商場的好處

　　對於購物中心、商場甚至量飯店所規劃附設的餐飲區，因現今商場大多對承租的餐飲專櫃租金收入採取營業額抽成的方式。此時商場與餐飲專櫃間的營業額確認就有賴餐飲資訊系統與商場的結帳系統進行連線，以利稽核避免不必要的爭議。

五、餐飲資訊系統對使用者的好處

(一)廚房、吧檯人員

　　在過去的經驗裡，廚房及吧檯的工作人員們總是無奈地接受及忍受外場服務人員以潦草的字跡寫在不甚清楚的複寫三聯單上，光是文字的判讀就浪費廚房師傅們不少時間，無形中也增加了錯誤的比率。有了餐飲資訊軟體，外場透過餐飲資訊系統點菜，經由廚房的印表機列印出來，字跡工整清楚，如果預算寬裕還可以在廚房加掛抬頭顯示器，讓廚房師傅能利用電腦螢幕瞭解所需製作的品項，進而依照每一道菜所需的烹飪時間，調整製作的順序，讓同桌的顧客可以一起享用到不同的餐點。

(二)外場服務人員

　　餐飲管理資訊系統對於餐廳現場第一線的服務人員，最直接的益處在於效率。透過餐廳現場配置的POS機快速的鍵入桌號、人數、餐點內容，存檔送出後，使廚房及吧檯能在第一時間收到單子，並隨即進行製作，此時餐廳內包括前臺、出納及任何一臺POS機均已經同步更新資料，免除了過去手開三聯單並逐一送到廚房、吧檯以及出納的時間。另外，員工每日出勤也可利用POS機進行打卡上班的動作，透過先前輸入的班表隨即可以統計上班時數，並避免上錯班的窘境。

(三)出納人員

　　透過餐飲資訊系統出納人員面對客人結帳的要求時，只要鍵入正確的桌號即能得到正確金額的帳單明細。當客人以現金結帳時，出納人員輸入所收金額，系統便會自動告知出納人員應找的餘額；若是以信用卡結帳時，系統也能夠與銀行所設置的刷卡機連線，直接告知刷卡機應付金額，而出納人員只要進行刷卡動作即可避免掉輸入錯誤金額的機會，使消費者更有保障。而交班結帳時，亦能透過系統列印交班明細及總表進行交接。

(四)領檯帶位人員

　　領檯人員藉由餐飲資訊系統先前為餐廳量身繪製的樓面圖，清楚的呈現在電腦螢光幕上，並利用系統預設的功能加上與外場POS機及出納結帳的電腦進行連線，依照當桌的用餐進度賦予不同的顏色，讓前臺人員對於樓面狀況一目了然。例如以紅色代表客人已點餐用餐中、白色代表空桌、綠色代表已經用完餐結完帳即將離開、黃色代表已帶入桌位但尚未點餐等，如此遇有客滿的情況時，前臺人員較能夠精確掌握樓面狀況，並預告現場等候桌位的客人可能需要等候的時間。

六、餐飲資訊系統對消費者的好處

經由餐飲資訊系統帶給餐廳完善的管理及成本的有效控制，自然能帶給餐廳更多的利潤，進而提升競爭力並嘉惠消費大眾。此外，客人若是對於帳單有異議時也能藉由帳單的序號或桌號查詢明細避免爭議。

第六節　餐廳安裝餐飲資訊系統應注意事項

餐廳在導入餐飲資訊系統之後雖然可以享受電腦科技所帶來的便利性，然而對於資訊系統的建置、維護保養仍應有以下幾項要點需注意：

一、設立UPS不斷電系統的必要性

試想，餐廳於用餐尖峰時間正忙得不可開交之際，不幸正巧遇上停電的窘境，即使是位處在高級的商業大樓或是購物中心之中，緊急電力的供應多半只能提供緊急照明、消防保全設備以及電梯的正常運作。此時，餐飲資訊系統若沒有搭配一個專屬的不斷電系統來支應，勢必嚴重影響餐廳營運的順暢度。因為電腦一旦停擺，服務人員便無法正常的點菜、出納人員也無法從電腦中調出客人的帳單進行結帳的動作，而更嚴重的是，很可能在停電的瞬間電腦資訊系統未能來得及儲存當時的營運資料進行備份，造成無法挽回的遺憾。

目前市面上的電腦賣場普遍都有販售各式的UPS（Uninterruptible Power System）不斷電系統，商家可以依照自己的需求及預算來購置，而其主要的差異是在於續電供電的時間長度。

二、定期資料備份

　　為求營業資料的永續儲存，為日後做重大營運策略時可以調出歷史營業資料來做參考，建議商家能定期進行資料的備份儲存。雖然餐飲資訊系統的主機已經配有記憶體大小不等的硬碟進行儲存，若能搭配燒錄機將資料燒成光碟片，儲存作為備份會是更為妥當安全的做法。現今的主流多以雲端儲存為主，企業主可以選擇要自己將營業資料備份於能夠自主掌握的實體硬碟或儲存於雲端硬碟，如Dropbox、Google等，或是其他付費的雲端空間。

三、觸控式螢幕的保護

　　觸控式螢幕（如**圖**9-2）的最大好處就是快捷便利。餐廳的環境畢竟不如一般的辦公室或是零售商店，外場服務人員難免有時候會因為剛收送餐點或是洗完手，而讓自己的手指仍帶有油漬或是水滴，此時若是未先將手徹底洗淨並擦拭或烘乾就直接操作

圖9-2　觸控式螢幕快捷又便利
資料來源：飛雅高科技股份有限公司（2009）。
網址：www.feya.com.tw。

觸控式螢幕，容易造成螢幕的損壞。此外不當的敲擊或是以其他的物品（例如原子筆、刀叉匙等餐具）代替手指操作觸控式螢幕，也極易造成觸控式螢幕的損壞，建議必要時可以搭配光筆供操作人員使用。

四、傳輸線的選擇

　　傳輸線主要的功能是將外場各區的**POS**機、出納結帳、吧檯、廚房、前臺與主機之間加以連線，並快速地將資料進行傳輸。只是廚房對於電腦

傳輸線可以說是一個不甚友善的工作環境，除了高溫、潮濕之外，瞬間用電量的高低起伏造成電壓的不穩定，以及微波爐等設備所產生的電磁波等，都會影響資料傳輸的穩定度。因此在建構這些餐飲資訊設備時，應選擇品質較好的傳輸線以抵禦周邊的干擾及惡劣的工作環境。此外，若能以金屬或塑膠管保護傳輸線將能有效避免蟲鼠的破壞，以避免斷線的情況產生。雖然目前WiFi等無線技術純熟，但偶爾難免有無線路由器熱當機的問題產生，如果要選擇無線傳輸，建議做好散熱規劃和定期開關機，以維護無線路由器良好的傳輸品質。

五、專屬主機應避免其他用途

為避免電腦主機的效率退化、速度變慢，甚至發生感染電腦病毒的情況，建議餐廳應為餐飲資訊系統保留一台專屬的主機，徹底杜絕與一般事務的個人電腦混合使用。

六、簽訂維修保養合約

雖說新購的餐飲資訊系統大部分附有一年的硬體保固服務。但是對於軟體程式的修改維護調校，以及不可預期所發生的人為損害仍應有所警覺。若能及早簽訂維修合約，不論是零件備品的取得、遠端即時的維修設定，或是到場進行硬體的清潔保養等，都能夠延長系統的使用壽命，而且可以大幅降低不可預知的故障，確保餐廳營運的順暢度。

第七節　軟體及系統架構

目前市面上的餐飲資訊系統除了點菜、列印、帳單金額計算，及上述所提到的顧客關係管理系統外，其實它包含了很多的軟體在其中，統合

起來建構成一套完整的餐飲資訊系統。其中還包括**廚房控菜系統**、**訂席系統**、**原物料管理系統**、**後臺管理系統**等，茲分述如下。

一、廚房控菜系統

在裝設有餐飲資訊系統的餐廳廚房裡，最基本的設備就是印表機了，系統可以透過廚房的印表機列印出被送進系統的最新點菜的餐點內容，讓廚房的工作人員可以依據單子上的內容製作菜餚。更先進的設備則是透過廚房裡所架設的電腦螢幕來取代印表機秀出需要製作的菜餚，這除了簡單的訊息傳送之外，還可以透過事前的設定讓單子可以延緩一段時間才出現在螢幕上。這樣的用意是讓前菜與主菜的時間可以較明顯的被區隔開來，目前甚至還可以做到逾時的提醒功能，透過畫面閃爍或聲響來提醒工作人員及時將餐點製作完成。

二、訂席系統

訂席系統主要是建構在餐廳領檯的位置。電腦畫面上有依照餐廳樓面所繪製成的平面圖，再透過不同顏色的區分來代表每一個餐桌的用餐狀況，對於訂席的餐桌也可以被標示出來。訂位人員在接受客人預約訂位時也可以即時透過這套系統建立訂位資料，系統還可以與VIP管理系統自動連線檢查是否為VIP客人的訂位。對於訂位未取消也未出席的客人，系統也會自動保留成為缺席黑名單，作為日後訂位時的電腦比對參考。

三、原物料管理系統

先在原物料管理系統（如**圖9-3**）中將每道餐點的配方完整輸入系統中，再將餐廳每一筆的進貨資料也輸入系統裡，接著隨著餐廳營運的發生，系統會依照之前所得到的餐點配方及點菜紀錄，自動由庫存當中扣除

基本資料設定	採購銷售管理	庫存管理
員工基本資料 供應廠商資料 客戶資料管理 商品基本資料 廠商類別及付款方式設定 利潤中心與倉庫設定 原料大中小分類 匯率及幣別設定 客戶編號對照設定	需求預測分析 廠商報價管理 採購單價分析 採購下單作業 進貨退回作業 分店採購管理 銷貨報價管理 訂單管理	庫存異動作業 庫存調撥作業 倉管資料查詢 盤點清單列印 庫存月結作業庫存 分店即時庫存 分店進退貨管理

圖9-3　庫存管理系統功能表

資料來源：富必達科技股份有限公司（2009）。網址：www.fub-tech.com.tw。

食材，進而得知最新的庫存狀況，作為每月盤點時的比對參考。如果預先把各項食材的最低安全庫存量輸入到電腦裡，當系統發現食材低於安全庫存量時，也能達到警示的效果。

四、後臺管理系統

後臺管理系統（如圖9-4）主要是協助管理人員做更多的比對分析。系統透過所有的營業資料進行多種的交叉比對分系、統計、排序，製作整理出許多不同形式的表格讓管理人員參考，對於管理人員而言有很大的助益。而就硬體架構而言，由於現在市場上走連鎖型態的餐飲品牌相當多，不論是直營式的連鎖或是加盟制的連鎖，總公司都需要透過建置一套完整的餐飲資訊系統來瞭解每一家店的營運狀態（如圖9-5）。

就單店的系統架構而言，先是要配置一台網路伺服器主機，再透過寬頻分享器把餐廳多台的工作站組成一個網路，讓資料能夠不斷同步更新，並且回到伺服器主機，再交由相關的印表機做列印（如圖9-6）。而對於多家店的連鎖餐廳而言，單一分店的系統架構都是相同的，只是每一家分店的伺服器主機會透過網際網路將資料傳輸回總公司（如圖9-7）。如此當連鎖餐廳有增加或刪減菜色，或做價格調整時，也只需要

圖9-4　後臺管理系統

資料來源：富必達科技股份有限公司（2009）。網址：www.fub-tech.com.tw。

圖9-5　餐飲資訊系統軟體架構圖

資料來源：富必達科技股份有限公司（2009）。網址：www.fub-tech.com.tw。

圖9-6 單店系統架構圖

資料來源：富必達科技股份有限公司（2009）。網址：www.fub-tech.com.tw。

圖9-7 總公司系統架構圖

資料來源：富必達科技股份有限公司（2009）。網址：www.fub-tech.com.tw。

由總公司統一進行更改之後再回傳到所有分店,即可同步更新資料,相當便捷、有效率,也能避免因為其中一家分店輸入錯誤,造成分店價格不一的情況發生。

第八節　餐廳企業資源規劃（ERP）

近年來隨著連鎖加盟餐飲事業的管理需求,以及科技設備廠商不斷的研發創新,餐飲業導入**企業資源規劃**（Enterprise Resource Planning,簡稱**ERP**）系統的案例也愈來愈多,尤其是針對兩家以上的連鎖餐飲企業,更是適合導入ERP來優化整體的企業管理。ERP是1990年由美國一家管理顧問公司Gartner Group所提出的全新概念應用軟體。ERP很快的在全世界廣被採用,一時間似乎成了企業管理的顯學。主要的概念就是提供一個管理資源平台給企業的員工,或作為決策高層資訊調閱查詢及管理的工具,並且成為決策的工具。

而當ERP被導入到餐飲業的時候,可以協助各分店有效控管食材物料的庫存、人力資源的調度、營業數據分享,進而讓整體企業有效降低成本,創造更多利潤。大致來說,ERP可以帶給餐飲連鎖企業六大效益:

1. 即時性:管理階層不需要親自到各店就可以透過系統看到最即時的營業數據和各項分析。
2. 有效性:協助各店彼此間有效調撥物料,達到低庫存卻不斷貨,極大化現金週轉效率。
3. 回饋性:利用電腦系統處理數字,並針對各項營業資料做多重角度的分析,創造各式有效的績效報表,讓管理階層能更輕易發現問題。
4. 行銷性:現今餐飲高度競爭,想要持續獲利就必須瞭解消費者,ERP系統迅速的分析營業報表,可協助管理階層發現消費喜好的改

變，掌握市場脈動隨時迎合市場需求。

5.客製性：廠商設計的ERP系統軟體雖然已經是針對連鎖餐飲的需求和實務需要來設計，但是每家餐飲企業的營運細節、採購流程、人力資源規劃都有所不同，因此廠商多半在設計系統軟體時預留相當的彈性調整空間，以因應各家企業自行設入條件或參數，讓系統更具客製化、更貼近企業需求。

6.可靠性：隨著使用ERP系統的餐飲企業愈來愈多，設計之初所犯的小缺失多半已被改善，並進而推出修正更新版。現今大部分導入ERP系統的餐飲企業，其滿意度相對上也較過去提高不少。

第九節　餐廳其他常見的科技設備

前文詳細提及了餐廳裡最重要也和營運產生最直接影響的餐飲資訊系統，除此之外，仍有許多各式各樣的科技設備被導入到餐廳裡面，這些設備雖不見得必須安裝，卻也是讓餐廳業主在規劃之初或已經營運一段時間後仍可考慮安裝的選項。常見的科技設備有以下幾種。

一、監視系統

近年由於攝影監視設備日新月異而且價格不斷下修，一方面因為現今消費意識不斷抬高，消費者又常會錄影上傳社群，餐廳為求自保安裝監視系統的店家也愈來愈多。小自手搖飲料店大至極具規模的五星級飯店，幾乎是攝影鏡頭無處不在。而且現在的鏡頭（尤其是CMOS鏡頭）對於光線的需求沒那麼大，在餐廳昏黃的環境裡仍然有不錯的錄影效果。再者，搭配無線傳輸省卻了視訊線路的布建，也不再需要擔心被蟲鼠咬斷訊號線。另外，過去餐廳總得準備主機內建大容量硬碟做影像儲存，現在也多半進入雲端時代，而且搭配固定的IP位址和相對應的APP，管理階層都能夠經

過權限設定後，隨時隨地透過手機收看實況畫面。

這些錄影軟體提供了各式貼心的功能，例如：

1. 紅外線感應啟動攝影：可以大幅減少實際錄影的時間和占用的記憶體，只在發現畫面有異動時才啟動錄影功能。
2. 視訊鏡頭：可選擇具夜視功能或是搭配高效能卻省電的LED燈，讓黑暗的角落也能有很好的畫面效果。
3. 透過錄影軟體可以隨時輸入指定的時間點或時段進行錄影，要看錄影畫面時也可以透過鍵入日期時間，立即找到所需時間點的畫面，相當有效率。
4. 畫面擷取功能可以讓影片裡的任何一個畫面都能被截圖成影像檔，甚至可以有放大圖片的功能，使用起來相當便利。
5. 遠端監視功能透過網路和指定的IP位址，不論是在地球的任何一個角落只要能夠連上網際網路都可以隨時進行監控和迴帶看片，大幅降低時空的限制。

監視系統的相關說明亦可見第118至121頁。

二、保全系統

有些餐廳或許因為本身地理位置身處治安隱憂地區，或是郊區打烊後容易遭受宵小光顧，而有安裝保全設備的需求。目前國內保全業相當蓬勃，挑選保全業者時選擇性也多，主要應考量保全業者的商譽、機動能力、巡邏人力和應變機制，以及最重要的就是萬一仍遭受到外力破壞或財損時，保全公司能夠負擔的賠償程度。

至於保全的內容端看餐廳的需求與預算，從簡單的門戶保全乃至於瓦斯火險地震的感應器警報和現場的支援，或是營業現金收入代為送交金融機構等都是保全業者的服務項目。餐廳業主如果有需要選擇保全公司時，不妨多家探詢，比較一下各家的優缺點和商譽，以及目前保全的客戶

有哪些，作為選擇時的參考。

三、音響系統

　　音響系統主要指的是播放音樂的合法性。近年來無論政府或唱片業者多半大力宣導維護智慧財產權的重要性。音樂的撥放需注意避免觸法，例如透過電腦點對點的下載音樂，再以MP3格式進行公開播放是違法的行為，此外餐廳業者購買正版的音樂CD在餐廳進行公開播放，也是違法的行為，因為這些正版音樂CD僅供個人聆聽，並不具有公開播放的權利及適法性。依據「著作權法」第九十二條所述：

> 擅自以公開口述、公開播送、公開上映、公開演出、公開傳輸、公開展示、改作、編輯、出租之方法侵害他人之著作財產權者，處三年以下有期徒刑、拘役、或科或併科新臺幣七十五萬元以下罰金。

　　因此，餐廳如果要合法的進行音樂播放，就必須和音樂的著作權所有人進行協商，並且付費取得公開播放權才是合法的行為。目前多數唱片業者多半透過「中華音樂人交流協會」，或是一些民間的有線音樂業者來進行音樂公開播放的業務。而這些業者對於餐廳、賣場等需公開播放音樂的商家，除了收費以提供合法的音樂訊號之外，也會提供幾個重要的硬體設備，例如提供訊號接收機，透過這台訊號接受機將業者提供的音樂訊號以數十個頻道方式讓業者自行選擇播放。其他諸如擴大機、音響喇叭等則可由商家自行採購。相關的費用或其他關於音樂播放軟硬體的說明請參考本書第三章第七節「弱電需求」的相關說明（見第116至119頁）。

四、燈光系統

　　燈光系統對於餐廳來說並不複雜，除非是娛樂性較強的音樂餐廳，

或是有現場演奏樂團的餐廳，才會對於舞臺上的燈光效果較為重視，此類餐廳所需的燈光設備也較為複雜，有點類似舞廳的DJ臺，除了音響也必須隨時全面掌握燈光的照明度、色溫、照明方向……。一般的餐廳，雖然對於燈光的要求較為簡單。多半在初期由設計師統籌設計後隨即發包給水電廠商進行安裝。而多數的餐廳習慣在不同的時段用不同的燈光強弱來做區隔，並且創造所需要的用餐氣氛。最簡單的方式就是將所有的燈光採用傳統的鎢絲燈泡或是鹵素燈具，此類燈具最大的好處是色溫上比較溫馨，再者可以透過調光器做光線明暗的調整，相當方便實用。缺點則是用電量大，耗能而不環保，照明燈具會產生高溫，夏天時會影響冷氣效能。

　　有業者開發出以電腦微控燈光明暗度的設備，可以透過預先的設定程式指令在指定的時間進行明亮度的自動調整，做出更多樣的變化。有興趣的餐廳業主不妨詢問設計師或專業燈光照明廠商更多的細節。而近來廣受歡迎的效能高、低耗電且不會產生高溫的LED燈愈來愈普及，廠商克服了過去幾年在色溫的表現以及無段式調光的技術後，LED燈已經能夠展現出傳統鎢絲燈泡的溫暖色溫，並且還能做出仿古傳統鎢絲燈泡的造型，既兼顧了節能省電的經濟效益，也成全了設計師和客人對色溫或文青感的需求。

五、無線通訊系統

　　簡單說就是無線對講機的運用。相信很多人都有過類似的經驗，在餐廳用餐時發現服務人員、領檯人員、樓面主管等，多半隨身配掛無線電對講機以做最即時的溝通。這項設備相當的便宜，目前具有基本的通話功能，多組頻道選擇的單支無線電對講機，含耳機價格甚至不到一千元，相當的划算。餐廳業者在選購時主要可以考慮的有：

1.品牌知名度。

2.通話距離：一般市售的無線對講機通話距離對於餐廳的使用已綽綽有餘。

3.電力供應：可以考慮選擇使用一般乾電池或是充電電池。

4.耐用度：有些標榜戶外活動使用的話機在防震及防潑水的設計上會較為用心，也比較適合餐廳環境使用。

此外，值得一提的是多數餐廳業者選擇採用無線對講機供餐廳工作人員使用時，只考慮到營運上工作人員的需求，卻往往忽略了顧客感受。常在餐廳看見客人在與工作人員對談當中，工作人員又因為耳機裡傳來無線通話而干擾了與客人間的對話。或許有些餐廳會強制員工使用耳機，但吵雜的工作對話也會影響客人用餐的好心情。

Chapter 10

預算及損益規劃剖析

本章綱要

1.開店前財務規劃預測的重要性與目的
2.財務規劃預測的基本架構與內容
3.損益表簡介
4.營業總額
5.直接成本的問題檢視
6.人事成本的說明與檢視
7.可控制管銷費用的檢視
8.關鍵績效指標（KPI）

本章重點

1.理解開店前財務規劃預測的重要性，對餐廳的財務規劃有一個完整的概念
2.認識餐廳開發前置作業中的所有費用，評估參與餐廳開發前置期的所有籌備人員的薪資預算
3.闡述自餐廳開始營運後隨著所有的收入和費用而產生出來的損益，並說明如何藉由損益表來判斷營運績效和規劃未來策略
4.瞭解一家餐廳的各項收入，並區分各種不同類別的營業額，針對成本結構上有明顯差異之品項進行瞭解
5.說明何謂「直接成本」，瞭解銷售統計報表及其重要性
6.介紹人員薪資、保險與福利、業績獎金、退休金等的提列與各項生產力的計算，並說明人事成本管理的要點
7.瞭解何謂「可控制管銷費用」，避免資源被無意的浪費
8.瞭解各項「關鍵績效指標」的計算

第一節　開店前財務規劃預測的重要性與目的

　　對於一個專業的管理人而言，精確的財務報表能夠幫助管理者從數字中發現潛在的問題，或是已經發生的問題，幫助企業做體質上的改善。就像是船長依賴羅盤和衛星定位系統一樣，務求順利將船隻駛向正確的方向。

　　財務規劃預測能將日後潛在可能發生的問題，提前在報表中呈現出來，對投資者而言，他最關心的是開店後，甚至是三、五年後餐廳的獲利能力，是否能夠如期回收所投資進去的成本。對貸款給創業主的債權銀行或是任何債權機構／自然人而言，最擔心的當然就是餐廳是否能夠獲利，並且有良好的現金周轉能力，以確保餐廳業主有足夠的償債能力，而不致造成債權人的損失。再者，對於員工及業主所聘請的餐廳主管而言，所關心的則是餐廳是否能有良好的獲利能力和遠景，而不致遭到積欠薪資，或因餐廳營業不善而失業，進而影響無數員工的生活家計。

第二節　財務規劃預測的基本架構與內容

一、重要預算報價

　　預算報價包含了餐廳開發前置作業中的所有費用，除了最重要的工程預算，例如泥作、木作、水電、機電空調外，還包含了設備預算、生財器具、家具、辦公設備、菜單開發試菜所需的食物成本、市場調查預算、差旅費、顧問費、執照申請、各類印刷品設計及印刷等多項費用，以及所有參與餐廳開發前置期的所有籌備人員薪資預算。

(一)內裝工程

內裝工程包含了基礎工程、機電工程、裝潢、音響燈光、視覺裝置藝術，這項費用可以在設計圖面完成後，同時由設計師和承包商提供正式的報價單。業者在檢視報價時，可以要求設計師提供立面圖、3D示意圖，並且清楚標示所有的建材材質、規格、產地，必要時甚至可以要求設計師帶來建材樣本。如果嫌建材材質報價過高，也可以要求設計師同時提供第二甚至第三種替代材質的相關資訊，並且提出每種建材的優缺點。當然，須要考慮的還包含建材的耐久度和維護難易度。

(二)開辦顧問費用

開辦顧問費用指的是業主籌備期間礙於自身專業度不足，聘請顧問或以自身有經驗的友人作為諮詢對象所支付的顧問費用，例如企管顧問公司或個人。為避免這部分的預算過度膨脹或無法掌握，除了尋找或請熟識的人代為介紹信譽佳的顧問團隊之外，也可以洽談統包的方式，以全案完成後的一口價作為依據，避免過度超支。

(三)廚房設備

廚房設備包含了廚房所有的營業設備資產，例如烹飪設備、環保設備、洗滌設備。這些預算費用可以在廚房的空間區隔及菜單大致確認後，由主廚和廚房設備廠商進行討論，並且開出所需設備的清單和規格，進而得到完整的報價。影響設備價格主要的因素包含：

1. 品牌：愈知名、悠久的品牌，其品牌價值相對也高，直接影響其售價。
2. 產地：有些品牌雖貴為國際知名品牌，仍有因為不同國家產地而有不同的價格。
3. 規格：愈是通用的大眾規格，價格比起量身訂作的規格尺寸來得合理。

4.機型：愈是新開發的嶄新款式，價格相對也高。在商言商，廚房是用來生產餐點產品的所在，設備講求實用、耐用，對於一些較具噱頭性的功能或設計，大可不必將錢花在這部分。

5.售後服務／代理商：通常正式代理商所販售的設備價格會較高些。畢竟代理商除了販售及售後服務維修之外，還得花鉅額成本在品牌形象建立、廣告以及精美型錄的印製，而這些費用最後還是得轉嫁到產品的售價。亦即迅速而有效率的售後服務與維修會直接影響到設備的售價。

(四)餐具用品

餐具用品，泛指所有的餐具、餐盤及外場所有的營業生財器具。餐具價格隨著品牌及品質的不同，價格落差甚至可以高達近百倍。業主不妨考慮根據自身餐廳的形象、價格帶和訴求，選擇合適並且價格合理的餐具進行採購。近來也有許多國際知名的餐具／杯具廠牌，在墨西哥、越南、中國等地設廠生產，其價格遠比其品牌所在國生產的餐具產品來得便宜許多。例如法國、英國、美國、日本等產地，都會使餐具價格相對拉高。

(五)辦公設備

辦公設備，例如影印機、電腦設備、3C產品、電話傳真機等。近年來由於辦公事務設備的日新月異與市場的高度競爭，以往動輒數十萬的影印機採購，現在大可不必再當冤大頭，可以直接洽詢坊間的影印設備公司採租用的方式來省下大筆的採購預算。租用除了預算便宜（每月一千多元）之外，餐廳只需負擔購買影印紙和碳粉的費用，還能得到出租廠商的定期保養維護。目前市面上以A3尺寸影印、黑白／彩色傳真、掃描三機一體的事務機，最受歡迎。

(六)車輛

配有中央廚房並採物流配送的大型連鎖餐廳，有可能會採購車輛擔負

配送任務。如果是建立有中央廚房並需做每日密集配送的連鎖餐廳，也可以先考慮將配送業務委外包給專業的物流貨運廠商，除了可省去大筆預算採購車輛、聘用司機之外，也省下了罰單、油料、保養維修以及保險的費用。讓專業的歸專業，也藉由專業的物流公司大量的車輛與駕駛人員的調度，發揮最大的生產力，其成本勢必比餐廳自行張羅這項業務來得划算。

(七)物料採購

物料採購，指籌備期間的所有試菜所需的食材，以及開店前採購營業所需食材、醬料、乾貨，達到所需的安全物料庫存量（Inventory Build up）。

(八)勞務費

勞務費，泛指外聘會計、稅務或法務人員等的費用。

(九)權利金

所謂**權利金**，在此係指加盟連鎖品牌所需支付的加盟權利金。除了一次性付出的加盟金，每月或每季的權利金也得仔細評估。

(十)開辦費用

開辦費用泛指：

1. 餐廳在未完成地點的確認、簽約，於交屋前利用其他地方作為籌備處所衍生的房租、水電，以及相關的辦公費用。
2. 籌備期間餐廳籌備人員的薪資及相關人事費用。
3. 籌備期間的其他雜項支出，如差旅費、市調費用、開幕期間的各項行銷相關費用。

(十一)保證金及押金

通常餐廳位在百貨賣場或社區辦公大樓，在施工期間都會被要求繳

付一定金額的**押金或保證金**給予百貨賣場或大樓管委會,目的是為確保施工能如期完成,並且不會造成公共設施的損壞。施工結束後,經確認沒有造成公共區域的損壞,這筆款項將會無息退還。

二、基本營業數字預估

關於**營業數字的預估**,在餐廳籌備初期是個非常重要的作業,也扮演著成敗關鍵非常重要的角色。因為錯估了數字就等於誤判了情勢,輕則造成開店後營業超乎預期,致使空間設備不敷使用,重則高估了數字,預期日後營業情況會非常良好,但是開了店之後卻門可羅雀,終致營運不敷成本而歇業。因此,對於營業數字的預估,最好能多方徵詢專業人士或同業業主,尤其必須針對所在商圈做分析討論,始能讓預估的營業數字更臻真實。通常必須預估的重要營業數據如下:

(一)營業收入方面

營業天數通常比較沒有爭議,餐飲業多半為天天營業。近年來隨著外食風氣大幅提升,甚至在農曆年除夕夜、大年初一等傳統休市的節日也都照常營業。對位於百貨公司的餐廳更是如此,甚至在颱風停課、停班的時候,才正是大發利市的時候。而對於小吃店而言則多半一個月會休二至四天,端看所在商圈的特性與業主本身的考量而定。

(二)直接成本

■食物成本

近年來因為景氣下滑再加上餐飲同業高度競爭,食物成本的百分比逐年攀高,由早年的28%逐步攀升到32%。有些高檔餐廳因為客平均單價較高相對毛利金額也比較大,會容許食物成本再更高些。

對於競爭激烈的商圈,或是部分以人頭計價的餐廳,例如麻辣火鍋、日式自助餐、燒烤等店家,其食物成本甚至高達45%以上。像這種仰賴座

位數多、來客量高的餐飲業型態,可藉由薄利多銷及連鎖店的連鎖採購來壓低成本,創造有限的利潤。相對地,對消費者來說則是相當物超所值。

■飲料成本

對餐廳而言,酒水是非常高利潤的產品,尤其是自製的飲料,如雞尾酒或是桶裝的生啤酒,以單杯的方式計價販售。一般而言,果汁、蘇打飲料及雞尾酒的成本,相對於售價約在14%左右,而啤酒則約在25%至30%,紅白酒香檳約38%至50%不定。

無論是食物或是飲料,在成本及售價的結構上通常有個通則,就是高單價的餐點著眼於對業績的貢獻度高,相對的直接成本也高。以食物為例,餐廳平均食物成本若為33%,則高單價的餐點成本率可能高達40%,讓點餐的客人更覺得物超所值;而低單價的餐點相對的成本率也低,算是對業績貢獻度不高,但是對於壓低食物或飲料的百分比則有貢獻。

(三)薪資成本

餐廳日後營運是否有利潤空間,薪資成本扮演著重要的角色。因為薪資成本對於日後業績高低幅度的變動並不大,雖然有部分計時制的工讀生可因應生意量大小做調節,達到減少人事開銷的目的,但是成效畢竟有限。真正高薪的餐廳主管及主要的工作人員多為月薪制,且為固定成本的項目之一。所以在規劃初期就應該設定好薪資的預算,以及預計聘用的正職月薪職員和兼職時薪職員的人數。並且參考同業的薪資水準做適當的調整,再以預估的營業額做試算,決定薪資成本的可接受範圍。這幾年因為政府對於基本薪資調高的政策持續不變,而且真的落實在執行,建議業者在新創餐廳時,由於對未來的營運績效極具不確定性,最好將人事成本的固定金額盡量壓低。用最基本夠用的月薪制人員搭配多數的計時兼職人員會是比較安全的做法。況且,現在的正職月薪人員都應比照勞基法一例一休、二週彈性工時、加班費核實計算,加班雙薪計算、國定假日補休的問題。聘用愈多的正職月薪人員,所必須給的整體休假日同樣也變多,班表

上不見得得以舒緩緊迫的人力和營運的需求。所以善用計時兼職的服務員會是比較安全的做法。

餐廳人事的薪資成本（含勞健保、獎金）通常以不超過35%為限，小吃店、簡餐店等則必須更低。目前餐廳正職的服務員薪資行情，在業界稍嫌混亂，從月薪二萬六千元到三萬二千元都有，而主管薪資依學經歷、領域及專業度的不同，從年薪四十萬到年薪超過兩百萬的都有，落差不小。

(四)營業成本

■房租成本

餐廳除了食材、飲料和薪資成本為大宗外，其他尚有多項營業成本。首要的大項目為房租。不論房租的計算方式是：(1)採月租固定金額；(2)以營業額抽取一定百分比作為租金的抽成方式；或是(3)採包底抽成的方式計算房租（見第二章，**表2-3**及**表2-4**）；不管是採取上述何種租金方式計算，租金成本最好控制在營業額的15%內。目前房租成本以10%至15%為普遍行情。

■水電瓦斯成本

水電瓦斯費用也是個重要的支出項目。對於有地下水的地區，有些餐廳會利用抽取地下水來作為一般清潔刷洗使用。電費方面，可考慮和臺電簽訂契約用電或離尖峰分離計價的方式，搭配餐廳的有效使用，可以降低用電成本。瓦斯方面，則和申請口徑有直接的關係，會影響到瓦斯的壓力和基本費用，建議申請時可多做考量。一般而言，餐廳的水電瓦斯費用以約占餐廳營業額的3.5%為基準評量。

■行銷廣告成本

行銷廣告費用也是常見的重要支出之一。舉凡餐廳舉辦活動所產生的開銷，例如廣告刊登、宣傳物印製（布條、旗幟、傳單）、簡訊發送，甚至因為優惠活動造成的食物成本等，都可以歸類在行銷廣告費用

上。通常，行銷費用約占營業額的2%至5%不等。近年網路行銷成為主流，在廣告預算上也相對比較容易控制，在特別的廣告媒體上是可以撥入一筆預算進行廣告行為，透過點擊次數計費，預算用完為止。在廣告成本上比較不會超支，並且可以透過後臺實際檢視廣告成效。（詳參本書第五章）

■其他營業成本

其他常見的營業成本則有一般消耗性生財物料，如桌墊紙、餐巾紙、清潔劑、垃圾袋、印刷費用、辦公文具用品、電話傳真網路費用，細項多、費用也雜，有賴管理者仔細追蹤做好預估和掌控。

(五)其他成本

其他成本包含了折舊攤提、保險、專業諮詢（法律、會計）、利息支出等。

三、建立數據報表

(一)專案初期重要數據預估及設定

在完成了上述的「重要預算報價」的取得及「基本營業數字預估」之後，接下來就可以將這些數字整理成一個初步的報表（如**表10-1**），以作為後續損益表的相關依據。這些報表多半以Excel軟體作為架構，並利用軟體本身的功能製作表格與表格間的超連結，或是套用公式進行計算。

在整個報表的建立過程中，數據的來源有以下幾種方式：

1. 依所需採購的項目請廠商進行報價：包含工程、設備、餐具、各式生財器具等項目，由業主和設計師確認細項規格之後，就可以請相關廠商進行報價，予以彙整後再填入報表內。

2. 依照本身或餐廳主管業界經驗做預估：包含考量餐廳的座位數、商圈屬性、目標客層，進而預估出來的來客數、平均消費金額和周轉

表10-1　專案初期重要數據預估及設定

Pasta Paradise專案成本預估

專案成本 *-

*-　大約坪數65坪

　　大約座數～100

1.內裝：		NT$	%
a	裝潢設備	2,000,000	41.97
b	家具	0	0.00
c	燈飾	0	0.00
d	油畫、裝飾品	30,000	0.63
e	機電空調設備	200,000	4.20
f	音響系統	0	0.00
g	招牌	20,000	0.42
	Sub Total	2,250,000	47.20

2.開辦顧問			
a		0	0.00
b		0	0.00
c			
d			
e	顧問費用	50,000	1.05
	Sub Total	50,000	1.05

3.廚房設備			
a	廚房設備	1,500,000	31.48
b	咖啡機	0	0.00
c	其他	0	0.00
	Sub Total	1,500,000	31.48

4.餐具用品			
a	餐具杯盤	400,000	8.39
b		0	0.00
c		0	0.00
d		0	0.00

e		0	0.00
f	廚房器具	30,000	0.63
	Sub Total	430,000	9.02

5.辦公設備

a	電腦、印表機、影印機	50,000	1.05
b	辦公室家具	0	0.00
c	餐飲系統（POS）	150,000	3.15
d	考核軟體	0	0.00
e	其他	0	0.00
	Sub Total	200,000	4.20

6.車輛

		0	0.00
		0	0.00

7.備料

		NT$	%
a	一般其他材料	35,000	0.73
b	食材牛肉	0	0.00
c		0	0.00
d	飲料	10,000	0.21
e	其他	0	0.00
	Sub Total	45,000	0.94

8.勞務費

	100,000	2.01

9.權利金

	0	0.00

10.開辦費

a	出差費	0	0.00
b	訓練費用（薪資）	80,000	1.68
c	旅費	0	0.00
d	廣告費用	50,000	1.05
e	交際費	0	0.00
f	制服	30,000	0.63
g	開幕費用	20,000	0.42

h	文具用品	10,000	0.21
	Sub Total	190,000	3.99

11.保證金及押金

a		0	0.00
b		0	0.00
c	建築師審圖費	0	0.00
d	電機審圖費	0	0.00
e	裝修期管理費	0	0.00
f		0	0.00
g	運費	0	0.00
h		0	0.00
I	其他	0	0.00
	Sub Total	0	0.00
	Total Project Costs	4,765,000	100

收入-成本

1.收入

			晚餐	午餐	
平均人數／天			120	170	*
平均人數／月			3,600	5,100	
人數／年			43,200	61,200	
座位數			100	100	
平均消費（人頭費）			550	260	
平均消費（餐點）		82%	451.00	213.20	
平均消費（飲料）		18%	99.00	46.80	
平均消費（其他）			0	0	

全年無休（一個禮拜營業7天）　　　　　　　　365 days a year

2.成本

2.成本	(% of Sales)	晚餐	午餐
食品成本價		35.00%	40.00%
飲料成本價		18.00%	22.00%
其他		0%	0%

營運費用

薪資費用：

薪資費用	人數	每月薪資 NT$	每年薪資 NT$
總監	0	0	0
經理	2	66,000	792,000
外場	2	44,000	528,000
內場	8	184,000	2,208,000
吧檯及領檯	0	0	0
出納及會計	1	22,000	264,000
Total	24	446,000	5,352,000
Above numbers are Full Time Staff only.	in NT$	446,000	5,352,000

耗材

營業額：　　　　　　　　　　1.5%

餐盤／杯子／銀器
桌面物品／制服
紙張
保養維修
餐廳／吧檯用具
廚房用具
裝飾用品
運送
器具租用
其他

行銷

租金與公共設施費用	12.4%

營業額：　　　　　　　　　　2%

廣告費
交際費
公關費用
促銷費用

清潔／維修

營業額：　　　　　　　　　　1%

	NT$/yr	NT$ /month
洗衣費用及清潔用品	60,000	5,000
維修	24,000	2,000
清潔／消毒	3,000	250
Total	NT$ 87,000	7,250

水電瓦斯

營業額：　　　　　　　　　　2.5%

冷暖器
電力
瓦斯
水
油料
其他

差旅費

營業額：　　　　　　　　　　0.08%

	NT$／年	NT$／年	NT$／月
總公司差旅費	12,000	12,000	1,000
區域差旅費	-	0	0
TOTAL	12,000	12,000	1,000

總管理費用

管理費用

營業額：　　　　　　　　　　0%

銀行費用
信用卡貼現率
器材損耗費用
食材損耗
辦公室文具用品
郵電費
其他

保險

營業額：　　　　　　　　　　0%

Description	NT$／年	NT$／年	NT$／月
意外險	2,000	2,000	167
營業中斷險	3,000	3,000	250
責任險	1,600	1,600	133
Total	6,600	6,600	550

折舊費用

營業額：	6%
年折舊　　NT$	886,000
生財器具折舊	

折舊費用

營業額：	0.4%
年折舊　　NT$	58,000
固定資產折舊	

諮詢費用

營業額：　　　　　　　　　　　0%

	NT$／年	NT$／年	NT$／月
會計	10,000	10,000	833
法律	6,000	6,000	500
Total	16,000	16,000	1,333

利息支出

營業額：　　　　　　　　　　　0%

			NT$
貸款利息			0
貸款費用			0
Total			

投資報酬期

回收期	2.8	年／月

註：本表係利用Excel軟體進行試算作業，讀者可自行製表運作。

資料來源：作者整理製表。

　　率，再參考營業天數後就可以預估出營業額。另外，像是行銷費用、水電瓦斯費用通常會依據經驗抓出營業額的百分比（行銷費用2%、水電瓦斯2.5%），再參考預估的營業額後，推算出實際預算金額，並且填入報表。

(二)薪資預估數據

薪資預估數據報表（如**表10-2**）必須依據以下幾個要素來進行預估：

1.**餐廳型態**：餐廳型態會直接決定餐廳服務要如何定位。如簡餐廳或咖啡廳販售的簡單餐點，在餐飲服務上相對地便不如正規餐廳來得嚴謹確實，在人力的安排規劃及聘用人數上自然比正規餐廳來得少，整體人事成本預算及個人薪資水準也稍低於正規餐廳。

2.**料理型態**：在餐飲業界中，無論是外場的主管或是廚房行政主廚、廚師，會因料理別的不同而有不同的薪資水準。以餐飲市場生態來說，同性質料理愈多的餐廳，相對地市場上人力的需求也愈大，人力資源的供應也跟著大。舉例來說，義大利料理的餐廳在市場上的數量就遠超過德國餐廳，因此在市場上對於會義大利菜的師傅的人

表10-2　薪資預估數據

Pasta Paradise薪資預估損益表

薪資費用：

匯率：

				NT$	NT$	
				1	1.00	
職位	人數	平均薪資 NT$	總薪資 NT$	NT$	NT$	Total Salary NT$
1.總經理	0	-	0		0	0
2.店經理、幹部	2	33,000	66,000	-	-	66,000
3.全職服務生	2	22,000	44,000	-	-	44,000
4.廚房人員	8	23,000	184,000	-	-	184,000
5.主廚	1	40,000	40,000	-	-	40,000
6.廚師	0	38,000	0	-	-	0
7.會計	1	22,000	22,000	-	-	22,000
8.計時人員	10	9,000	90,000	0	-	90,000
				0		0
Total	24			0	0	446,000
			446,000			
						NT$ 446,000

資料來源：作者整理製表。

力需求也大，進而造成西餐學徒為因應未來就業市場需求，而傾向
選擇義大利菜作為工作學習的領域，讓自己將來找工作時機會多
些。這種生態長期演變下來就會造成義大利菜廚師的普及性大，相
對的薪資也會較為合理讓人接受。

3. 未來發展性：餐廳在籌備之初如果有考慮到將來要做連鎖經營，甚
至有興建中央廚房的想法，開店籌備之初就需找具有連鎖經營展店
實務經驗的外場主管，而行政主廚在遴選上則偏好具有規劃中央廚
房實務經驗，有能力研發具有標準作業流程，並且適合物流配送冷
凍再加熱特性的食材菜單的人選。當然，這些主管的經驗和實際薪
資會比一般餐廳的樓面值班主管相對地要高許多。

4. 聘任契約：聘任契約中除了詳細載明基本薪資之外，對於勞健保雇
主部分負擔費用亦列為薪資成本之一。此外，是否有言明業績獎
金、年終或三節獎金，及其他薪資福利也都必須一併納入考量，將
相關的人事費用載明在薪資預估數據報表中。

(三)折舊攤提報表

餐廳開店初期所費不貲，尤其以工程裝潢及營業設備為大宗。這些
東西多半具有昂貴及使用年限的特性。尤其工程裝潢更是無法在日後餐廳
進行搬遷時隨之帶走，而只能完全報廢損失。因此對業主而言，總會關
心初期的巨額投資能在多久後完全回收，並且開始獲利。在會計的概念
上，這些開銷雖然在開店初期即已發生並且完成付款，但是在帳目上則會
將這些鉅額費用分成三至五年不等的時間做攤提（如**表10-3**）。

🍜 第三節　損益表簡介

本章鎖定在餐廳開始營運後，隨著所有的收入和費用的產生而必須
整理出來的損益表，讓投資者和管理者能夠藉由損益表來清楚判斷營運的

表10-3　折舊攤提

Pasta Paradise生財器具及固定資產攤提折舊預估損益表

Item	期初費（NT$）			年	折舊費用（NT$）				
					1	2	3	4	5
裝潢費	2,250,000	2,250,000	0	5	450,000	450,000	450,000	450,000	450,000
設計費	50,000	50,000	0	5	10,000	10,000	10,000	10,000	10,000
Sub Total	2,300,000	2,300,000	0	5	460,000	460,000	460,000	460,000	460,000
廚房設備	1,500,000	1,500,000	0	5	300,000	300,000	300,000	300,000	300,000
外場餐飲設備	430,000	430,000	0	5	86,000	86,000	86,000	86,000	86,000
辦公設備	200,000	200,000	0	5	40,000	40,000	40,000	40,000	40,000
車輛	0	0	0	5	0	0	0	0	0
	0	0		5	0	0	0	0	0
Sub Total	2,130,000	2,130,000	0	5	426,000	426,000	426,000	426,000	426,000
Total	4,430,000	4,430,000	0	5	886,000	886,000	886,000	886,000	886,000
營運執照費	100,000	100,000	0	5	20,000	20,000	20,000	20,000	20,000
權利金	0	0	0	5	0	0	0	0	0
開辦費	190,000	190,000	0	5	38,000	38,000	38,000	38,000	38,000
Sub Total	290,000	290,000	0	5	58,000	58,000	58,000	58,000	58,000
Grand Total	4,720,000	4,720,000	0	5	944,000	944,000	944,000	944,000	944,000

資料來源：作者整理製表。

績效和未來的策略規劃。對投資者來說，看損益表很簡單，因為他們會很快的把視線移到損益表的最下列，就是最後的利潤。畢竟在商言商，既然花錢投資就是想要賺錢，而且投資報酬率必須遠高於銀行的定存利率或是相對投資風險較小的基金或債券，否則乾脆就把錢放在這些理財工具上就好了，大可不必投資在風險較高的餐飲事業，這就是人們常說的「富貴險中求」的道理。

　　一般正常的餐廳，總公司財務部／會計部至少每個月或每兩週都須製作整理其損益表給經營管理者審視。換句話說，愈早借由損益表上數據的觀察，愈能提早發現經營管理上的表現。對於管理者而言，他們可以從損益表做年度每月經營之營收、成本及費用之預算。因此除了要對餐廳的營業額負責之外，更必須在所有的費用上做控管，在許多的成本上做檢視，避免浪費甚至發生人謀不臧的情事，讓每一塊錢的營收都能盡可能的轉換成利潤，將成本降到最合理的位置。這是管理者的天職也是他們就餐飲管理的專業發揮所長之處。損益表對於管理者而言，就如同是個GPS，指引管理者方向，協助他們發現問題的所在，透過其他各式各樣管理報表的協助和佐證，查出所有的細微末節，讓所有的問題都能夠浮出臺面，然後解決問題。

第四節　營業總額

　　營業總額，係指餐廳的各項收入，它包含了食品、飲料、香煙、商品及其他的收入。其中以食品收入為最大宗，以**表10-4**為例，❷食品營業額占了全部營業額的85%，而❽14%的飲料收入則包含了各式酒類，例如❻啤酒、❺烈酒／雞尾酒（調酒）及❼葡萄酒。當然依照餐廳的型態不同，管理者可以自行定義飲料的分類項目，或加入更多的細項，如茶、果汁、蘇打飲料等軟性飲料。

　　區分各種不同類別營業額的目的，除了是因應餐廳型態不同，而針

表10-4　損益表範例

列	項目		營業額 $	百分比
❶	營業總額（W／SVC）	Total Sales (W／SVC)	3,000,000	100.00
❷	食品營業額	Net Food Sales	2,550,000	85.00
❸	食品成本	Food Cost	765,000	30.00
❹	食物毛利	Gross Profit-food	1,785,000	70.00
❺	烈酒／雞尾酒營業額	Liquor Sales	210,000	7.00
❻	啤酒營業額	Beer Sales	165,000	5.50
❼	葡萄酒／香檳營業額	Wine Sales	45,000	1.50
❽	飲料營業額	Total Beverage Sales	420,000	14.00
❾	烈酒／雞尾酒成本	Liquor Cost	33,600	16.00
❿	啤酒成本	Beer Cost	41,250	25.00
⓫	葡萄酒／香檳成本	Wine Cost	15,750	35.00
⓬	飲料成本	Total Cost of Beverage	90,600	21.57
⓭	飲料毛利	Gross Profit-beverage	329,400	78.43
⓮	營業成本總額	Total Cost of Sales	855,600	28.52
⓯	商品營業額	Merchandise Sales	30,000	1.00
⓰	商品成本	Merchandise Cost	22,500	75.00
⓱	營業毛利總額	Total Gross Profit	2,121,900	70.73
⓲	前場人員薪資	Foh. Labor	405,000	13.50
⓳	後場人員薪資	Boh. Labor	129,000	4.30
⓴	其他薪津	Misc. Labor	9,000	0.30
㉑	訓練費用	Training Exp.	15,000	0.50
㉒	保險及福利	Insurance and Benefits	81,000	2.70
㉓	管理人員薪資	Management Exp.	147,000	4.90
㉔	業績獎金	Mgmt. Bonuses	33,000	1.10
㉕	薪資費用總額	Total Salary Related	819,000	27.30
㉖	行銷費用	Marketing Exp.	75,000	2.50
㉗	員工餐飲	Employee Meal	54,000	1.80
㉘	水電瓦斯費用	Utilities Exp.	96,000	3.20
㉙	電話傳真及網際網路費用	Telephone and Facsimiles	3,000	0.10
㉚	制服	Uniform	3,000	0.10
㉛	營運物料	Ops Supplies	57,000	1.90
㉜	修繕保養	Repair and Maintenance	15,000	0.50
㉝	管理清潔費	Janitor Clean	48,000	1.60

（續）表10-4　損益表範例

列	項目		營業額 $	百分比
㉞	產物保險	Property Insurance	9,000	0.30
㉟	現金差異	Cash Over / Short	-	0.00
㊱	信用卡手續費	Credit Card Charge	3,000	0.10
㊲	其他費用	Other Exp.	10,000	0.33
㊳	可控制費用總額	Total Controllable Exp.	373,000	12.43
㊴	扣除可控制費用後的利潤（PACE）	Profit After Controllable Exp.	929,900	31.00
㊵	不動產使用成本	Occupancy Cost	325,000	10.83
㊶	權利金	Royalty	-	0.00
㊷	分攤會計費用	Accounting Fee	0	0.00
㊸	折舊費用	Depr. & Amort	60,000	2.00
㊹	利息費用	Interest Exp.	0	0.00
㊺	處分資產損益	Gain / Loss of FA. Disposal	0	0.00
㊻	其他收入／支出	Other Income / Exp.	0	0.00
㊼	不可控制費用總額	Total Uncontrollable Exp.	385,000	12.83
㊽	中心營業淨利	Net Profit Overall	544,900	18.16

資料來源：作者整理製表。

對營業額比重較大的飲料進行分類，以便觀察營業動態之外，另一個重要的原因則是這些不同型態的飲料在成本結構上也有明顯差異，若貿然將所有飲料歸為一類，有可能發生成本結構不合理的情況，且不容易自報表的數字中呈現出來。例如一般餐廳對於烈酒的成本可能設定在20%、葡萄酒約40%、啤酒約25%，而調酒及果汁等飲料可能只有15%的成本；另外，蘇打飲料又可分為罐裝或是餐廳裝設蘇打機來販售蘇打飲料，此時的成本結構就有明顯不同。每家餐廳可以依據自身的型態及周邊商圈的競爭性自行訂出一個成本結構，進而推算出菜單上的售價，也就是採用**成本目標導向**的一種價格策略。例如某餐廳設定啤酒的成本需在20%，簡單說就是以啤酒的進價除以20%，訂出正確的售價，達到所定的成本目標。

　　或是有些餐廳礙於周邊商圈同業競爭激烈，而採取市場價格策略，也就是說參考同業的價錢訂出一個具競爭性的價位，再依照自身的進價成本

推算出成本結構，例如周邊餐廳定價啤酒一瓶為180元，而為了能有更具競爭性的價位，決定將售價定在150元，以爭取消費者的認同。若你的啤酒進價為每瓶40元，則啤酒成本為26.7%（40÷150×100），每瓶啤酒的利潤為110元，自然會比其他餐廳的22.2%（40÷180×100）有更大的成本壓力。為了能達到薄利多銷以量取勝的目的，在銷售業績比重上，啤酒的營業百分比必須比其他餐廳來得高才行。

以**表**10-4為例，❶營業總額即來自❷食品營業額2,550,000元，占全部營業額的85%；⓯的商品營業額30,000元，占全部營業總額的1%；以及❽的飲料營業總額420,000元，占全部營業總額的14%。飲料營業總額分別有：(1)❺的烈酒／雞尾酒營業額210,000元，占全部營業總額的7%；(2)❻的啤酒營業額165,000元，占全部營業額的5.5%；(3)❼葡萄酒／香檳營業額45,000元，占全部營業額的1.5%所組成。

值得一提的是，有些飯店內的餐廳若是設計較獨特，或場地較特殊的餐廳常有機會提供場地出租給外界舉行會議、記者會、產品發表會，甚至提供作為戲劇拍攝的場景。對於這些非以餐飲為營業目的的場租收入，通常會另闢一列「其他收入」來做提列，而其成本結構則因每一個案而有所不同。

🍜 第五節　直接成本的問題檢視

直接成本，指製作一道餐點或飲料所必須使用到的食材和飲料的成本，這當中不包含因為製作這道菜所必須使用到的水、電、瓦斯、人工成本。換句話說，直接成本直接關係著所有食材的掌控，這當中包含了訂貨量、定價、製作量是否合宜，以及行銷策略上是否正確，例如是否呼應當前飲食潮流、時令產季，以及菜單設計上是否讓食材具有流通性，這些都是影響直接成本的重要關鍵。當然，還有一部分影響食材成本的原因是來自於人為的疏失，而這是必須防止發生的，例如工作人員浪費食材、偷竊

食材、與廠商掛勾等等一些人謀不臧的情事發生。合理的直接成本通常約在28%上下，換句話說❼營業毛利約在72%左右。

　　成本是攸關餐廳獲利能力的最重要因素之一。每一家餐廳對各項商品的業績比重不同而訂立出較細目的營業收入。有了這些細目的營業額，自然也少不了針對這些細目的個別成本做出精算，以瞭解每一細項的獲利能力。因此**我們在針對每一項細目的成本做計算時，應以成本金額除以相對細目的營業額**，例如啤酒的成本除以啤酒的營業額、烈酒的成本除以烈酒的營業額，所得出來的數字才會有意義。而**毛利**即是售價減成本所得到的利潤，在此並不考慮餐廳的其他營業成本，只就食物本身的成本及售價做計算。當發現所得出來的成本百分比有不合理的數字時，就可以利用銷售統計報表來做進一步的追蹤，抓出問題的核心。

一、銷售統計報表

　　表10-5至**表10-7**這些銷售統計報表可以依照管理者瀏覽時的需要，以各種不同的方式做整理排序。**表10-5**即是不計類別以銷售量做排序、**表10-6**則是以餐點類別來做排序，而**表10-7**則以第四季的累積銷售數量作為排序的根據。

　　銷售統計報表對於管理者來講幾乎是每週都會去檢視的報表之一，除了可以瞭解各項餐點銷售的狀況之外，對於成本異常的原因追蹤也非常有幫助。

　　以啤酒為例（如**表10-8**）假設某一餐廳3月份損益表上顯示啤酒成本相對於過去的累計，有明顯偏高的情形，此時透過銷售統計報表對照餐廳的啤酒簽收單、餐廳現場的盤點表等相關資料即可清楚算出啤酒的進銷存狀況。

　　由以上數字可以發現，百威啤酒3月份在餐飲資訊系統的銷售統計報表上數字為42瓶，也就是代表經由服務人員鍵入餐飲系統之後，再由吧檯憑單提供百威啤酒的實際數量為42瓶。然而透過實際的盤點發現損耗了50

表10-5　前50名銷售分析表（依銷售量）

序號	菜名	銷售量	銷售額	序號	菜名	銷售量	銷售額
1	早餐券	136	24,480	26	A套餐點心	5	1,500
2	小菜	74	6,400	27	蟹粉生翅	5	2,000
3	茶資	70	1,400	28	清蒸蟹肉球	4	240
4	果汁	24	1,920	29	蜜汁叉燒包	4	240
5	臺灣生啤酒	22	2,200	30	芋絲炸春捲	4	240
6	蒸石斑魚	21	1,260	31	豆苗素雀	4	752
7	香煎蘿蔔糕	21	1,260	32	早餐券（散客）	4	1,260
8	礦泉水	17	1,105	33	翡翠海鮮羹	4	1,296
9	砂鍋臭豆腐	16	720	34	素食	4	2,000
10	臺灣啤酒	16	1,360	35	雪若蘭紅酒	4	2,200
11	烏梅汁	16	2,400	36	山竹牛肉丸	3	180
12	鼓汁蒸鳳瓜	12	720	37	雙菇牛肉捲	3	240
13	蟹黃蒸燒賣	12	960	38	皮蛋瘦肉粥	3	300
14	鮮蝦腐皮卷	11	1,100	39	湯麵	3	480
15	韭黃鮮蝦腸	11	1,320	40	清炒青菜	3	564
16	魚翅灌湯包	11	1,320	41	雙拼	3	864
17	水晶韭菜餃	10	800	42	蔥香櫻花蝦	3	1,440
18	炒飯	9	1,440	43	白飯	2	30
19	相逢蝦皇餃	8	800	44	汽水	2	100
20	合菜（6000元）	8	48,000	45	香茜牛肉腸	2	200
21	鼓汁蒸排骨	6	360	46	黃金炸蝦球	2	200
22	目肚魚	6	588	47	炒米粉	2	320
23	蜜汁叉燒酥	5	400	48	什錦炒飯	2	320
24	真珠糯米腸	5	400	49	油雞	2	360
25	脆皮韭菜餃	5	400	50	青菜蛋花湯	2	376

資料來源：慶捷資訊股份有限公司提供之報表樣本（2009）。

瓶（7＋48－5），這中間產生了8瓶的短少誤差。

　　針對短少8瓶的情況發生原因通常有以下幾種情形：

表10-6　銷售排行分析表（依餐點類別）

分項	菜名	10月份	11月份	12月份	加總
開胃菜	Chk Salad	36	30	44	110
開胃菜	Calamari	33	25	26	94
開胃菜	Mushroom	31	29	33	93
開胃菜	Quesadilla	45	39	43	127
開胃菜	Parma Ham Caesar	10	7	4	21
開胃菜	Caesar	80	102	120	302
開胃菜	Salmon Caesar	27	16	16	59
開胃菜	Baby Green	19	32	35	86
套餐	Family 4	32	39	31	102
套餐	Family 6	12	12	10	34
套餐	Family 8	5	3	9	17
湯	Minestrone	37	48	65	150
湯	Clarn Soup	40	50	34	124
湯	Sod	18	30	16	64
披薩	Mush Calzone	20	21	38	79
披薩	Calzone Meat	13	8	23	44
披薩	Veg Pizza	14	14	16	44
披薩	Amchovy Pizza	31	20	27	78
披薩	Thai Pizza	17	26	18	61
披薩	Lulu Pizza	43	48	57	148
披薩	Pizza Salmon	5	8	4	17
披薩	Parma Ham Pz	0	1	4	5
麵食類	Ckn Ravioli	66	71	92	229
麵食類	Spag Meat	119	94	173	386
麵食類	Penne	64	73	88	225
麵食類	Risotto	37	40	72	149
麵食類	Fet Ckn	143	137	290	570
麵食類	Linguine	296	278	368	942
麵食類	Capellini	43	35	56	134
麵食類	Lasagne	128	114	225	467
麵食類	Spag Carbo	80	77	88	245
麵食類	Fet Shrimp	118	137	137	392
麵食類	Seafood Pasta	73	72	67	212
麵食類	Spag Ink	60	61	79	200
麵食類	Linguine Veg	27	28	33	88
主菜類	Spring Ckn	16	25	36	77
主菜類	Filet	27	50	38	115
主菜類	Salmon	25	13	14	52
主菜類	Lobster	13	4	6	23

資料來源：作者整理製表。

表10-7　銷售排行分析表（依第四季銷售總數量）

分項	菜名	10月份	11月份	12月份	加總
麵食類	Linguine	296	278	368	942
麵食類	Fet Ckn	143	137	290	570
麵食類	Lasagne	128	114	225	467
麵食類	Fet Shrimp	118	137	137	392
麵食類	Spag Meat	119	94	173	386
開胃菜	Cae.snr	80	102	120	302
麵食類	Spag Carbo	80	77	88	245
麵食類	Ckn Ravioli	66	71	92	229
麵食類	Penne	64	73	88	225
麵食類	Seafood Pasta	73	72	67	212
麵食類	Spag Ink	60	61	79	200
湯	Minestrone	37	48	65	150
麵食類	Risotto	37	40	72	149
披薩	Lulu Pizza	43	48	57	149
麵食類	Capellini	43	35	56	134
開胃菜	Quesadilla	45	39	43	127
湯	Clam Soup	40	50	34	124
主菜類	Filet	27	50	38	115
開胃菜	Chk Salad	36	30	44	110
套餐	Family 4	32	39	31	102
開胃菜	Calamari	33	25	36	94
開胃菜	Mushroom	31	29	33	93
麵食類	Linguine Veg	27	28	33	88
開胃菜	Baby Green	19	32	35	86
披薩	Mush Calzone	20	21	38	79

資料來源：作者整理製表。

(一)漏單

　　餐廳現場營運忙碌，服務人員可能因為擔心客人久候，又因為有其他服務人員占用POS機，於是商請吧檯人員先提供啤酒給客人，並允諾稍後隨即補鍵入該項啤酒於餐飲系統中。一旦在客人用完餐結帳前，服務人

表10-8　3月份啤酒進銷存統計表

	3/1開店前 期初存貨	3月份進貨	3/31閉店後 期末存貨	3月份 實際消耗	銷售統計 報表	差異
海尼根	5	48	11	42	42	-
百威啤酒	7	48	5	50	42	-8
臺灣啤酒	18	72	23	67	67	-
麒麟啤酒	21	24	16	29	29	-

資料來源：作者模擬舉例。

員未及時補鍵入餐飲系統中，或是遺忘了此事，就會導致客人結帳時帳單上並未有此項啤酒產品列於其中，使客人少付了啤酒的錢，進而造成啤酒成本偏高。

(二)破損

餐廳內因人員不慎造成碰撞破損，使吧檯必須重新再提供一瓶啤酒。對於此種難免發生的情事，正確的做法應該是由服務人員再重新鍵入啤酒，如此才能確保吧檯的實際出貨量與餐飲系統的銷售統計報表相符。當然，客人並無須對破損的啤酒付費，此時應由現場主管以授權的密碼或磁卡，將多出的啤酒從帳單中刪除。餐廳主管在刪除的過程中必須依照系統所提供的刪除原因做正確的選擇，方便日後查閱「刪除作廢報表」（Delete / Void Report）或是「招待統計報表」（Complimentary Report），以便清楚瞭解被刪除做廢的項目及原因。這些原因選項可以依照餐廳的需求做編輯修改，通常不外乎有「破損」、「點錯」、「溢點」、「顧客抱怨」、「品質不符」、「招待」、「行銷」、「系統測試」等項。值得一提的是，上述這些原因可作為「有成本產生」及「無成本產生」的區隔：

1.有成本產生：顧名思義是必須從帳單上扣除金額，也就是已經造成食物成本的產生。例如餐點不慎遭服務人員打翻；啤酒或易開罐飲

料打開後卻發現服務員點錯，已無法再放回冰箱；或是招待某些餐點給客人等等。這些情形都屬於客人無須付錢但是已經造成餐廳的成本產生，此時餐廳主管應以授權過的密碼或磁卡進入「銷帳」功能，選擇適合的原因選項，將無須由客人付帳的項目刪除。當然，既然成本已經產生，在銷售統計報表上便會留下紀錄。

2. 無成本產生：也就是表示並未造成食物成本的負擔，例如系統測試前先通知廚房及吧檯無須理會某特定服務員或某特定桌號的餐點。因為屬於系統測試，廚房及吧檯雖然收到印表機出單，但均未有任何食物及飲料製作，而此筆營業額也不可計入實際營業額中。因此待系統測試結束之後，餐廳主管須進入「刪除作廢」功能，原因選項則為「系統測試」。因為沒有產生成本，因此先前鍵入並刪除的項目並不計入銷售統計報表中，而會計入刪除作廢報表中，並列出原因。

(三)偷竊、私自招待

餐廳偶有偷竊或私自招待的情況發生。為有效避免此類情況，餐廳主管應要求人員交接班時，針對較易發生的項目做抽查盤點，並與銷售統計報表做核對，晚間打烊時冰箱倉庫也應該上鎖。

(四)未確實驗收造成進貨短缺

偶有發生因餐廳進貨時未能確實點交簽收，造成實際進貨數量短少於簽收數量。在此姑且不論廠商出貨為何短少或是途中是否遭人竊取，就餐廳立場而言就應確實做好點交簽收貨單，避免短收的情況發生。

(五)調撥未記錄

餐廳部門之間調撥物料是常有的現象。例如廚房師傅製作甜點或某些醬料時常會向吧檯調撥咖啡酒、茴香酒、白蘭地、紅白酒，或各式口味的調味酒或果汁。吧檯人員應要求廚房人員就其所調撥領走的酒類及飲料

填寫調撥單，以方便財務部門做成本的調撥，有效追蹤物料的去向。

二、授權採購產品清冊

　　針對食物成本而言，有些較具規模的連鎖餐廳通常會由採購部門統籌訪商尋貨，進而議價以取得最合理的成本進價，幫助餐廳有效的控制成本進價。有些專業的採購單位甚至會建立一本進貨商品的目錄，或稱為**授權採購產品清冊**（Approved Products List，簡稱APL）。這本APL除了鉅細靡遺地說明公司的採購規章辦法之外，並先行針對餐廳主廚可能的潛在需求，分門別類地將上千種食材預作詢價的動作，以提供餐廳主廚隨時查閱所需食材的規格、供貨廠商、聯絡方式及最新報價。當然，因應季節性商品或生鮮蔬果類，APL的報價有效期可能為一週左右，因此採購部門需隨時觀察市場價格變化，並隨時更新資料，提供主廚或其他使用單位參考。建立這樣一本APL固然會造成採購單位的工作繁瑣，但是對於連鎖餐廳而言，除了能協助餐廳主廚很有效率的完成詢貨訂貨的動作外，由於APL所列的各項商品都已經由採購部門完成議價及付款方式的約定，主廚必須讓這本APL上所列的商品都能符合公司的採購規定，而避免人謀不贓甚至瓜田李下之嫌。此外採購部門利用其連鎖餐廳的優勢在議價之初多半能取得最有利的成本進價，這些都可以幫助餐廳提高獲利能力。

　　當然主廚們仍可依賴APL上的食材商品及價錢規格，選擇最符合需求的食材進行訂貨。**表10-9**中可以發現，單是蘿美生菜此項產品就有五種不同單價、廠商及規格的選擇（產品代號200141、200142、200151、200152及200161）。透過如此的採購機制可以讓主廚能隨時依照需求、成本考量、送貨時間等條件，選出最適合的廠商進行訂貨，就公司而言也可以有效地與各家廠商之間保持良好關係，並取得最有利的採購條件。

　　以海鮮而言，同一個表格下方的蛤蜊（產品代號110385、110386、110387）又可分不同的規格，賦予不同的產品代號。就食物成本控制的角度而言，食材產品規格能否具有一致性是相當重要的，唯有使產品的規格

表10-9　食材規格表（農產品類）

類　別：食物類
分類別：41212──農產品類

產品代號	廠商產品代號	廠商產品中文名稱	廠商產品英文名稱	廠商名稱	產品包裝／規格	單位	
200001		A-九層塔	BASIL	Y006裕華		斤	2週報價
200002		A-大馬鈴薯		Y006裕華	斤／件	件	2週報價
200003		A-子薑	GINGER	Y006裕華		斤	2週報價
200004		A-小豆苗		Y006裕華		斤	2週報價
200005		A-小黃瓜	CUCUMBER	Y006裕華		斤	2週報價
200006		A-巴西里	PARSLEY	Y006裕華		斤	2週報價
200007		A-日本茄	EGG PLANT/JAPAN	Y006裕華		斤	2週報價
200008		A-毛豆仁	GREEN SOYA BEAN	Y006裕華	斤／包	包	2週報價
200009		A-四季豆	STRING BEAN	Y006裕華		斤	2週報價
200010		A-玉米筍	BABY CORN	Y006裕華		斤	2週報價
200101	VH-115	A-生菜-奶油生菜（進口）	BIB LETTUCE	H001海森		公斤	250.00
200111	0100500	A-生菜-紅捲生菜（本地）	LOLLA ROSSA	L005蘿美		公斤	200.00
200112	0100510	A-生菜-紅捲生菜（本地）	LOLLA ROSSA	L005蘿美		公斤	200.00
200121	0100300	A-生菜-紅圓生菜	RADICCHIO	L005蘿美		公斤	280.00
200131	0100400	A-生菜-綠捲生菜	FRISEE	L005蘿美		公斤	320.00
200141	0100100	A-生菜-蘿美	ROMAINE	L005蘿美		公斤	100.00
200142		A-生菜-蘿美	ROMAINE	Y006裕華		斤	2週報價
200151	VH-1041	A-生菜-蘿美（本地）	ROMAINE	H001海森		公斤	90.00
200152	0100100	A-生菜-蘿美（本地）	ROMAINE	L005蘿美		公斤	80.00
200161		A-生菜-蘿美（進口）	ROMAINE	D001東遠	15kg/BOX	公斤	145.00
200011	A200401	A-百合心（朝鮮筍）	HERTS OF ARTLCHOKED	S001申嵌	14OZ#24	罐	86.00
200012		A-百里香	THYME	L005蘿美	30克／把	把	60.00
200013		A-西生菜	LETTUCE	Y006裕華		斤	2週報價
200014		A-西芹菜	CELERY	Y006裕華		斤	2週報價

（續）表10-9　食材規格表（海鮮類）

類　別：食物類
分類別：41111——海鮮類

產品代號	廠商產品代號	產品中文名稱	產品英文名稱	產品包裝／規格（退冰後）	單位	廠商名稱	產品單價（含冰，未稅）	報價期限
110306		貝-扇貝（冷凍）	Scallop w/shell frozen	殼直徑：9-10公分1公斤／盒	公斤	D008德衛	190.00	88.07.31
110305		貝-孔雀貝（冷凍）	Scallop w/shell frozen		公斤	D008德衛	130.00	88.07.31
110385		蛤-蛤蜊（大陸）大	Clam, chilled,large	30-40個／公斤	公斤	D008德衛	85.00	88.07.31
110386		蛤-蛤蜊（大陸）中	Clam, chilled, midium	45-50個／公斤	公斤	D008德衛	75.00	88.07.31
110387		蛤-蛤蜊（大陸）小	Clam, chilled, small	60-70個／公斤	公斤	D008德衛	65.00	88.07.31
110908		蟹-蟹管肉（冷凍）	Crab leg meat, frozen	500克／盒	盒	D008德衛	115.00	88.07.31
110907		蟹-蟹塊（冷凍）	Crab, frozen		公斤	D008德衛	75.00	88.07.31
110905		蟹-越前棒（蟹黃加工品）	Crab meat processed, froz		公斤	D008德衛	140.00	88.07.31
110801		蝠-蝦菇尾（冷凍）		4-60z/尾	公斤	D008德衛	450.00	88.07.31
110301		貝-干貝（冷凍）	Scallop,frozen	2.27kg/pk	公斤	H001海森	600.00	
110506		魚-多佛板佳（冷藏）	Dover Sole,fresh		公斤	H001海森	1200.00	
110702		鮭-挪威／燻鮭魚（冷藏）	Nor. fresh smoked salmon, whole		公斤	H001海森	330.00	
110708	SP1023	鮭-蘇格蘭／燻鮭魚（切片）	Scootland. frozen smoked salmon, preslice	(200gm/pack)#5/kg	公斤	H001海森	1400.00	
110709	SP1024	鮭-蘇格蘭／燻鮭魚（切片）	Scootland. frozen smoked salmon,preslice	(100gm/pack)#10/kg	公斤	H001海森	1400.00	
110903		蟹-帝王蟹腳	Alaska King Crab Leg,Frozen		公斤	H001海森	1200.00	
110703	fdel005	鮭-挪威／燻鮭魚（切片）	Nor.Smoked Salmon,Presliced	100GM/PK	PK	O001歐芙	100.00	
110706		鮭-挪威／燻鮭魚（切片）	Nor.Smoked Salmon,Presliced	100GM/PK	PK	J001瑞輝	75.00	
110707	0034	鮭-挪威／燻鮭魚（切片）	Nor. Smoked Salmon,Presliced	約2KG/PK	公斤	B001奔洋	670.00	

資料來源：大魯閣餐飲事業股份有限公司提供（2000）。

一致才能在標準食譜上賦予正確的數量。舉例而言，某家餐廳有提供薑絲蛤蜊湯，廚房的標準食譜固然可以以重量來表示所需放入的蛤蜊數量（二百公克），但是如果蛤蜊的大小不一則可能造成顧客此次點的薑絲蛤蜊湯有多達十五顆蛤蜊；而下次卻只有六顆蛤蜊的窘境，但這對廚房來說兩次其實都是提供了二百公克的蛤蜊。如果能與廠商事先議定所要採購蛤蜊的規格（每公斤四十至五十顆），則每次的蛤蜊數量就比較能有一致性，而且在食物成本上也容易掌握。

同樣的道理也可以延伸到檸檬的大小規格化。在許多餐廳檸檬不但是廚房食材、吧檯果汁原料，更是拿來作為飲料或是菜餚的裝飾物。為求美觀，通常餐廳會將一顆檸檬固定切成六個檸檬角來作為裝飾之用。換句話說，不論是一顆一百五十公克或是只有六十公克的檸檬都是只切成六個檸檬角來作為裝飾物，過大的檸檬相對重量較重、體積較大，不但失去裝飾的效果也在無形之中提高了裝飾成本，過小的檸檬角固然省錢卻也略顯寒酸。因此採購部門會先與廠商約定檸檬的規格，例如每公斤十顆大小一致的檸檬，甚至將細節規範到檸檬的高度為七至九公分，使成本得以控制得宜，而且裝飾美觀。

另外值得一提的是海鮮的包冰率。在**表10-10**中可以發現，單是草蝦這項食材，同一廠商就有六種不同的選擇（採購部門實際尋訪三家海鮮供應商，草蝦共約有二十種選擇），分別依照其大小、規格、重量等細節記載於報表中，而其中含冰率更是報價的關鍵所在，不同的海鮮供應商可能會依不同的規格、重量、現流或冷凍，以及包冰率而有不同的報價。因此採購訂貨前必須計算清楚扣掉包冰率這項變數之後的實際成本，以免花大錢買了一大堆無用的碎冰。

表10-10　食材報價表

產品代號	廠商產品代號	產品中文名稱	產品英文名稱	產品包裝／規格（退冰後）	單位	廠商名稱	產品單價（含冰未稅）	報價期限
110001	304	海參	Sea Slug (Fresh)		KG	H006漁鴻	150.00	88.07.31
110606	A 103	蝦-明蝦4/6（冷凍）	King Prawn (Frozen)	4-6隻/斤（600克），每隻約100-150克，含冰率：35%	KG	H006漁鴻	500.00	88.07.31
110604	A 104	蝦-明蝦6/8（冷凍）	King Prawn (Frozen)	6-8隻/斤（600克），每隻約75-100克，含冰率：35%	KG	H006漁鴻	500.00	88.07.31
110605	A 105	蝦-明蝦8/10（冷凍）	King Prawn (Frozen)	8-10隻/斤（600克），每隻約60-75克，含冰率：35%	KG	H006漁鴻	500.00	88.07.31
110616	A201	蝦-草蝦6/8（冷凍）	Shrimp,Green Shell (Frozen)	6-8隻/斤（600克），每隻約75-100克，含冰率：35%	KG	H006漁鴻	410.00	88.07.31
110610	A202	蝦-草蝦8/10（冷凍）	Shrimp,Green Shell (Frozen)	8-10隻/斤（600克），每隻約60-75克，含冰率：35%	KG	H006漁鴻	420.00	88.07.31
110612	A204	蝦-草蝦13/15（冷凍）	Shrimp,Green Shell (Frozen)	13-15隻/斤（600克），每隻約40-46克，含冰率：35%	KG	H006漁鴻	330.00	88.07.31
110613	A205	蝦-草蝦16/18（冷凍）	Shrimp,Green Shell (Frozen)	16-18隻/斤（600克），每隻約33-38克，含冰率：35%	KG	H006漁鴻	290.00	88.07.31
110614	A206	蝦-草蝦19/21（冷凍）	Shrimp,Green Shell (Frozen)	19-21隻/斤（600克），每隻約29-32克，含冰率：35%	KG	H006漁鴻	270.00	88.07.31
110615	A208	蝦-草蝦26/30（冷凍）	Shrimp,Green Shell (Frozen)	26-30隻/斤（600克），每隻約20-23克，含冰率：35%	KG	H006漁鴻	230.00	88.07.31
110602	A302	蝦-生凍龍蝦（澳洲冷凍）	Raw Whole Lobster (Frozen)	20隻／箱，約500克/隻	KG	H006漁鴻	740.00	88.07.31
110628	A350	蝦-熟龍蝦尾（澳洲冷凍）	Cooked Lobster Tail (Frozen)		KG	H006漁鴻	850.00	88.07.31
110626	A404	蝦-熟龍蝦（澳洲冷凍）	Cooked Whole Lobster (Frozen)	20隻／箱，約500克/隻	KG	H006漁鴻	900.00	88.07.31
110624	B116	蝦-草蝦仁（大）（冷凍）	Shrimp Peeled,Green Shell (Frozen)	13-15隻/LB，每隻30-35克，含冰率：35%	KG	H006漁鴻	370.00	88.07.31
110625	B117	蝦-草蝦仁（中）（冷凍）	Shrimp Peeled,Green Shell (Frozen)	31-40隻/LB，每隻11-15克，含冰率：35%	KG	H006漁鴻	320.00	88.07.31
110519	C102	魚-鱈魚3/2（冷凍）	Cod Fish (Frozen)	2-3公斤/隻，含冰率：20%	KG	H006漁鴻	180.00	88.07.31
110521	C105	魚-圓鱈菲力（冷凍）	Cod Fish Fillet (Frozen)	含冰率20%	KG	H006漁鴻	310.00	88.07.31
110704	C120	魚-鮭魚（挪威）	Salmon Frozen, Norway	去頭去內臟，約4公斤，含冰率：20%	KG	H006漁鴻	210.00	88.07.31
110515	C201	魚-潮鯛（雙背）（冷凍）	Snapper Frozen	含冰率20%	KG	H006漁鴻	240.00	88.07.31
110513	C201	魚-潮鯛（冷凍）	Snapper Frozen	含冰率20%	KG	H006漁鴻	240.00	88.07.31
110524	C305	魚-鱸魚肉（海）（冷凍）	Seabass Fillet, Frozen	含冰率20%	KG	H006漁鴻	150.00	88.07.31

🍜 第六節　人事成本的說明與檢視

在**表**10-4的損益表中（第**⑱**至**㉕**列），一般多將人事薪資費用分為以下幾個項目：

1. **⑱前場人員薪資**：泛指餐廳外場人員的薪資費用，包括外場服務員、餐務員、吧檯人員、領檯等部門。

2. **⑲後場人員薪資**：泛指廚房的廚師、前置準備區的準備人員、倉管人員的薪資費用。

3. **⑳其他薪津**：通常是指一些非正式部門或特約人員的薪資，以餐廳的經營型態為例，有可能是代客泊車的人員或洗碗人員。以目前臺北地區代客泊車行業的生態而言，因餐廳多半無力規劃停車空間供顧客使用，而且路邊停車位多半不足，所以餐廳通常會考慮以契約方式與代客泊車業者合作，採低底薪隨車抽佣或小費自領的方式解決客人的停車問題。代客泊車人員因多半未正式隸屬餐廳員工，因此在其薪資上會與前場人員薪資有所區隔。而洗碗人員也有類似情況，餐廳負責提供洗碗所需之空間、機器設備、清潔耗品等，而洗碗人員則會由個人或公司承包負責餐具洗滌的工作，並自行調度其人力、休假安排等，以達成餐廳的要求。

4. **㉑訓練費用**：對於像餐飲業這般屬人力密集的服務業而言，為能確保餐廳服務品質，強化員工的工作執行能力並且提供員工的升遷管道，訓練成本自然成了餐廳必須有的預算。在訓練費用這個項目下的費用，除包含訓練員及受訓員進行教育訓練時的薪資費用外，也包括訓練過程中所衍生的各項相關費用。例如廚房人員進行烹調訓練所耗費的食材、外場人員為瞭解每一道菜的作法、口味及外觀所進行的試作、試吃，另外還有訓練教材編制時所花費的人事成本、印刷裝訂費用等等，這些都可以列入訓練費用之中。

5.㉒保險及福利：

(1)勞健保及勞退基金：員工依法可以在工作場所參加勞工保險及全民健康保險，而且餐廳業主依法必須負擔部分的保險費，對於這些保險支出費用都在此項下提列。

(2)團保：有些餐廳會讓員工在工作上更有保障，會另行向民間保險公司購買團體意外保險。此部分的保險費用通常是業主自行為員工負擔，故可視為員工福利之一，保險費用亦同樣列於此項下。

(3)員工福利：體質較佳的餐廳或大型連鎖餐廳通常會明文規定員工福利，甚至成立福利委員會。舉凡員工的婚喪喜慶、搬家、生子等都有一定金額的補貼，對於優秀的員工甚至會有旅遊補貼等福利；上述的各種津貼支出都會由此項目中提列。另外，對於三節的獎金、尾牙活動的預算、年終獎金的預算編列，也有許多餐廳固定在每個月依人事費用或業績，採一定比例的提撥，才不致在逢年過節的當月造成過高的人事成本及現金壓力。

6.㉓管理人員薪資：在此通常指的是餐廳營運現場副理級（含）以上管理幹部的薪資費用，廚房部門則包括了主廚及副主廚的薪資。至於餐廳後勤單位，例如連鎖餐廳的總管理處內的開發部、行銷部、會計部、人事部等人員，不論是基層事務人員或部門主管的薪資，都不在此項下提列。

7.㉔業績獎金：餐廳業主為有效激勵員工及幹部士氣戮力創造業績並樽節開支，使利潤能夠擴大，通常會訂立一套獎金辦法來犒賞員工，使利潤能夠分享，讓全體人員能夠更有歸屬感及責任心。至於獎金辦法的內容則依各餐廳而異，多半不外乎是設定業績目標或是設定利潤目標，而獎金的發放則可分為個人獎金或部門團體獎金，發放的時間則有可能是每週、每月或是每季發放。業主或管理幹部不妨在此多所著墨，讓員工隨時保持高昂士氣，爭取獎金，甚至壓低基本薪資而大幅提高員工獎金比例，以更能為餐廳降低固定人事成本，降低經營風險。但是相對的，在獎金制度實施之際也必須小

心，避免競爭惡質化，員工可能因為高度的競爭造成團隊合作的下滑、搶桌，或造成客人面臨過度消費的壓力。長久下來反而對餐廳的形象及服務品質有負面影響。

綜上所述，足見人事薪資費用對於一家餐廳的各項開銷而言，可以說是僅次於食物成本的一項重要成本。一般而言，餐廳的人事成本務必要能控制在相對於營業額的30%以內，尤以25%為佳，如果超出此營業額的比例則對於餐廳的利潤有相當大的影響。特別是鑒於勞基法的規定及為維護勞資和諧，餐廳業主一旦聘僱了員工就不能隨意解聘，因此人事成本對於整體的成本結構及利潤的表現可以說具有舉足輕重的角色。

近年來隨著社會的演進和勞工意識的抬頭，以及政府有計畫性的提高勞工福利，人事薪資成本和其他衍生出來的成本，例如勞保、健保、退休金、國民年金等都不斷的造成企業經營上的人事成本壓力。因此，緊盯著人工的生產力就成為餐廳或每一個企業必須做的功課之一。

一、生產力計算

有了損益表，餐廳主管可以以當日的營業額除以當日的外場服務人員的工作時數，得到每工作小時可生產多少營業額的參考數據，我們稱之為**每小時工時生產力**（Hourly Productivity）：

$$\frac{早班營業額}{早班服務人員的全部工作時數} = 營業額（元）／小時$$

$$\frac{晚班營業額}{晚班服務人員的全部工作時數} = 營業額（元）／小時$$

$$\frac{全日營業額}{全日服務人員的全部工作時數} = 營業額（元）／小時$$

二、勞動生產力

餐廳主管也可以以當日的營業額除以當日的外場服務人員薪資,得到每1元的人事成本可以生產多少營業額的參考數據,稱之為**勞動生產力**（Labor Productivity）:

$$\frac{全日營業額}{全日服務人員的全部薪資} = 營業額（元）÷薪資（元）$$

$$\frac{晚餐營業額}{晚餐服務人員的全部薪資} = 營業額（元）÷薪資（元）$$

$$\frac{午餐營業額}{午餐服務人員的全部薪資} = 營業額（元）÷薪資（元）$$

配合上述人事生產力的觀念後,餐廳主管的首要之務就是如何安排適當的人力,使每一位員工都能發揮出最大的生產力。藉由過往的業績報表（例如去年同期、上月同期、上週同期）,另外再加入最新的環境因素,例如餐廳周邊商圈的活動變化與自我競爭力（價格、產品、重新裝潢、促銷活動）的變化,訂定出下一階段的預估營業額。秉持著目標導向的方針,餐廳主管可預先訂出人事成本的百分比,再藉由這個百分比的數字去推演實際可應用的人事預算,以及可用的人力時數。依照這個原理,如果餐廳確實達到了營業目標的要求,人事成本的掌控自然能如預期地落在預先設定的百分點上。

例如:揚智餐廳每位外場服務人員的時薪皆為一百元,而下個月的預期營業目標經過推估為一百萬元,並且設定外場服務人員的薪資百分比為12%,則可得知下個月外場服務人員的薪資預算、全月可用時數及每週可用時數等重要數據,進而排出一份符合這些預估時數的班表,如:

1,000,000元×12％＝120,000元　　　　外場服務人員薪資預算

120,000元÷100元＝1,200小時　　　　外場服務人員全月可用時數

1,200小時÷4週＝300小時　　　　　　外場服務人每週可用的時數

　　有了上述的參考數據，接著餐廳主管即可依照每日的營業需求排出一張每週總計三百小時的班表（如**表10-11**）。

表10-11　每週300工時之大班表

	星期一	星期二	星期三	星期四	星期五	星期六	星期日	總計
	10-14(4)	10-14(4)	10-14(4)	10-14(4)	10-14(4)	10-14(4)	10-14(4)	
	10-14(4)	10-14(4)	10-14(4)	10-14(4)	10-14(4)	10-14(4)	10-14(4)	
	12-20(8)	12-20(8)	12-20(8)	12-20(8)	12-20(8)	12-20(8)	12-20(8)	
	12-20(8)	12-20(8)	12-20(8)	12-20(8)	12-20(8)	12-20(8)	12-20(8)	
	17-22(5)	17-22(5)	17-22(5)	17-22(5)	17-22(5)	17-22(5)	17-22(5)	
	17-23(6)	17-23(6)	17-22(5)	17-22(5)	17-22(5)	17-22(5)	17-22(5)	
			17-23(6)	17-23(6)	17-22(5)	17-22(5)	17-22(5)	
					17-23(6)	17-23(6)	17-23(6)	
時數小計	35	35	40	40	50	50	50	300

資料來源：作者整理製表。

　　由**表10-11**中可以發現，每天所需的人次與每一人次的工作時數，餐廳主管只要依據這個模式及員工可上班的時間，就可以套入員工的姓名在班表中，完成一張符合營業額預估為一百萬元，人事成本為12％的班表。讀者另可依照**表10-11**的大班表，繪出一張人力配置圖如**表10-12**。讀者可以從當中看出第一列代表著上午九點至晚間十一點每一個鐘頭的人力配置與變化，它正好與餐廳的營運用餐尖峰時間相呼應，能適切的掌握生產力的變化。在這張班表中不難發現有二位上班時間為中午十二點至晚間七點，這二位為上滿八小時的員工，亦即表示這二位員工可以考慮聘僱為

表10-12　班表圖

時間	9am	10am	11am	12am	1pm	2pm	3pm	4pm	5pm	6pm	7pm	8pm	9pm	10pm	11pm
週班表（以每週總計工時：300小時為基礎）															
星期一、二		1	1	1	1										
		2	2	2	2										
				3	3	1	1	1	1	1	1				
				4	4	2	2	2	2	2	2				
									3	3	3	1	1		
									4	4	4	2	2	1	
星期三、四		1	1	1	1										
		2	2	2	2										
				3	3	1	1	1	1	1	1				
				4	4	2	2	2	2	2	2				
									3	3	3	1	1		
									4	4	4	2	2		
									5	5	5	3	3	1	
星期五、六、日		1	1	1	1										
		2	2	2	2										
				3	3	1	1								
				4	4	2	2	1	1	1	1				
				5	5	3	3	2	2	2	2				
									3	3	3	1	1		
									4	4	4	2	2		
									5	5	5	3	3	1	
									6	6	6	4	4	2	

資料來源：作者整理製表。

　　正職的月薪人員，他們除了上班時數較長並且橫跨午餐時段、下午茶時段，以及晚餐的尖峰時段，可以說是餐廳外場服務人員的重心所在。至於上午十點前進場進行上班開店前準備工作、餐廳用餐尖峰時間的人力補強，以及後續的打烊工作等，均可藉由聘僱時薪制的工讀生來補齊這些人力空缺，以維護餐廳營運上的需求及服務品質，並且兼顧人事成本的控管，以達到較高的勞動生產力。

三、人事成本管理的要點

餐廳主管在有了上述幾張關於人事考勤及成本的報表之後,再加上財務部門每週或每月所實際精算的人事薪資成本後,即可清楚瞭解實際的人事成本與預估的人事成本之間的差異,並進而去檢討其中原因做適當的改善。

餐廳畢竟是一種店頭生意,再多的歷史資料做推演,或再多的周邊商圈調查做預估的判斷,也只是在求最精準的預估,而無法做出100%的正確預測。因此,彈性的人事結構及餐廳營運當時臨場的人力調度,就成了有效控制人事成本的重要因素。良好的規劃與調度不僅能有效控制不當的人事成本浪費,也能兼顧餐廳的服務品質及員工的工作士氣。

以下僅就人事成本管理做幾項要點的探討:

(一)交叉訓練

交叉訓練(Cross Training)是利用員工職務上的輪調,使之學習不同職務的工作內容,進而提升員工素質、士氣及價值的一種人事訓練制度。透過深度加強店內員工的交叉訓練,不僅能讓員工發揮一加一大於二的效果,也能提振員工的素質與工作士氣,並且在人力窘迫的時候更能發揮團隊合作的潛力。

餐廳主管不妨就其所帶領的員工團隊,進行有計畫的交叉訓練。首先先製作一張表格,將部門所有員工及其可擔任的職務做排列組合,即可立即看出每一工作職缺的員工人數及姓名,以及每一名員工所能擔任的職務,再評估每一工作職缺所需儲備的員工人數,進行交叉比對之後即可知道下一步所必須進行的交叉訓練應著重在哪些特定的員工,或是哪些工作職務上。

表10-13的範例是某家美式餐廳的廚房部門,針對廚房員工及該餐廳廚房職務上的分配所製作出的一張人力檢核表格。首先在第一列中清楚標示出該餐廳廚房設置有窗口控菜、碳烤、油炸、煎炒、冷盤,以及出

表10-13　工作站及人力一覽表

廚房工作站人力一覽表						
名字	窗口控菜	碳烤	油炸	煎炒	冷盤	出菜品管
Daniel		*				
Allen	*	*	*			
Anna	*	*		*	*	
Amy				*	*	*
Jenny					*	
Tom			*			
Patrick	*			*	*	*
Polly	*			*	*	*
Stephani				*		
Amanda	*	*		*	*	*
Rex		*				
Carol	*				*	*
Rachel				*	*	*
Leo		*				
Gino			*			
On Hand	6	6	3	7	6	6
Par	4	4	4	4	4	3
Difference	+2	+2	-1	+3	+2	+3

資料來源：作者整理製表。

菜品管等六個工作職務；而第一欄為全體廚房員工的姓名。接著讀者可以就每一工作職務欄往下檢視，即可立即明瞭可勝任這個工作職務的員工有哪些人、共有幾人；或者，讀者亦可在每一列中輕易掌握每一位員工所能勝任的工作職務有哪些；在這張表格中，可以瞭解這家餐廳的廚房經理確實落實了交叉訓練的制度，因為Anna、Patrick、Polly、Amanda等四名員工均受過良好的交叉訓練，使他們能在廚房的六項工作職務中勝任其中的四項，屬於頂尖的一群員工。然而Daniel、Jenny、Tom、Stephani、Rex、Leo，以及Gino均屬於較弱的一群員工，因為他們僅能勝任一個工作職務。

　　假設某一天這家餐廳有一名員工因事無法上班而臨時請假，此時當天上班的其他員工若都是屬於較資淺，且未受過其他工作職務交叉訓練的員工，則很可能會發生無人可以替補該工作職務的窘境；反之，若當天上班的其他員工中有幾位是屬於資深且受過其他工作職務訓練的員工，則值班主管可輕鬆的調度人員，使每一工作職務均能立即有人填補空缺，不致影響營運順暢度。遇有上述情形時，可先將工作職務彈性小的員工進行當天職務的調整，使每一位資淺的員工都能勝任所被分配到的工作，最後剩下的工作職務則由資深且受過完整交叉訓練的員工來替補，如此較不致發生無法勝任的情況。

　　另外，**表10-13**在下方列出三列，分別標示出每一項工作職務現有的儲備人力（On Hand）、工作職務的建議儲備人力（Par）及其中的差距。舉例來說，煎炒的職務必須儲備四名能夠勝任這個職務的員工，而實際能勝任此項職務的員工則多達七名，屬於高度人力儲備的職務；反之，油炸區可勝任員工數三名，小於人力儲備需求的四名，此時表示油炸職務仍有賴進行交叉訓練，以填補安全儲備人數的空缺。經評估得接受此項職務交叉訓練的員工自然可優先考慮Daniel、Jenny、Stephani、Rex、Leo等較資淺，且無法勝任此職務的員工。

　　交叉訓練能讓主管以最少的員工人數，也就是以最低的人事成本來保持餐廳的正常營運。同時，員工也能因為不斷接受新的工作職務訓練而有所成長，避免長期重複相同的工作內容而產生工作倦怠，以免影響團隊的士氣，進而影響工作的品質。

(二)兼職人員及工讀生的工作調整

■選擇性提前下班（OTLE）

　　OTLE（Option To Leave Early）**制度**是餐廳值班主管於當天營業狀況不如預期時，針對時薪制的兼職人員進行人力縮編調節，以節省人力開銷的一種權宜措施。當遇上天候或即時性無法解釋的原因，造成當日餐廳業績不如預期時，往往會造成樓面上有過剩的人力。而發生此種情況時，通

常多數員工並非給予更好的餐飲服務，反而是群聚聊天，甚至因為過多的閒置人力站在樓面上，造成用餐顧客的無形壓力。此時值班主管即能依其個人的判斷，決定先行讓時薪制的兼職人員下班。一來可節省人事成本，二來可以提高其他人的生產力。當然，如上所述，愈能勝任各種不同職務的員工，愈有機會能留下來繼續服勤，因為他們的工作能力多半較強，又較能勝任多種工作，可因應人力縮編後所可能發生的各種營業上的狀況。

■ 備勤班

備勤班（On Call Shift）**制度**乃是針對時薪制的兼職員工，在安排班表時除了上班及休假日之外的另一種選擇。當員工當天被排定為備勤班時，即表示員工屬於備勤的狀態，必須在指定的時間打電話到餐廳詢問值班主管，當日是否需要到餐廳來上班。而值班主管依當天的訂位狀況及事先排定的人力，來決定是否徵召備勤班的人員到店上班。例如下午四點打電話向值班主管詢問，如果必須到店上班則必須在下午六點打卡上班。

　　餐廳為兼顧人事成本及服務品質，對人力班表上的安排可說是絞盡腦汁，期能將每一份的人事成本發揮最大的生產力。除了OTLE制度的施行外，備勤班的安排也是另一個選擇。訂位客人比重愈大的餐廳愈適合備勤班制度的建立，反之若餐廳多數的用餐客人均無事先預約訂位（Walk-in）的習慣，則備勤班的效益也較小。因為當用餐的尖峰時間陸續湧進無訂位的用餐客人時，此時再徵召備勤班人員前來上班可說是為時已晚。

(三)工讀生聘用的注意事項

　　工讀生因為時間彈性，且採計時計薪的方式賺取酬勞，對於多數的餐廳而言是人力結構上的主力。然而工讀生也會因為自身的經濟情況、課業壓力、課表安排、社團活動或是家庭因素，而有不同的工作時間或班次的限制與需求。因此在決定招募工讀生時，餐廳主管必須檢視所有員工的可上班時間，找出人力最單薄的某些特定時段，在招募新進員工（工讀生）時就必須確定能夠填補這些時段，避免人力上的供需失調。

　　如果所招募的工讀生都是屬於上班時間配合度高且有高度的經濟需求時，則有可能會發生淡季或星期一等業績較弱的時段，有些人無班可上而造成搶班的情況。相對的，如果所招募的工讀生都是屬於上班時間配合度低且無經濟需求，純屬玩票性質或應付學校實習時數的員工時，就有可能發生週末或是特定節日需要大量人力服勤，卻沒有人願意上班的窘境。

　　為避免上述的情況發生，每家餐廳均需依照周邊商圈、淡旺季時段業績的落差幅度來決定經濟高度需求與低度需求的工讀生招募的比例。如此在淡季時，這些經濟高度需求的員工可滿足營運的需求，而在假日或其他旺季時，低經濟需求的工讀生正好可以彌補人力上的空缺。

　　必須在此一提的是，勞健保等相關員工人事成本的掌控與工讀生人數之間的微妙關係。依據勞基法規定，雇主必須為員工（含工讀生）辦理勞保的規定，而員工亦有權利選擇在其工作職場中加入健保。雇主對於員工的勞保、健保必須依規定支付一定比例的部分負擔。一旦不當招募了過多的工讀生會連帶造成雇主在勞健保部分負擔的成本壓力。在此建議招募工讀生時即能達成協議每週基本的工作班次，以避免招募過多的低經濟需求、上班班次稀少的員工，一來可以節省雇主對於員工勞健保負擔的壓力，二來較密集的工作也較容易熟能生巧，提高工作上的服務品質。

(四)兼職計時制人員的比例

　　餐廳依據自身的型態、服務技巧的難易、目標客群的定位，以及餐廳品牌形象的不同，對於正職服務人員與兼職計時制人員（例如工讀生）間的人數比例也有不同的需求。多數飯店的宴會廳每逢假日多有結婚喜宴的訂席，平日時段則客人多半寥寥無幾，故而會不開放營業以節省成本。對於此類型的餐廳平日與假日的業績可說是有天壤之別，如果僱用正職人員會有平日零生產力，假日卻又無法應付營運需求的窘境。這類大型的宴會餐廳，多半會與工讀生保持聯繫，甚至透過學校餐飲科系的幫忙，安排學生假日打工或實習來填補人力；然而，此種人力招募模式多半影響服務品質，員工對於餐廳的作業流程，甚至工作環境的熟悉度都有不

全之處，只是對於結婚喜宴這種菜單已訂、客人鮮有特殊需求的場合，這種人力上的安排尚可勉強應付。

　　對於同樣位處於五星級飯店內的高級餐廳，或市場上定位較高的獨立餐廳、會員俱樂部而言，維持適當比例的全職人員是有其必要性的。雖然這些全職的服務人員採固定薪資外加獎金制度，會拉高餐廳的人事固定成本，但是因為這類餐廳多半客單價高，並有其固定的忠實顧客且客層較整齊，屬於消費力高、收入高、教育水準多半也較高的社會中產階級人士，或一定職等以上的白領階級，因此成熟穩重、談吐適宜、懂得應對進退、餐飲服務技巧及專業度均屬上乘的全職人員絕對會是穩妥的安排，他們會是餐廳公關的第一線人員，同時也可能是銷售高手，可以幫助餐廳業績的提升。這類員工可以隨意說出多位常客的姓名、職務、外型特徵、用餐習性喜好等等，並與客人建立一定的情誼，讓客人來到餐廳用餐更有賓至如歸的感覺。

第七節　可控制管銷費用的檢視

　　可控制管銷費用，顧名思義就是餐廳經理人透過其權限可管理運用的各項開銷。就一家餐廳的主要成本開銷而言，除了食物成本、人事薪資成本之外，就是可控制的管銷費用了。舉凡水電瓦斯、行銷廣告、修繕保養、營運耗材等等，都屬於**可控（管理）費用**（Controllable Expense）。這些費用通常都有一個特點就是看似小錢，其實卻是積沙成塔。因此更有賴管理者去留心注意是否這些資源是否被無意的浪費，唯有精確計算合理使用量與盤點實際用量之間的差異性，才能守住這些由小錢所堆積成的大錢。

一、❷行銷費用

(一)廣告費用

　　餐廳可以依照自身的型態、目標客群及預算，在適當的媒體進行廣告，以提升品牌知名度、來客數及餐廳的形象。然而現今各式媒體眾多，如何能有效的尋找適合的媒體做廣告則有賴管理者仔細評估。舉凡電視、車廂、報章雜誌、電台、外牆、燈箱、參加各式活動或展覽，甚至是利用時下流行的數位工具，像是網站、電子折價券（E Coupon）、手機簡訊等，都是考慮的媒體工具之一。

　　對大多數的餐廳而言，預算可以說是選擇媒體做廣告時的第一考量。遍布全省擁有多家分店的連鎖餐飲可以考慮電視、報紙、雜誌等全國性的媒體做廣告，雖然預算較高但相對的因為店家多，平均每一家分店所分攤的比例也較能夠被接受。藉由美食雜誌或其他娛樂性較高的雜誌來做廣告，或是利用採訪報導進行曝光，也不失為一個好方式。通常礙於預算的關係，不妨在尋找廣告媒體時利用廣告交換或是其他的回饋方式，作為付款方式的一種變通方式，例如贊助餐券供媒體舉辦各類活動的獎品，或提供場地供媒體做其他的公開活動，藉以達到曝光的目的。

(二)促銷費用

　　礙於市場的高度競爭，各家餐廳無不卯足全力絞盡腦汁地規劃各式促銷活動來吸引消費者上門。其中較常見的一種手法像是信用卡與餐飲業者間的異業結合。餐廳被銀行信用卡部門擁有上百萬持卡人的個人資料所吸引，而銀行也希望不斷的為持卡人爭取更多的優惠，吸引更多人申請辦卡，並且藉由帳單夾寄甚至是特別活動訊息的釋放（Solo DM）來做有效的曝光，再搭配優惠券或是特定的信用卡刷卡用餐，可以享有各式的優惠或加倍積點來吸引消費者申辦信用卡。這些各式各樣的信用卡促銷活動可以造成持卡消費者、銀行以及餐廳三贏的局面。其他如常常在新聞畫面出現的一元促銷便當、大胃王比賽等也是餐飲業者為了能提高知名度吸引顧

客上門的促銷花招之一，但實際的後續效果為何仍有待評估觀察。

　　上述所舉各類促銷活動所衍生的相關成本費用，例如文宣設計印刷、派報等都在行銷費用會計項下提列。

二、㉗員工餐飲

　　一般而言，大多數餐廳都會提供**員工餐飲**（Employee Meal），相較於大型飯店多半每月依班表提供員工餐食券到員工餐廳用餐，一般的餐廳則對於員工餐的控管顯得多些彈性與變化。每家餐廳因自身型態的不同，相對的對於員工餐食的供應方式也有所不同。例如多數的速食店因絕大多數員工均為工讀生，且並無真正具有烹調員工伙食的器具設備與烹調技術，因此多半以自身餐廳的商品作為員工的伙食。例如漢堡、三明治等，而有些餐廳則選擇外訂便當餐盒供員工食用，甚至有些餐廳為求管理上的便利，直接補貼伙食津貼給員工，讓員工於上班前或利用規定的用餐時間，自行外食解決用餐問題。相對於這些速食店礙於人力及設備無法製作員工餐，一般餐廳因有正式的廚房設備，以及廚師多半具有良好廚藝，自然在員工餐的製作上更能兼顧菜色及口感的變化。雖然這種方式難免帶給廚房額外的工作負擔，但是好處也不在話下。

　　遇有逢年過節時，廚房師傅多半也會應景地為員工同事們製作可口的佳餚，而平常若遇有廚房正式的食材因滯銷擔心影響新鮮度或品質時，也可以透過食材調撥的方式製作成員工餐，讓員工餐來吸收這些食材成本，避免存放過久造成食材過期腐壞。而平時廚房在進行日常的食材訂貨時，也會順便訂購員工餐的食材，並且交代廠商另行開立帳單，方便財務部門區別，並將員工餐食材的帳單另行歸類為員工餐飲。一旦用到餐廳既有商品的食材，必須確實填寫調撥單，避免造成食物成本的混亂。

三、㉘水電瓦斯費用

　　水電瓦斯費用可以說是餐廳各項可控制費用中，最花錢的項目之一。多數的餐廳為求裝潢美觀、用餐環境氣氛得宜，多半會在燈具的選擇及光線的搭配上多費思量。然而，許多燈具雖然能營造出較具視覺效果的色調與層次，卻也可能屬於高用電量的燈具。因此建議餐廳在規劃之初即能通盤規劃，例如選擇暖色系的省電燈具；委託專業人員進行用電評估，與臺電公司簽訂契約用電量；戶外廣告招牌裝設定時開關，或是規劃220V的電力及燈具，並提供更穩定的電壓；適度裝置遮陽設備避免過度日照，以減輕冷氣空調的負擔，並且定時做冷氣濾網及相關設備的保養；洗手間裝設省水馬桶、紅外線感應定量給水的水龍頭等都不失為是節省能源成本的好方法。對於烤箱及廚房設備而言，可考慮儘量採用以瓦斯作為能源的設備，會比以電力作為加熱能源的設備來得經濟。

　　至於餐廳若位在百貨賣場等集中飲食區，那麼電力部分採獨立分表方式計算用電量，或是擁有獨立的臺電公司電表則必須問明清楚；另外，公共區域用電分攤、水費計算，甚至是賣場中央空調的成本分攤等，都必須在簽訂租約時一併納入考量。

四、㉙電話傳真長途控制、網際網路寬頻月價制度

　　日常訂貨、客人訂位的確認、連鎖餐廳之間的聯繫、傳真菜單給客人等等，是餐廳電話費的主要來源。特別是臺灣當今堪稱為世界各國手機密度最高的國家之一，撥打行動電話給訂位的客人做確認，或是與廠商業務人員聯繫時多半會以行動電話作為聯絡方式，電信費用自然提高。為求效率及成本控制，不妨裝置數位電話節費器才能有效控管電信費用。

五、㉚制服

餐廳制服的設計、整體的裝潢、商標的設計，甚至餐具的選擇都可算是餐廳識別系統的一環。良好的制服設計不僅能讓員工穿起來顯得有朝氣、有精神之外，好洗耐髒不易皺、員工肢體活動方便等也是考量因素；此外，廚房制服甚至必須考慮避免使用易燃材質等，這些都是在制服規劃之初必須考量的。

對於較具特色且不易取得的制服，多半需要與特定的廠商簽約製作，因為屬於小規模的生產，在單位成本上相對較高。像是具有塞外風情的蒙古風味餐廳，或是滿清時空背景十足的宮廷筵席，服務生通常會應景地穿起極具民族特色的服裝，此時需注意過多的綴飾亮片，除了容易妨礙員工工作之外，服裝的清潔保養也相對較困難。因此在考量制服的選擇時，仍應考慮實用性及耐久性，而對於員工制服的汰舊換新也必須事先擬定一套折舊的辦法。對於離職員工，除必須要求繳回制服之外，對於資深員工的制服也應定期更新以維護形象。這些製作制服所衍生的費用都應列入制服的成本。

六、㉛營運物料

舉凡餐巾紙、紙巾、牙籤、吸管、清潔用品、外帶餐盒、提袋、咖啡濾紙、桌墊紙、口布桌布、文具紙張、餐具、非設備類廚具（例如鍋、鏟、盆）等為餐廳營運所必須使用的消耗性物料，都屬於營運物料項下。這類物品項目繁多且使用消耗的速度不一，須有賴倉管或是主管人員細心控管並適量訂貨。

關於營運物料的成本管理最重要的是掌握用量避免浪費。通常可以透過資訊系統中的銷售統計報表、營業日報表取得每日的來客數、桌數、營業額等相關數據，對消耗品訂出合理用量。例如可以從來客數推斷出合理的口布、餐巾紙的用量；透過營業的桌數可以推斷出合理的

桌布、桌墊紙的使用量；透過飲料的銷售統計，可以得到吸管的合理用量；或是簡單地以營業額為基礎，訂定出每一萬元營業額所會使用掉的消耗品數量，循此方式來檢視消耗品是否被不當濫用甚至遭竊。

　　在選擇消耗品的規格時，不妨考慮市場占有率較高的規格產品以確保貨源充足，且因達到相當的經濟規模量，取得的成本也較低。對於餐巾紙、衛生筷紙套、牙籤等，多數餐廳會選擇印製餐廳名稱商標的消耗品，且多半會一次大量製作，此時必須考慮儲藏空間是否充足，或委請廠商提供儲藏空間代為保管再分批進貨。

七、㉜修繕保養

　　餐廳各式大小設備繁多，例如外場的餐飲資訊系統、吧檯的咖啡機、果汁機、廚房的各式爐具、烤箱、冷凍冷藏設備、鍋爐、洗滌設備、空調設備、消防設備及一般辦公設備等，都屬於餐廳營運時不可或缺的重要設備。除了日常的清潔及初級保養之外，定期性的保養及耗材的汰換更是不可忽略，以免營運尖峰之際卻發生機器設備無法運作的窘境。

　　一般而言，新購的機器設備多半有原廠所提供的免費保固，期間從半年至二年不等。而通常在保固即將到期之際，廠商多會自動向餐廳提出新年度的保養維修合約，雖然因此產生了額外的成本開銷，但是也多半能做到預防性的維修保養，避免機器設備無預警發生故障，而若真遇有故障報修情況產生時，所得到的後續服務也較能得到合理的保障。

　　通常這些維修保養合約有幾項要點較值得觀察留意：

(一)價格是否合理

　　有些廠商為求提高整個維修合約的價格，通常會加入許多的簡易初級保養內容，雖然這些保養動作仍屬必要，但是餐廳管理者可仔細思量將這些較簡易的項目刪除以節省費用，改由店內員工自行完成。通常這些工作不外乎各式冷凍冷藏設備的散熱葉片清潔、空調系統空氣濾網的定期清

洗或更換、飲水系統的濾心更換、咖啡機、磨豆機定期調校、電腦系統定期整理備份、掃毒等工作。除了可以省下更多的維修保養經費，也能藉此瞭解各項設備的運作原理，方便與專業技師的溝通。

(二)維修的效率

簽訂維修保養合約最主要的目的就是透過平日的保養，將故障的機率減少或提前發現，使對營運的傷害降至最低。但是機器設備終究有其使用年限，在未能有預警的情況下發生故障也在所難免。因此若有需要維修技師來店維修時，他們到達餐廳的時效也就成了合約服務項目中最重要的一環。

通常在維修合約中可以清楚載明，從餐廳通知故障報修起算，工程人員必須於多少時限內到達現場進行維修，並依照故障的程度於特定的時間內完成維修，使其恢復運作。

(三)備品的提供

對於偶有發生維修廠商無法於特定時間內完成修復動作，其中原因繁多，舉凡零件缺貨待料中、維修技術遇到瓶頸、須與上游廠商會勘，或是與其他廠商的設備有連動關係時，簽約廠商是否能及時提供備品或其他相同功能的設備給餐廳使用，使營運不致遭受過大衝擊。

(四)耗材的計費

對於耗材的更換其材料費是否併入維修合約的費用之中，如果是已經併入整體的合約金額，仍建議請簽約廠商將明細及價目清楚列出，與服務工資部分能有所區隔。如此餐廳可以就工資及材料部分仔細斟酌，確定其報價是否合理。一般而言，簡易的耗材如燈泡、飲水系統濾心、影印機、印表機之碳粉盒匣或墨水匣等均可考慮至量販店購得較便宜的耗材。

八、❸管理清潔費

(一)洗滌劑

　　餐廳為維護一個清潔衛生的用餐及烹飪環境，每日確實的清洗擦拭及定期的消毒滅蟲是不能省略的一項工作及費用。現今大多數的餐廳多半設有專業的洗滌設備來做餐具與杯具的洗滌，洗滌工作較以往來得簡單而專業，且透過適當的訓練即可由店內員工來操作洗滌設備，但相對上這些專業的洗滌設備所搭配的清潔藥劑也較傳統的沙拉脫來得昂貴許多。因此正確瞭解洗滌設備的工作原理及正確的操作流程便能省下不少的藥劑成本。舉例來說：

1. 選用適當的洗滌架來放置餐具：這些專業的洗滌設備多半附有需另外選購的各式洗滌架，來放置餐具以進入洗滌槽。這些洗滌架多半經過專業的設計，舉凡耐熱度、堪用性、支架的長短及最重要的藥劑提供，與熱水進入餐具或杯具內部的入水孔的口徑大小及數量，都影響著洗滌的效果，如果沒有使用適當的洗滌架，不但餐具無法正確洗滌乾淨，無形中也浪費了許多的藥劑。

2. 以水槍預洗菜渣及油漬：一組良好的洗滌設備包括了相關的前置設備，例如工作臺、水槽及附有高溫熱水及足夠水壓的噴槍。洗滌人員在將餐具送進洗滌槽前可透過簡單的預洗方式，例如先以水槍將沾附在盤上的細微菜渣及油漬先行沖落，以增強後續的洗滌效果。

3. 更換洗滌機內的循環水及清理過濾槽：洗滌機洗淨餐具的原理類似於酸鹼值的平衡。長時間的連續使用將使槽內的循環水酸度提高，此時洗滌機為了要有效洗淨餐具，就會自動釋放更多的藥劑（即鹼性物質）來平衡水質。如果能勤於換水並順便將洗滌槽內過濾槽中的菜渣清除，便能使機器更有效率的洗滌，而不用不斷加重洗劑的份量。

4. 定期檢測：透過定期的專業維修保養來確認洗滌及沖洗時機器是否

能正確提供適當溫度的熱水，尤其是沖洗餐具時，機器會導入化學乾精，使餐具能在洗滌完成後的數十秒之間，完成水分蒸發的效果。如果水溫不夠，除了將影響餐具的乾燥效果之外，也浪費化學乾精的使用。

綜上所述，這些清潔藥劑的成本費用與是否正確操作洗滌流程有著緊密的關聯，如果能夠有效利用洗滌設備的效能，便能省下不少的洗滌劑費用。

(二)垃圾處理

現今因環保法規更臻嚴苛，餐廳垃圾的分類也不斷提升標準，加上多數城市開始實施垃圾不落地政策，由於環保局的垃圾車前來收集垃圾時，未必能與餐廳的營運所需相契合，若垃圾車在餐廳未結束營業前即收走垃圾，勢必造成有其他垃圾或食餘必須滯留在餐廳至隔日，這無形中給了蟲鼠絕佳的環境，對於餐廳的飲食衛生有極大的威脅。因此，多數的餐廳不惜成本與合法的環保清潔公司簽約，且每日在約定的時間前來收集垃圾、食餘，以及回收資源分類的瓶罐、紙張等。利用與環保清潔公司簽約來解決餐廳的垃圾問題，雖然成本提高些許，卻也在營運面有了極大的方便，並可避免滋生蟲鼠甚至禍害鄰居，造成民怨，也算兼顧餐廳與鄰里間的公共關係。

(三)消毒除蟲

與環保清潔公司簽約雖大幅避免垃圾滯留過夜的情況產生，定期的消毒或是滅蟲的動作仍不可省略。目前市面上有多家專業的除蟲公司，建議不妨多做比較，尋找價錢合理、專業的除蟲公司定期到餐廳內消毒，以維護環境衛生。

(四)餐廳清潔維護

　　餐廳每日必須利用夜間打烊後安排人力將餐廳內外做徹底的清潔。舉凡外場的地面清掃、拖地、打蠟、地毯清洗、玻璃鏡面擦拭、銅條上油、化妝室的刷洗，或廚房內場的排煙罩、爐具、烤箱、截油槽、地板、壁面、臺面的刷洗等等，都是不可忽略的清潔項目。餐廳業主可以依自身的預算安排雇工每日進行清潔工作，或是與專業又有效率的清潔公司簽約，委外處理。

　　上述所提及的洗滌劑、垃圾處理、消毒除蟲、餐廳清潔這些項目所衍生的人力物力成本均在管理清潔費項下支應提列。另外，有些位於百貨商場美食街的餐飲業者，因為地緣的關係可能會由所在的商場百貨公司負責進行大部分的清潔、消毒，甚至餐具洗滌的工作，再由店家依照坪數大小或業績比例負擔這些成本，統一由商場直接自營業額中扣除清潔費用、房租、水電等相關費用後，再匯入這些店家的帳戶。

九、㉞產物保險

　　餐廳通常會為其產品投保責任險，以避免萬一因為食物不潔或不當保存，造成客人食物中毒或其他狀況時，必須面臨的道義及法律責任。除了產物責任險之外，餐廳也可以依照自身的預算需求，或是周邊環境的特性加保火險、地震險、風災險、竊盜險等項目，以提高餐廳業主的營業資產設備的保障。

十、㉟現金差異

　　在正常的情況下，餐廳每日的實際現金營收及信用卡刷卡營收都必須與餐飲資訊系統所提列的營收報表（如**表10-14**），以及發票機的日結帳金額相符。偶有發生出納人員找錯零錢或是刷卡金額鍵入錯誤卻未能及

表10-14　銷貨發票明細表

銷售日期	機號	發票號碼起迄	信用卡	現金	未稅金額	稅額	交易型態	備註
2006/8/9	Station1	TY 12346117 ~ 12346117	0	286	272	14	正常交易	
2006/8/9	Station1	TY 12346118 ~ 12346118	0	462	440	22	正常交易	
2006/8/10	Station1	TY 12346119 ~ 12346119	0	416	396	20	正常交易	
2006/8/10	Station1	TY 12346120 ~ 12346120	200	77	264	13	正常交易	
2006/8/10	Station1	TY 12346120 ~ 12346120	0	0	0	0	作廢	
2006/8/10	Station1	TY 12346121 ~ 12346121	0	1,320	1,257	63	正常交易	
2006/8/28	Station1	TY 12346122 ~ 12346122	0	836	796	40	正常交易	
2006/8/28	Station1	TY 12346123 ~ 12346124	0	0	1,236	62	正常交易	
2006/8/28	Station1	TY 12346125 ~ 12346125	200	275	452	23	正常交易	
2006/8/28	Station1	TY 12346126 ~ 12346126	0	859	818	41	正常交易	
2006/8/28	Station1	TY 12346127 ~ 12346127	0	396	377	19	正常交易	
2006/8/28	Station1	TY 12346128 ~ 12346128	0	0	471	24	正常交易	
2006/8/28	Station1	TY 12346129 ~ 12346129	0	176	168	8	正常交易	
2006/8/28	Station1	TY 12346130 ~ 12346130	0	3,256	3,101	155	正常交易	
2006/8/28	Station1	TY 12346131 ~ 12346131	0	3,256	3,101	155	正常交易	
2006/8/28	Station1	TY 12346132 ~ 12346132	0	1,848	1,760	88	正常交易	
2006/8/28	Station1	TY 12346133 ~ 12346133	0	1,903	1,812	91	正常交易	
2006/8/29	Station1	TY 12346134 ~ 12346134	0	0	754	38	正常交易	
2006/8/29	Station1	TY 12346135 ~ 12346135	0	528	503	25	正常交易	
		小計：	400	15,894	17,978	901		
		總計：	16,294					

資料來源：碩得資訊股份有限公司（2009）。網址：www.softec.com.tw。

時發現，而在當日打烊做營收核對時又疏忽而未能及時發現，造成當日的現金差異（Cash Over/Short）產生。但有些情況則不會顯現出來，例如在同屬一會計時段內（例如以一個月會計結帳時段），就能由相關當事人賠償補入差額，此時在損益表上不會被提列出來。正常的情況下，此會計項目應為正負零。

十一、�_㊱信用卡手續費

　　刷卡消費的比例一直以來始終居高不下的原因不外乎是消費者消費習性的改變，也就是所謂塑膠貨幣時代的來臨，再加上銀行業者為賺取店家的信用卡手續費（Credit Card Charge）及消費者的循環利息，無不卯足全勁，不斷推出各式聯名卡、認同卡，以及刷卡積點得利的各項活動。餐廳為方便顧客消費時付款工具的多樣選擇，也多半會與銀行業者合作安裝刷卡機以應付需求，並且支付消費金額中1.5%至4%不等的手續費。餐廳

業者不妨考量自身的客群，選擇接收適當的信用卡品牌，尋求手續費合理且服務良好的銀行業者，配合裝置刷卡機。

十二、❸其他費用

餐廳內若有其他費用（Other Expenses）發生，是屬於可由管理者管理掌控，且不屬於上述任一項會計項目者，皆可於本項提列。

十三、❸可控制費用總額

可控制費用總額（Total Controllable Expenses）即**表10-4**第❷項的「行銷費用」起至第❸項的「其他費用」的總額，請參見第331頁的第❸項。

十四、❸扣除可控制費用後的利潤（PACE）

損益表可說是餐廳經營者或管理者的一份成績單，業界多半習慣稱為扣除可控制費用後的利潤（Profit After Controllable Expenses，簡稱PACE）百分比。有了足夠的營業額加上有效的經營管理，才能有不錯的PACE百分比。因為餐廳的營收及各項直接成本都已在上述提列，剩下來的現金盈餘就成了經營者的現金收入。以連鎖餐廳而言，PACE的金額並未包括支應總管理處的房租、人事及各項管銷費用，因此就經營業主而言，統籌各家分店的現金盈餘並支付現場管理者的不可控制費用，例如不動產成本使用、權利金、折舊費用、利息費用等之後才真正屬於盈餘。

🍜 第八節　關鍵績效指標（KPI）

關鍵績效指標（Key Performance Indicators, KPI）協助餐飲業者／管理者進行數字管理並瞭解營運上的績效，以採取管理規劃與控制。企業對於KPI有一說法：「如果你無法衡量它，你就無法管理！」本節將為您說明餐飲業可以進行的「關鍵績效指標」的計算有哪些：

1. **外場人力成本（％）＝外場員工薪資÷營業額**：這個公式可以用來計算當日或當月的人力成本百分比。當月的數字一旦計算出來就可以瞭解整體營運效率。人力成本低並不代表營運效率高，而人力成本高亦不代表低效率，需同時檢核服務品質。例如鼎泰豐便以超過48％的人事成本用於外場人力來維持高服務品質。因此，餐飲業者需在人力成本與服務品質兩方面，進行最佳平衡運作；總而言之，排班作業需兼顧效率與效能。

2. **內場人力成本（％）＝內場員工薪資÷食物營業額**：同上列外場人力成本（％）計算的功能。這個公式是用來瞭解內場員工在安排上是否符合工作效率。此外，不適當的廚房設計與機器設備功能同樣也會影響人力成本的開支，造成廚房出餐速度，影響轉桌率，最後更影響營業額。

3. **每服務一人所付出的人力成本（％）＝員工薪資÷來客數**：除了參考內外場人力成本（％）指標，餐飲業者亦須計算每服務一人所須付出的人力成本。例如當連鎖餐廳區域經理檢核各家餐廳的人力成本發現均相同樣時，要如何判斷哪一家餐廳經理的績效較佳。每日人力成本計算可根據每日預估營業額進行排班。

4. **每工時創造之營業額＝營業額÷總工作時數**：進行內外場排班規劃時，可衡量員工生產力。藉此數字可標準化的瞭解員工工作量負荷程度。在特別忙碌的假日下，可規劃合理的人力安排進行營運與管理服務品質。人力不足時可運用高效率機器設備來提高生產力與服

務品質，亦可作為員工考核指標。

5. **每小時服務的人數＝來客數÷總工作時數**：餐飲業因為產業特性，勞動力變動大，業者可藉由本指標來分析勞動力的變化。各家餐飲業者提供多元產品，並以不同服務方式服務顧客，可以利用本指標計算每小時服務的人數，設計出符合餐點的服務流程，同時可以估算每位服務生適當的服務桌數。例如某家餐飲業者提供八道餐點服務，服務流程分八次送餐，如果這家餐廳是在人潮多的地點，這樣的餐點服務流程便會造成餐廳轉桌率低，每小時服務的客數少，相對的影響營業額收入，此時建議業者應該改變餐點服務流程，可以選擇組合餐點讓送餐次數減少。

6. **每工時的人力成本＝員工薪資÷總工作時數**：餐飲業者可根據平日或假日安排不同的人力。例如平日的業績不高，業者可安排薪資低的員工，以達到適當的人力工時成本。而假日生意忙碌時，可安排經驗豐富的資深員工上班，以提高工作效率與維持好的服務品質。同時業者可以在假日時安排新手上班，以強化工作經驗，這樣的排班規劃可以達到不錯的效能。

7. **平均消費額＝營業額÷來客數**：此指標可以幫助瞭解消費者的消費金額是否符合餐廳設定的價格消費定位。如果低於設定，可調整菜單規劃或是提高服務生的銷售能力。通常餐飲資訊系統會提供此一管理參數，業者可記錄用於分析。餐飲業者常採用促銷模式提高來客數，相對的也需要產品銷售搭配來提升平均消費額。

8. **轉桌率＝來客數÷座位數**：不同的餐飲業會提供不同的餐點服務，從高級餐飲至簡餐服務均有，同時用餐時數也都不同，轉桌率則可以提供餐飲業者瞭解營運效率，餐飲業者亦須瞭解影響轉桌率的因素有哪些。例如廚房設計不當、外場動線設計不良、機器設備功能有限或不佳、內外場服務生短缺、員工訓練不足、出餐速度慢等，這些都會影響轉桌率。轉桌率是影響餐飲業營收業績表現的重要資訊。

9.離職率＝離職人數÷（期初人數＋期末人數）÷2×100%：這個公式是用來瞭解公司人力資源狀況，進行相關人力薪資的調整與培訓。離職率高代表公司在內部行銷上需做檢討。離職率高的餐廳會影響餐廳營運效能與服務品質。鼎泰豐藉由高薪資、高福利來留住員工，促使員工留任降低離職率，維持其高服務品質，在降低離職率的同時，培育員工，發展優秀人才培訓計畫以因應展店。

10.菜單標準食物成本（%）＝標準食物成本÷售價：餐飲業者需計算出每道餐點的食物成本，確定物料採購進行的方向，降低物料成本，創造更高的利潤。由於物價經常波動，業者在瞭解各項物料成本及餐點總成本後，可以進行季節性的採購規劃，降低食材成本。本指標可協助業者在餐飲採購、驗收、進貨、製備、烹調與服務營運相互作業下，進行標準物料的管控。

11.總標準食物（飲料）銷售成本（%）＝總標準食物（飲料）銷售成本額÷總食物（飲料）銷售額：餐飲業者可藉由餐飲資訊系統來控管食材採購、驗收、儲存、發放、製備、烹調、外場銷售與結帳等餐飲作業，訂出正常營運下的理想標準成本。並以此總標準食物（飲料）銷售成本來比較總實際銷售成本，才能檢核出哪些物料在餐飲作業環節上因管理不當造成浪費。

12.總實際食物（飲料）銷售成本%＝（期初存貨＋採購進貨－期末存貨±成本調整額－與生產單位營運無關的成本支出）÷總食物銷售額：這個績效指標係透過每月月底營業結束後的定期盤點原物料，計算出餐廳在當月的物料使用狀況。期初存貨係指餐廳上個月期末盤點的存貨；採購進貨為當月進貨量；期末存貨則指當月月底的庫存量；成本調整額係指各營業單位領用或調撥出去的物料成本加減之調整，以計算出各營業單位的淨成本；與生產單位營運無關的成本支出係指不計算在對客人銷售的餐飲成本項目，如招待用餐與員工餐等。建議總公司的會計或財務人員可不定期參與期末盤點以控管盤點舞弊。

13.**每位顧客使用食物成本＝總食物成本÷來客數**：吃到飽餐廳的利潤往往不高，這個指標可以用來協助吃到飽餐廳的餐飲業者進行餐點生產上的規劃。

14.**食品庫存周轉率＝食物庫存價值÷食品銷售成本**：存貨周轉分析指標是反映企業營運能力的指標，可以用來評價企業的存貨管理水平，還可以用來衡量企業存貨的變現能力。如果存貨能適當銷售，變現能力強，則周轉次數多，周轉天數少；反之，如果存貨積壓，變現能力差，則周轉次數少，周轉天數長。餐飲業食材多元且因儲存空間與進貨時間因素不同，需要進行有效的存貨管理來提升採購、驗收與儲存等的行政效率。

15.**平均銷售額＝營業額÷員工人數**：可與每工時創造之營業額指標進行相對比較，用來瞭解員工的銷售能力。

16.**營運物料平均使用量＝營運物料數量÷來客數**：藉由營運物料平均使用量來瞭解營運物料的消耗狀況，並進而追蹤原因避免過多的浪費。例如紙巾使用量過大，原因可能是員工拿衛生紙擦拭桌上或地板污漬，應要求員工使用拖把或抹布進行清潔。此外也可幫助庫房管理人員運用本指標進行採購與儲存管理作業。

17.**餐期每座位銷售收入＝餐期銷售額÷營業時段座位總數**（Revenue Per Available Seat Hour）：這個指標可以瞭解每個座位的銷售效率，方便進行座位管理。例如火鍋店在座位設計上會利用隔板做最佳安排，使每個時段、每個座位都有顧客使用。另外情人節都是雙人用餐，餐廳在座位設計上可採兩人座，而在其他營業日可進行併桌，此外可藉由有計畫的訂位作業管理，使每個座位達到最佳使用狀態。

18.**顧客滿意度（服務品質）的評估**：這個指標可以瞭解顧客於消費後對餐廳各項服務項目的滿意度如何。餐飲業者可以透過意見卡來蒐集顧客反應的資訊。銷售額增加是一種顧客滿意的指標，銷售額降低則是有問題的徵兆。業者亦可運用「祕密顧客」（也有

人稱之為「服務驗證稽核員」）來進行祕密的餐廳品質評估及進行相關服務流程改善指南。

19.**菜單工程分析**：藉由菜單項目的銷售數量資料以及各道菜單利潤的評估，來分析餐廳所提供的各項菜單是屬於哪一種產品：銷售佳且利潤好、銷售佳但利潤不太好、銷售差但利潤好、銷售差且利潤不好。

20.**營利（％）＝營收－餐廳所有開銷成本**：餐廳開業目的除了在市場上獲得顧客的喜愛，最終目的仍然是「利潤」。因此業者需要瞭解餐廳開發與規劃的所有環節，並利用以上各項關鍵績效指標做檢核，才能提供好的產品定位、好的服務品質，進而取得好的營業利潤。

國家圖書館出版品預行編目（CIP）資料

餐廳規劃與設計 = Restaurant development
and design / 蔡毓峯, 陳柏蒼著. -- 初版.
-- 新北市 : 揚智文化事業股份有限公
司, 2022.06
    面 ；　公分. -- (餐飲旅館系列)

　ISBN 978-986-298-399-7（平裝）

　1.CST: 餐飲業管理　2.CST: 餐廳

483.8   111007134

餐飲旅館系列

餐廳規劃與設計

作　　者 / 蔡毓峯、陳柏蒼
出 版 者 / 揚智文化事業股份有限公司
發 行 人 / 葉忠賢
總 編 輯 / 閻富萍
特約執編 / 鄭美珠
地　　址 / 22204 新北市深坑區北深路三段 258 號 8 樓
電　　話 / (02)8662-6826
傳　　真 / (02)2664-7633
網　　址 / http://www.ycrc.com.tw
　E-mail / service@ycrc.com.tw
　I S B N / 978-986-298-399-7
初版一刷 / 2022 年 6 月
定　　價 / 新台幣 480 元